U0814331

高 等 院 校 规 划 教 材

工业安全计算机应用

主编 朱 锴 张景钢

煤 炭 工 业 出 版 社

· 北 京 ·

内 容 提 要

本书系统地阐述了 Visual Basic 6.0、通风网络解算软件、Auto CAD 2008 软件的基本知识和使用方法，分析了安全管理信息系统、矿井瓦斯涌出量预测、安全评价与安全预测的相关知识。

本书是一本关于计算机技术在安全工程中应用的教材，可供安全工程专业本科生学习，也可作为安全工程技术人员的参考用书。

前　　言

随着计算机技术的快速发展，越来越多的实用型计算机软件应运而生，计算机技术也普遍地应用到社会生产的各行各业中，它在社会信息化中起着举足轻重的作用。目前我国已经有100多所高校开办了安全工程专业，但是至今仍没有一本关于计算机技术在安全工程中应用的教材，鉴于此现状，华北科技学院安全工程教研室成立了教材编写小组，编写了《工业安全计算机应用》。

本书努力贯彻素质教育精神，着力培养学生的实践能力，尽量联系煤炭行业及安全工程专业实际应用现状，把教材的基本内容与生产实际和教学实践相结合，增强实用性，力求充分吸取新的科学技术成果，大力培养学生的科学态度和创新意识。

本书紧密结合安全工程的实际应用特点，注重基础功能和基本操作方法及技巧的介绍，结构清晰、内容翔实，反映了先进的安全评价方法及安全管理手段。其特点是整体性较强、内容精练、理论联系实际、重视基础、阐述问题深入浅出。

本书由朱锴、张景钢主编，共分为6章。具体编写分工如下：赵军伟编写第一章，张景钢编写第二章和第五章，李楠编写第三章，齐黎明编写第四章，姚建编写第六章。

本书在编写过程中参考了大量的国内外文献资料，在此向文献资料原著者表示诚挚的谢意；同时，还得到了华北科技学院有关领导和部门的大力支持，在此一并表示衷心的感谢。

由于编者水平有限，书中错漏之处在所难免，恳请有关专家和广大读者批评指正。

编　者

2012年1月

目　　次

第一章　VB 程序设计基础

第一节　Visual Basic 简介

Visual Basic 是一种由微软公司提供的可视化应用程序开发工具。

Visual 意即可视的，指的是开发像 Windows 操作系统那样的图形用户界面的方法。使用这种方法，程序员不需编写大量代码去描述界面元素的外观和位置，只要把预先建立的界面元素用鼠标拖放到屏幕上适当的位置即可。

Basic 指的是 BASIC（Begineers All - Purpose Symbolic Instruction Code，初学者通用符号指令代码）语言，一种在计算机发展史上应用很广泛的语言，也是微软公司开发的第一个程序设计语言。

一、Visual Basic 发展历程

1991 年，微软公司发布了 VB 1.0 for Windows。

1992 年 9 月，微软公司推出了 Microsoft Visual Basic for MS - DOS，同年 11 月发表了 VB 2.0。

1993 年，VB 3.0 问世，前 3 个版本都可以在 Windows 3.X 下运行。

1994 年，微软公司推出了 VB 4.0。

1997 年，微软公司在推出 VB 5.0 的同时推出了完全汉化版本。

1998 年，微软公司推出 VB 6.0 版。本书讲到的 VB 为 VB 6.0，Visual Basic 简称为 VB。

二、Visual Basic 的特点

1. 可视化编程

用传统的程序设计语言设计程序时，是通过编写代码来设计用户界面；而在 VB 下，可以“画”界面，实现了“所见即所得”，界面设计效率与设计质量大为提高。

2. 事件驱动的编程机制

传统的编程方式是面向过程，按程序代码事先设计的流程运行。但在图形用户界面的程序设计中，通过事件来执行对象的动作，事件（即用户的动作）掌握着程序的运行流向，每个事件都能驱动一段程序的运行。

3. 面向对象的程序设计

面向对象是一种崭新的程序设计思想。这种方法引入了新的概念和思维方式，使软件在程序设计中建立能够模仿真实世界模型的方法，通过对系统的复杂性进行概括、抽象和分类，使软件的设计与实现形成一个由抽象到具体、由简单到复杂的循序渐进的过程，从而解决了大型软件研制中存在的效率低、质量难以保证、调试复杂、维护困难等一系列问

题。

4. 结构化的程序设计语言

Visual Basic 是在 BASIC 和 Quick BASIC 语言的基础上发展起来的，具有高级程序设计语言的语句结构（顺序、选择和循环结构），接近于自然语言和人类的逻辑思维方式，其语句简单易懂。

5. 支持多种数据库系统的访问

可以访问的数据库系统有 Microsoft Access、Dbase、FoxPro 和 Paradox 等，也可访问 Excel 等多种电子表格，还经常作为 Power Builder、Oracle 等大型数据库的前端开发工具。

6. OLE 技术

VB 的核心就是其对对象的链接与嵌入（OLE）的支持；利用 OLE，VB 能够开发集声音、图像、动画、字处理、Web 等对象于一体的应用程序。

三、Visual Basic 6.0 开发环境介绍

（一）VB 6.0 的启动

（1）正确安装 VB 6.0 后，用鼠标单击【开始】/【程序】/【Microsoft VB 6.0 中文版】/【Microsoft VB 6.0 中文版】，就会启动 VB 6.0 中文版，其界面如图 1-1 所示。

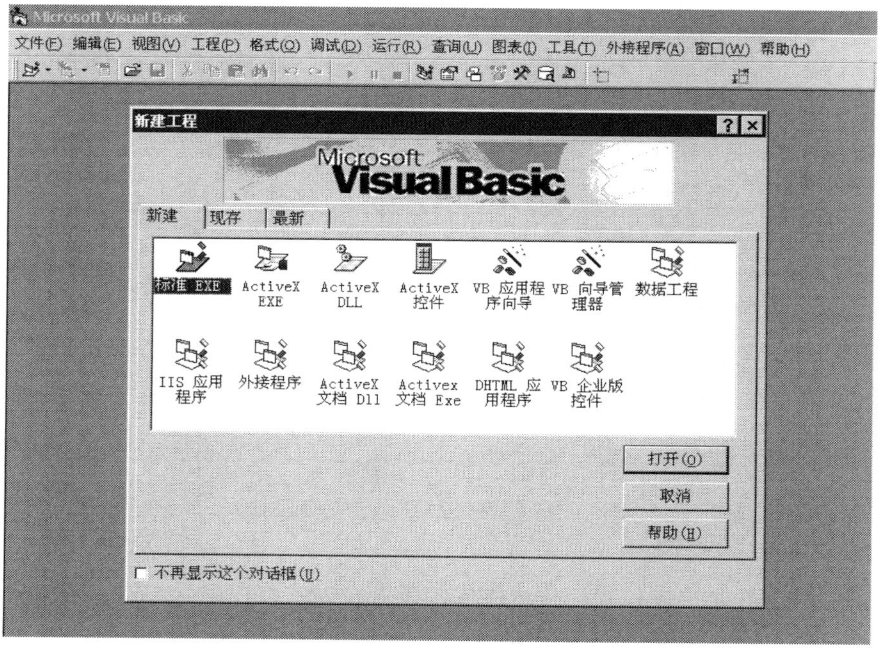

图 1-1 VB 6.0 的启动界面

（2）启动 VB 6.0 中文版后，弹出一个让用户选择工程资源对话框的【新建工程】窗口。选取【标准 EXE】，单击【打开】按钮，进入了 VB 6.0 中文版集成开发环境，如图 1-2 所示。

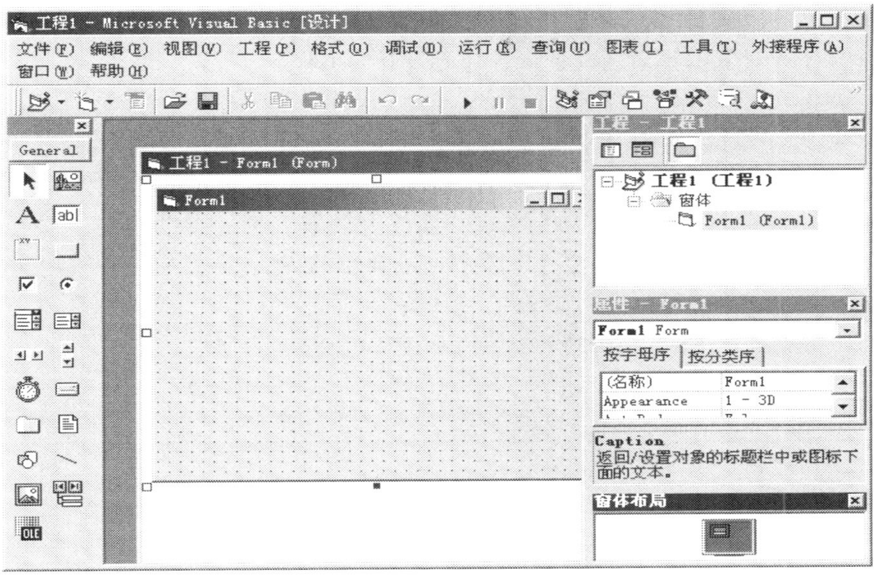

图 1-2　VB 6.0 中文版集成开发环境

（二）VB 6.0 的退出

用鼠标单击【文件】/【退出】或单击窗口右上角的关闭按钮后，就会退出 VB 6.0。

（三）工具栏使用介绍

其集成开发环境与 Microsoft Office 家族中的软件（如 Word、Excel 等）类似。

1. 标题栏

标题栏中的标题为“工程 1 - Microsoft Visual Basic［设计］”，说明此时开发环境处于设计模式，VB 6.0 可在以下 3 种模式中进行切换。

（1）设计模式。可以进行用户界面的设计和代码的编制，完成应用程序的开发。

（2）运行模式。运行应用程序，这时不可以编辑界面，也不可以编辑代码。

（3）中断模式。应用程序运行暂时中断，这时可以编辑代码，但不可以编辑界面。按【F5 键】或单击【继续】按钮程序将继续运行；单击【结束】按钮将停止程序的运行。在此模式下会弹出【立即】窗口，在窗口内可输入简短的命令，并立即执行。

2. 菜单栏

菜单栏是最常使用，也是最熟悉的工具之一，通过它可以执行 VB 6.0 的所有操作。如图 1-3 所示，VB 6.0 菜单栏共有 13 个菜单项，每个菜单项都有一个下拉菜单。

要访问某个菜单中的命令，应使用鼠标单击该菜单，然后单击下拉菜单中的命令。

图 1-3　菜单栏

以【文件】菜单项为例，单击文件，会弹出下拉菜单。单击【新建工程】，会弹出【新建工程】对话框，双击所要新建工程的类型，就可以新建一个工程。单击【打开工程】，会弹出【打开工程】对话框，可选择要打开的工程。

3. 工具栏

工具栏可以在编辑环境下提供对常用命令的快速访问。单击工具栏上的按钮，就会执行该按钮所代表的操作，工具按钮上的图案通常可以反映出按钮的功能，如【启动】按钮的图案就是在录像机、录音机上使用的“播放”图案。为了帮助用户了解工具按钮的功能，当用户把鼠标指针停留在某个工具按钮上时，会显示一个关于按钮功能的简短提示。

如图 1－4 所示为在 VB 6.0 的集成开发环境中的标准工具栏。

图 1－4　标准工具栏

按照默认的规定，在启动 VB 6.0 之后只会显示“标准”工具栏。如果要显示附加的“编辑”、“窗体编辑器”和“调试”的工具栏，可以使用【视图】菜单项内的【工具栏】命令，或者在工具栏上单击鼠标右键，从弹出的快捷菜单中单击要显示的工具栏名称。

4. 窗体窗口

窗体是定义应用程序界面的窗口，或用作向用户收集信息的对话框。窗体相当于“画布”，是其他控件的“容器”，用户可以用工具箱中的按钮在窗体上绘制控件，通过向窗体增加控件、图形或图片来创建应用程序界面。新建一个工程时，VB 6.0 会自动建立一个窗体。每个窗体窗口的右上角都有最大化、最小化和关闭 3 个按钮。可用【视图】菜单项中的【窗体布局窗口】命令或单击工具栏上的【窗体布局窗口】图标在屏幕上预览窗体的布局。

5. 工具箱

工具箱由 21 个被绘制成按钮形式的图标所构成，显示了各种控件的制作工具，利用这些工具，用户可以在窗体上“画出”各种控件。除【指针】外，其余 20 个控件被称为标准控件。指针不是控件，仅用于移动窗体和控件，以及调整它们的大小。

在设计状态，工具箱总是出现的。若要不显示工具箱，可以关闭；若要再显示工具箱，可选择【视图】菜单项中的【工具箱】命令，或单击工具栏中【工具箱】按钮图标。

如果用户所需要的控件不在工具箱中，可以找到它并加载到工具箱中，其方法如下：选择菜单【工程】/【部件】，如要添加某个控件，只要选中该项，单击【确定】按钮，就可在工具箱中添加该控件。

6. 属性窗口

属性窗口主要是针对窗体和控件设置的。在 VB 6.0 中，窗体和控件被称为对象。每个对象都需要用一组属性来描述其特征，而属性窗口就是用来设置窗体和控件属性的。

7. 代码窗口

用来进行程序设计的窗口，显示和编辑程序代码。VB 6.0 中的代码窗口是输入程序代码和程序调试的地方。应用程序的每个窗体或代码模块都有一个单独的代码窗口。有多种方式可打开代码窗口：

(1) 选择【视图】菜单项中的【代码窗口】命令。

(2) 在选定控件或窗体的快捷菜单（点击右键）中选择【查看代码】命令，如图 1-5 所示。

(3) 在程序设计的任何阶段双击窗体或控件。

以上 3 种方式均会打开图 1-5 所示的代码窗口。

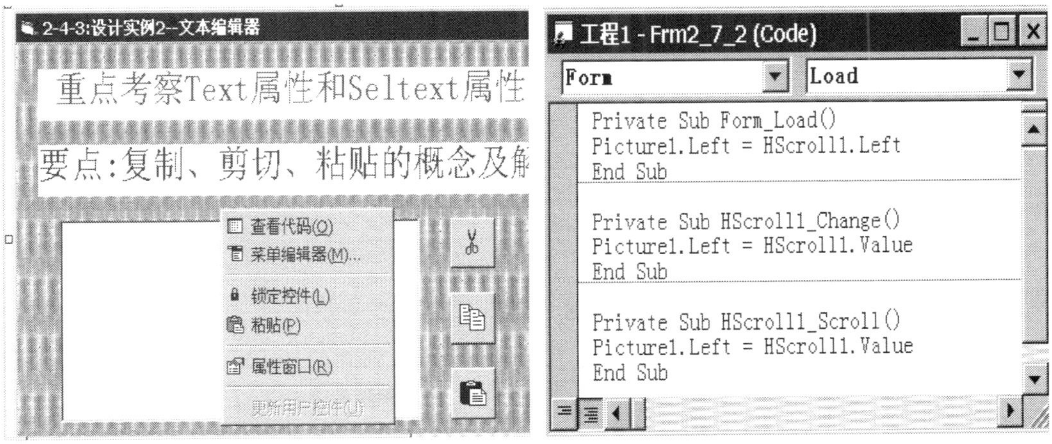

图 1-5　代码窗口

代码窗口是由标题条、对象框、事件框、代码框 4 个部分组成。标题条用来显示应用程序的工程名称和窗体名称。对象框用来显示和选择窗体中现有的对象列表和当前正在编辑的对象名。事件框用来显示和选择对象可用的事件。代码框用来输入代码。

查看代码有两种方式：过程查看和全模块查看，如图 1-6 所示。

缺省情况下，VB 6.0 在一个窗口中显示窗体中所有的事件过程，这样就可以很方便地在过程之间来回切换（过程之间用一条水平线进行分隔）。查看事件过程的另一种方法是，单击代码窗口左下角的【单个过程查看】按钮，这样在代码窗口中只显示一个过程。要再次转换到在一个窗口中显示所有过程，需单击【单个过程查看】按钮右边的【全模块查看】按钮。

8. 工程窗口

(1) 工程是指用于创建一个应用程序的文件的集合，工程文件的扩展名为 .Vbp。工程窗口有时也称作工程资源管理器窗口，它主要是用来显示工程文件夹中所包含的所有文件，如图 1-7 所示为一个典型的工程窗口。

工程窗口的主要组成部分如下：

【查看代码】按钮。单击该按钮可显示代码窗口，编写或编辑所选工程目标代码。

(a)过程查看

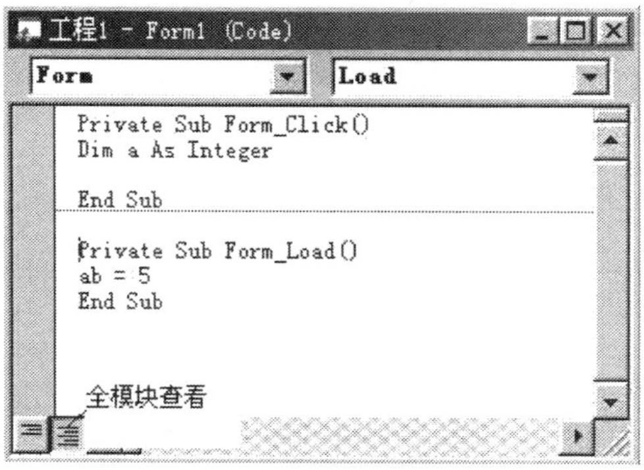

(b)全模块查看

图 1－6　过程查看和全模块查看

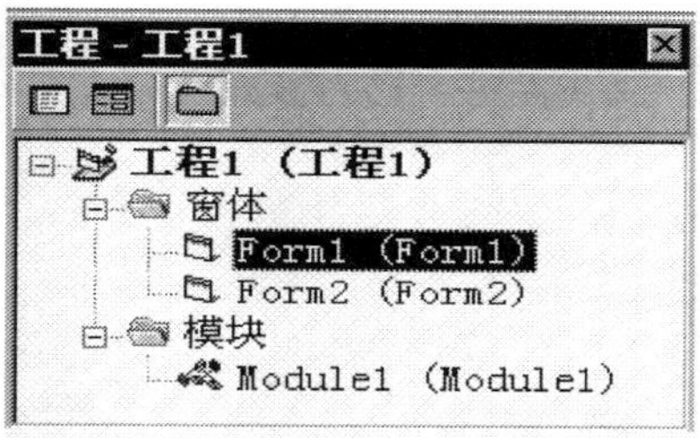

图 1－7　工程窗口

【查看对象】按钮。单击该按钮可显示窗体等对象。

【切换文件夹】按钮。单击该按钮可以在工程窗口中的不同目录之间切换。

每个窗体对应一个窗体文件，窗体及其控件的属性和其他信息（包括代码）都存放在该窗体文件中。一个应用程序可以有多个窗体，因此就有多个以 . Frm 为扩展名的窗体文件。

执行【工程】菜单项中的【添加窗体】命令或单击工具栏中的【添加窗体】按钮可以增加一个窗体，而执行【工程】菜单项中的【移除窗体】命令可以删除当前的窗体。

（2）标准模块文件（. Bas 文件）。标准模块文件又称程序模块文件，它是为合理组织程序而设计的。标准模块是一个纯代码性质的文件，它不属于任何一个窗体。标准模块由程序代码组成，主要用来声明全局变量和定义一些通用的过程，可以被不同的窗体模块调用。

标准模块文件是通过【工程】菜单项中的【添加模块】命令来建立的。

（3）类模块文件（. Cls 文件）。类模块与窗体模块类似，只是没有可见的用户界面。可以使用类模块创建自己的含有属性和方法代码的对象。

第二节　Visual Basic 与面向对象

一、对象及其三要素

1. 对象和类

用 VB 创建应用程序的第一步是创建界面，它是用户与所设计的应用程序进行交互操作的可视部分。而窗体和控件是创建界面的基本构件，是创建应用程序所使用的最主要对象。

对象是面向对象程序设计的核心，明确这个概念对理解面向对象程序设计来说至关重要。对象在 VB 的程序设计中无处不在。类则是具有相同性质的对象的集合。VB 中的对象都是现成的，利用它们可以设计并构造出各种各样的满足不同用户需要的应用程序。

类的概念要比对象更加抽象，是 VB 为了描述具有相同特征的对象而引入的。类是用来创建对象的模板，是同种对象的集合与抽象，它包含所创建对象的属性描述和方法定义。类是一个型，而对象只是类的一个实例。在 VB 中，工具箱上的可视类图标是 VB 系统设计好的标准控件类，此外，VB 还可在【工程】菜单项的部件项中加入大量的 Active X 控件，通过将类实例化，可以得到真正的控件对象。也就是说，当在窗体上画一个控件时，就由类生成了具体的控件对象，即创建了一个控件对象，简称控件。

在 VB 中，最主要的两种对象是窗体和控件。窗体就是刚进入 VB 开发环境时所看到的 Form1，它是创建应用程序界面的基础。而控件就是工具箱中的按钮添加到窗体上而形成的具体控件，所有的控件都必须添加到窗体上才能使用。

2. 对象的三要素——属性、方法和事件

在 VB 的编程过程中，程序员决定应更改对象的哪些属性、调用哪些方法、对哪些事件作出响应，进而得到希望的外观和行为。

类似于日常生活中的对象，VB 的窗体和控件是具有自己的属性、方法和事件的对象。可以把属性看做是对象的性质，把方法看做是对象的动作，把事件看做是对象的响应。

窗体对象由属性定义其外观、由方法定义其行为、由事件定义其与用户的交互。通过设置窗体属性并编写响应事件的 VB 代码，就能定义出满足应用程序需要的对象。

控件是包括在窗体对象内的对象。每种类型的控件都有自己的属性、方法和事件，以适用于特定的目的。一些控件最适合在应用程序中输入或显示文本，另一些控件能够访问其他的应用程序和处理数据。

通常，对象有 Caption 属性与 Name 属性。其中，Caption 属性的主要作用是设置对象的标题，向用户提示本对象的功能。在对象刚刚创建的时候，Caption 属性与对象的名字即“名称”属性相同，都是对象类名的缩写加上一个序号。在进行程序设计时，用“对象.Caption”来描述。对象的“名称”属性则是对象的名字，可用“对象.Name”来描述。

二、交互开发与事件驱动的编程机制

在利用 VB 开发 Windows 应用程序过程中，必须牢牢掌握 VB 的一些关键概念，使开发的应用程序与 Windows 环境保持一定的相似性和兼容性。VB 采用交互式开发和事件驱动应用程序的工作方式。

（一）交互式开发

传统的应用程序开发过程可以分为 3 个明显的步骤：编码、编译和测试代码。但是 VB 与传统语言不同，它使用交互式方法开发应用程序，使 3 个步骤之间不再有明显的界限。

VB 在编程者输入代码时便进行解释，即时捕获并突出显示大多数语法或拼写错误。

除即时捕获错误之外，VB 也在输入代码时部分地编译该代码。当准备运行和测试应用程序时，只需极短时间即可完成编译。如果编译器发现了错误，则将错误突出显示于代码中，这时可以更正错误并继续编译，而不需从头开始。

（二）事件驱动的编程机制

在事件驱动的应用程序设计中，代码不是按照预定的路径执行，而是在响应不同的事件时执行不同的代码片段。事件是窗体或控件对象识别的动作，在响应事件时，事件驱动应用程序执行 VB 代码。VB 的每一个窗体和控件对象都有一个预定义的事件集。如果其中有一个事件发生，并且在关联的事件过程中存在代码，则 VB 就会调用该代码。事件可以通过用户操作触发，也可以由来自操作系统或其他应用程序的消息触发，这些事件的顺序决定了代码执行的顺序，也因此影响到应用程序的运行结果。

特别需要注意的是，在执行中代码也可以触发事件。例如，在程序中改变文本框中的文本将引发文本框的 Change 事件。如果 Change 事件中包含有代码，则将引发该代码的执行。如果不考虑这一点，则可能会产生意想不到的结果。所以在设计应用程序时理解事件驱动的编程机制并牢记在心非常重要。

（三）事件过程

1. 过程

过程就是具有特定书写格式，完成某种特定功能的一组程序代码。根据程序执行的方式，过程可以分为事件过程和通用过程两类。

2. 事件过程

尽管 VB 中的对象自动识别预定义的事件集，但要判定它们是否响应具体事件，以及如何响应则是编程者的责任。我们可以为一个事件编写程序代码，来使应用程序中的对象按程序指定的方式作用。即事件过程与每个事件对应，如果让对象响应事件，就把代码写入这个事件的事件过程之中。把这些对发生的事件进行处理的代码放在规定的过程中，这样的过程称为事件过程。

3. 事件过程的调用

事件过程用一个发生在 VB 中的事件来自动调用或者由同一模块中的其他过程显式调用。以下是事件驱动应用程序中的典型事件序列：

启动应用程序，加载和显示窗体；窗体（或窗体上的控件）接收事件，事件可由用户/系统引发或由代码间接引发；如果在相应的事件过程中存在代码，就执行代码；应用程序等待下一次事件。

三、对象的具体操作

下面以命令按钮和标签为例介绍对象的建立和编辑。

（一）对象的建立

把一个命令按钮放置到窗体上。

单击工具箱中的命令按钮（Command Button）控件图标，然后把鼠标指针移动到窗体上，此时，鼠标指针变成十字形状，十字光标用于绘出命令按钮的矩形外框。

将鼠标指针移动到窗体上适当位置，按下鼠标左键，然后向右下方拖曳鼠标，命令按钮对象按照矩形框的大小调整到网格位置，网格由窗体上小点组成的线交叉而成。带选中符号的命令按钮即呈现在屏幕上，命令按钮的名称默认为 Command1，在以后的编码中会用到这个名称。

（二）对象的编辑

在 VB 设计模式中，无论什么时候，利用鼠标通过拖曳操作都可以移动命令按钮的位置，通过拖曳选中标记可以改变命令按钮的大小。但是，当程序运行时，只有用户在程序中修改了控件的特定属性后，才有可能移动界面元素。

1. 移动和改变命令按钮的大小

使用鼠标将命令按钮拖曳到窗体的右部。当放开鼠标按键时，命令按钮对齐到网格线上。窗体的网格线帮助编辑和对齐不同的用户界面元素。网格的大小可以改变，方法如下：在【Tools】菜单中单击【Options】菜单项，然后单击【General】标签。

要调整控件的尺寸，首先用鼠标单击要调整尺寸的控件，选定的控件上将出现尺寸句柄。然后将鼠标指针定位到尺寸句柄上，拖动该尺寸句柄直到控件大小达到所希望的大小为止。

2. 删除对象

先选中窗体中的对象、然后按 Delete 键可以把对象删除。

在窗体中添加多个标签，如图 1－8 所示。

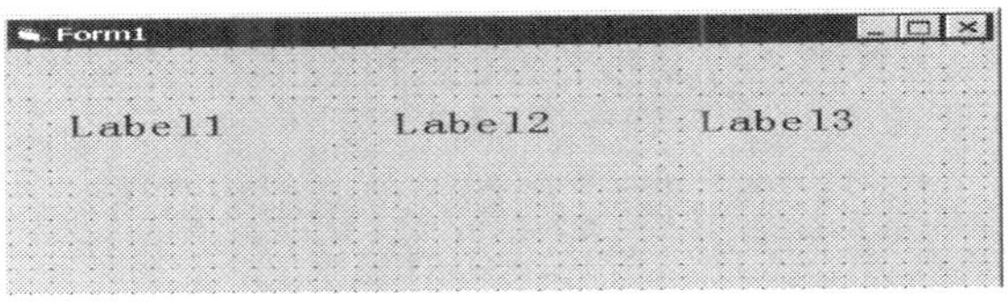

图 1－8　添加标签到窗体

标签是个特殊的用户界面元素，用于程序运行时显示文本、数字或符号。

单击工具箱上的标签控件图标，然后把鼠标指针移动到窗体上。选择了标签控件后，当鼠标指针移动到窗体上时，鼠标指针变成十字形状。在窗体上拖动鼠标绘出一个合适的矩形框，然后释放鼠标，建立起标签控件 Label1，这是程序中建立的第一个标签。

（三）对象属性的设置

设置属性时，首先应选中窗体上的对象，然后通过【属性】窗口改变其值。

下面从修改命令按钮标题设置开始介绍设置属性的方法。

（1）单击窗体上第一个命令按钮（Command1），该命令按钮四周被选中标记所环绕。

（2）单击【属性】窗口的标题条，使其成为活动窗口。

属性窗口列出了命令按钮的各种属性设置。这些属性包括背景颜色、标题、字体高度及命令按钮的宽度等。

（3）双击属性窗口左列的【Caption】属性，当前的属性值（“Command1”）在属性窗口中加亮显示，如图 1－9 所示。

（4）键入 End，然后按 Enter 键。属性窗口和窗体上命令按钮的 Caption 属性被改为 End。

四、应用程序开发步骤

创建 VB 应用程序有 4 个主要步骤：

（1）创建应用程序界面。

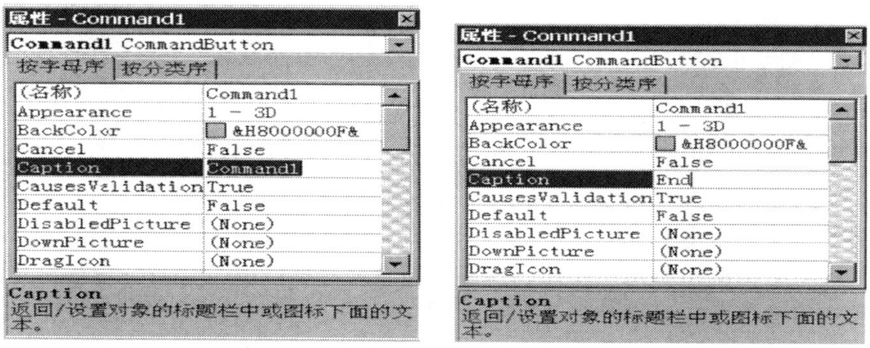

图 1-9　修改控件属性

(2) 设置属性。

(3) 编写代码。

(4) 调试程序。

为了说明这一过程，我们将按照以下步骤创建一个简单的应用程序，该应用程序由一个窗体对象、一个文本框对象和一个命令按钮对象组成。

(一) 创建应用程序界面

建造 VB 应用程序的第一步是创建窗体，这些窗体是应用程序界面的基础。然后在创建的窗体上添加构成界面的对象。

用工具箱绘制控件分以下 3 个步骤。

(1) 单击要绘制的控件图标，首先是文本框。

(2) 将指针移到窗体上，此时光标变成十字形状。

(3) 将十字形状光标放在控件的左上角所在处，然后拖动十字形状光标画出适合大小的方框，最后释放鼠标按钮，此时控件将出现在窗体上。

(二) 调整大小、移动和锁定控件

(1) 调整大小。单击要调整的控件，拖动该控件的句柄直到所希望的大小。

(2) 移动控件。选定控件后，可用鼠标拖动或在【属性窗口】中改变控件的 Top 和 Left。

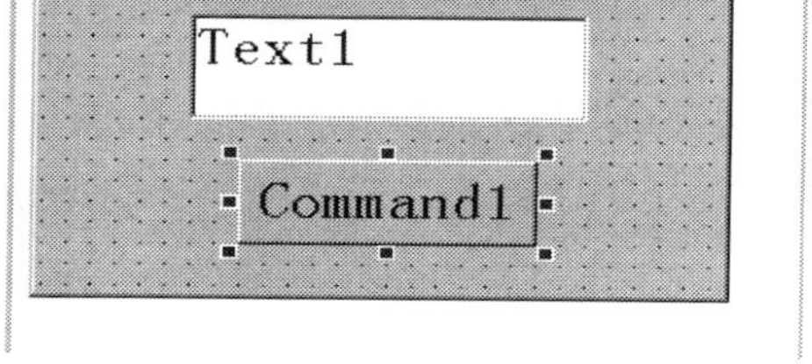

图 1-10　"VB 6.0 Good!" 应用程序的界面

(3) 锁定控件。从【格式】菜单中选取【锁定控件】，或在【窗体编辑器】工具栏上单击【锁定控件切换】按钮。

绘制出 "VB 6.0 Good!" 应用程序的界面，如图 1-10 所示。

(三) 设置属性

(1) 从【视图】菜单项中选取【属性窗口】，或在工具栏中单击【属性】按钮，弹出【属性窗口】。

（2）从属性列表中选取属性名。

（3）按表 1－1 输入属性设置值。

表 1－1　属　性　值　表

对　象	属　性	设 置 值
窗体	Caption	VB 6.0 Good!
文本框	Text	Empty
命令按钮	Caption	OK

（四）编写代码

对象的内部功能是 VB 的最大优势之一，一旦对象放置到窗体上并设置了所需属性，在不需要进行额外编程的情况下它们就能够运行。但是，用户所希望的特定功能却需要对应的语句去实现，通过编程就可以把相应语句添加到应用程序中，这就是代码，它清楚地描述了程序应该完成的一步步操作。

利用代码窗口把程序代码与具体对象联系在一起。代码窗口（CodeWindow）是编程环境中的一个特殊窗口，在该窗口可以输入和编辑 VB 语句，即输入程序代码。

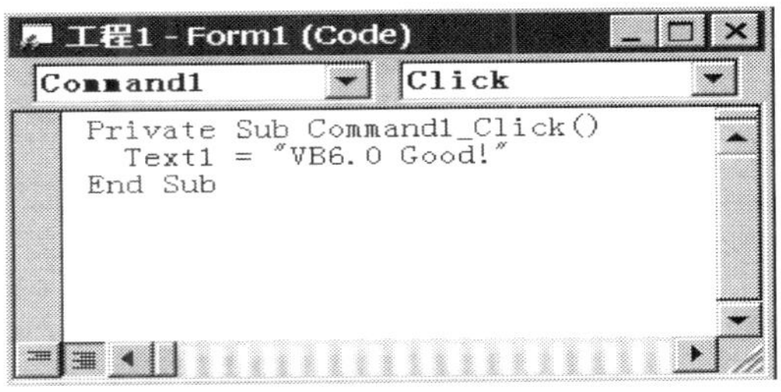

图 1－11　代码窗口

1. 打开代码窗口

双击要编写代码的窗体或控件，或从【资源管理器】窗口选定窗体或模块的名称，然后选取【查看代码】按钮，打开代码窗口，如图 1－11 所示。可以使用鼠标改变代码窗口的大小。

代码窗口中的程序语句由下述特殊 VB 语句标记程序段的开始和结束：

Private Sub Command1_ Click（）　　程序段的开始

End Sub　　程序段的结束

2. 事件的过程的创建

（1）在对象列表框中选定一个活动窗体中的一个对象。

（2）在过程列表框中选择指定的对象的事件名。

（3）在 Sub 和 End Sub 语句之间输入代码。

以“VB 6.0 Good”为例，代码如下：

```
Private Sub Command1_Click( )   '单击【Command1】,触发该事件,文本框中显示内容
Text1. Text = " VB 6.0 Good!"
End Sub
```

过程体总是位于这两行语句之间，在 Private Sub 和 End Sub 语句之间键入上面的程序代码，每一行后面按下 Enter 键。当用户激活界面元素时，与对象相关联的代码行被执行。对上面的代码来说，事件为鼠标单击（Click）。当键入 Text1. Text =“VB 6.0 Good!”

时，某些程序语句变成了蓝色，表明程序中该语句是一条有效的 VB 语句或关键字。

VB 开发环境包含了几百个类似的唯一关键字，这些关键字与它们相连接的运算符和符号一起组成完整的语句。关键字的拼法及关键字之间的空格在编写代码时至关重要，只有拼写和排列正确，VB 编译器才能准确地识别它们。

移动鼠标指针到 Text1. Text = “VB 6.0 Good!”语句行的开始位置，然后按两次空格键。这使得 Text1. Text = “VB 6.0，Good!”语句向右移动两个空格位置，从而与 Private Sub 和 End Sub 语句分开，呈锯齿形状。

（五）保存应用程序

在窗体和代码都设计好后，应该保存文件，以防止调试或运行程序时发生死机而造成文件丢失。在保存文件时，只需选择【文件】菜单中的【保存工程】菜单项或单击工具栏中的【保存工程】按钮即可。

（六）调试、运行应用程序

为了运行应用程序，可以从【运行】菜单中选择【启动】菜单项，或单击工具栏中的【启动】按钮，或按【F5】键。单击在窗体上创建的命令按钮，文本框中就会显示“VB 6.0 Good!”。

（七）生成可执行文件

经调试，如果没有发现任何错误，就可以建立工程的可执行文件。方法如下：从【文件】菜单中选择【生成 VB 6.0 Good. exe】菜单项，出现【生成工程】对话框，在其中输入用户的可执行文件名。然后，该应用程序就可以脱离 VB 环境，在操作系统下直接运行（注意有时候需要特定的运行库）。

第三节　Visual Basic 数据类型

一、VB 中常用的标准数据类型

数据是程序处理的对象，常量和变量是 VB 中最常见的两种数据。在 VB 中，凡是与数据有关的就与数据类型有关。

VB 不仅可以处理各种数制的数据，而且具有丰富的数据类型。因此，VB 具有强大的数据处理能力。各种数据类型说明如下：

（1）数值型。用于存放各种精度的数值，可以是整数、浮点数、正数、负数等类型。其中，整数又分为整型和长整型，浮点数又分为单精度型和双精度型。

（2）字符串型。用于存放文本和字符串。

（3）日期型。用于存放日期和时间。

（4）布尔型。用来存放逻辑值 True 和 False，当某个量的值是“True/False”、“Yes/No”、“On/Off”时可使用布尔型。

（5）变体型。这是一种特殊的数据类型，可以存放上述各种类型的数据。变体型（Variant）除包括上述的几种数据类型之外，还包括以下两个特殊的数据：

①Empty（空）。表明未指定确定的数据。

②Null（无效）。表示数据不合法。

提示：类型声明符是附加到变量名上的字符，指出变量的数据类型，用户根据类型声明符可以很容易判断出变量的类型。

二、变量

VB 中的数据以 4 种形式存储：变量、常量、数组和记录。每一种形式都适合于不同的特定任务，见表 1－2。

表1－2 数据存储形式

数据存储形式	能够存储的数据	数据存储形式	能够存储的数据
变 量	一个可以改变的值	数 组	多个相同数据类型的值
常 量	一个固定的值	记 录	多个不同数据类型的数据值

计算机在处理数据时，必须将其装入内存。在高级语言中，需要将存放数据的内存单元命名，通过内存单元来访问其中的数据。已命名的内存单元，就是变量或常量。

变量是指在程序运行期间可以变化的量，为具有名称的临时内存存储单元，它以符号形式出现在程序中，用于程序运行期间保存数值。每个变量都有一个名字和相应的数据类型，变量名是用来引用该变量所含的值的符号，程序通过变量名对变量进行存取操作，而变量的数据类型则决定了该变量可以存储的数据的种类。

（一）变量的命名规则

（1）变量名必须以英文字母开头（VB 中不区分变量名的大小写）。

（2）名字只能由字母、数字、下划线组成。

（3）变量名的有效字符为 40 个，最长不可超过 255 个字符。

（4）变量名不能与关键字同名。

（二）声明变量

变量在使用之前必须先声明，即创建该变量，通过声明把变量通知给程序，以便系统为其分配存储单元。声明变量有两种方式：隐式声明和显式声明。

1. 隐式声明

VB 允许设计者不进行数据类型声明而在程序中通过变量名直接引用。如果没有指定变量的类型，则此变量默认数据类型为 Variant 型。可在变量名后加上一个用于规定变量类型的说明字符来规定变量的类型。

VB 规定的变量说明字符为%（整型）、&（长整型）、!（单精度）、#（双精度）、@（货币型）、$（字符串型）。

2. 显式声明

用声明语句来说明变量的类型。提供 4 种声明语句来显式说明变量的类型，其语法如下：

```
Dim      <变量名>  < As 类型>   [,<变量名> As <类型>]
Public   <变量名>  As  <类型>   [,<变量名> As <类型>]
Private  <变量名>  As  <类型>   [,<变量名> As <类型>]
```

Static　　<变量名>　As　<类型>　[,<变量名> As <类型>]

其中，Dim 语句既可用于说明局部变量，又可用于说明窗体/模块级变量；Public 语句用于说明全局变量；Private 语句用于说明窗体/模块级变量；Static 用于说明静态变量。

（三）变量的作用域

变量不仅有类型，还有起作用的范围，变量的作用范围就是变量的作用域。

（1）在过程（事件过程或通用过程）内用 Dim 声明的变量称为局部变量，其只在此过程内有效。该类变量只在该过程执行时才存在，过程一结束，该变量的值也就消失了。另外，在一个过程中无法访问其他过程中声明的变量，因此，在不同过程中可以使用相同的变量名。

（2）在过程内用 Static 声明的变量称为静态变量。用 Static 声明的局部变量，即使过程结束，变量的值也依然会保留，VB 在任何时候都不会去初始化静态变量。

（3）在窗体模块、标准模块的声明段中用 Dim（或 Private）声明的变量为模块变量，对整个模块内的所有过程均有效。

如果要在同一模块的所有过程分享同一变量，就该把此变量声明为模块变量。模块变量对该模块内的所有过程均有效，但对于其他模块内的代码不可用。

三、常量

常量是指在程序的运行过程中其值不发生变化的量，常量可以是具体的数值，也可以是专门说明的符号。

VB 中常量有如下五种：数值常量、字符常量、逻辑型常量、日期常量、符号常量、系统内部常量。

1. 数值常量

VB 中的数值常量由正负号、数字和小数点组成。正数的正号可以省略。不带小数点的数称为整数，带小数点的数称为实型数或浮点数。

2. 字符常量

VB 中的字符常量由用引号括起的一串字符构成，字符常量容纳的字符数（长度）最多可达 65535 个。

3. 逻辑型常量

逻辑型常量（布尔型常量）只有两个取值：True（真）和 False（假）。

4. 日期常量

日期常量的一般表示形式是#mm/dd/yyyy#或#mm-dd-yyyy#。

5. 符号常量

以符号形式表示的常量称为符号常量，代表常量的符号称为常量名。

常量名的命名规则：只能由字母、数字和下划线组成且首字符必须是字母的字符串。常量名长度不超过 255 个字符，其中字母不区分大小写。

6. 系统内部常量

VB 系统提供了应用程序和控件的系统定义的常量，系统定义的常量位于对象库中，在对象浏览器中的 VB、VBA 等对象库中列举了 VB 的常量，这些常量可与应用程序的对象、方法和属性一起使用。在使用程序代码为窗体及各种控件的某些属性赋值时，可以直接使用相应的内置符号常量，使得代码更加清晰易懂。

四、常用内部函数

1. 数学函数

数学函数用来完成特定的数学计算。

下面通过表 1－3 简要介绍常见的数学函数。

表1－3 数 学 函 数

函数名	功 能	举 例	结 果
Abs（N）	求绝对值	Abs（－3.5）	3.5
Cos（N）	余弦函数	Cos（0）	1
Exp（N）	求以 e 为底的指数	Exp（1）	2.718
Fix（N）	取整数，对负数取较大的	Fix（3.5）	3
Int（N）	取整数，对负数取较小的	Int（－3.5）	－4
Log（N）	求以 e 为底的对数	Log（10）	2.3
Rnd（N）	产生一个 0～1 间的随机数	Rnd（）	
Sgn（N）	求数字符号	Sgn（－3.5）	－1

Rnd（N）产生一个 0～1 间的双精度随机数。VB 用于产生随机数的公式取决于称为种子的初始值。默认情况下，每次运行一个程序，VB 提供相同的种子，即 Rnd（N）产生相同序列的随机数。为使每次运行时产生不同的随机数，可执行 Randomize 语句：Randomize [Number]

2. 字符串函数

字符串函数用来完成对字符串的操作和处理，如截取字符串，查找和替换字符串，以及对字符串进行大小写处理等。下面通过列表的方式简要介绍字符串处理函数，见表 1－4。

表1－4 字符串函数功能表

函数名	功 能	举 例	结 果
Len(C)	求字符串长度	Len(“甲 A”)	2
Mid(C,N1,N2)	取给定字符串的子串	Mid(“开封大学,3,2”)	“大学”
Left(C,N)	从字符串的左边取指定长度的子串	Mid(“开封大学”,2)	“开封”
Right(C,N)	从字符串的右边取指定长度的子串	Right(“开封大学”,2)	“大学”
Ltrim(C),Rtrim(C),Trim(C)	去掉字符串的前导空格、尾随空格	Rtrim(“ABCD”)	“ABCD”

3. 日期和时间函数

VB 提供了丰富的关于日期和时间的函数，这些函数和语句不仅可以用来返回和设置当前的时间和日期，而且可以从日期和时间中提取年、月、日、时、分、秒，以及可以对时间和日期进行格式化等。

五、运算符与表达式

运算符是用来对运算对象进行各种运算的操作符号，即通知 VB 以何种方式来操作数据的符号。而表达式是由运算符将常量、变量、函数等连接起来形成的合法算式。

VB 中的运算符包括算术运算符、连接运算符、关系运算符、逻辑运算符和特殊运算符，主要有 3 种表达式：算术表达式、关系表达式和逻辑表达式。

（一）算术运算符

VB 的算术运算符有如下几种：^（乘方）、+（加）、-（减（负号））、*（乘）、/（除）、\（整除）、Mod（取余）。

算术运算符的运算次序如下：^ →（负号 -）→ * 或/→\（整除）→Mod→ + 或 - 。

（二）算术表达式

算术表达式是指将常量、变量等运算元素用算术运算符连接起来的式子。在算术表达式中，可用圆括号来改变运算次序。算术运算就是加、减、乘、除及指数等数学运算。

1. （幂运算符）

幂运算符用来计算某个数或表达式的某次方的值。例如：

```
Dim  MyValue  as  Integer
MyValue =2^2      '返回 4
MyValue =10^ -2     '返回 0.01
```

2. *（乘法运算符）

乘法运算符用来计算两个数或表达式的积。例如：

```
Dim  MyValue
MyValue =2 * 2      '返回 4
```

3. /（除法运算符）

执行标准除法操作，其结果为浮点数。例如：

```
Dim  MyValue
MyValue =3/2      '返回 1.5
```

（三）连接运算

VB 中的字符串连接运算是将两个表达式（一般是字符串表达式）连接起来，生成一个新的字符串。

1. 字符串连接运算符

VB 中的字符串连接运算符包括 + 和 &。

& 运算符用来强制两个表达式作字符串连接；而 + 运算符则有些不同，如果两个表达式都为字符串，则将两个字符串连接，如果一个是字符串而另一个是数字则进行相加操作。即使用 + 运算符作为字符串连接时，操作数必须为字符串；而使用 & 运算符作为字符串连接时则无此限制。

2. 字符串表达式

值为一连串字符的表达式。& 运算符强制两个表达式（它们的类型可能不同）作字符串连接；而当 + 运算符两边的表达式中混着数值字符串及数值的话，其结果会是数值的求和，如果都是字符串，则返回连接起来的字符串。

（四）关系运算

关系运算是用于比较两个数或表达式的运算，其主要作用是确定表达式之间的关系，运算的结果可分为 True、False 和 Null，只要运算的双方有任何一方是 Null，结果都是 Null。

1. 关系运算符

VB 常用的关系运算符如下：<（小于）、<=（小于等于）、>（大于）、>=（大于等于）、<>（不等于）、=（等于）。

所有关系运算符的优先次序都相同。关系运算符操作示例见表 1-5。

表 1-5 关系运算符操作示例

运算符（名称）	适用操作数类型	示 例	结 果
=（等于）	全部	1 = 1	True
>（大于）	全部	1 > 2	False
<（小于）	全部	3 < 5	True
<>（不等于）	全部	“He” <> “She”	True
>=（大于等于）	全部	4 >= 4	True

2. 关系表达式

关系表达式是指用关系运算符把两个比较对象连接起来的式子，关系比较的对象可以是变量、常量和算术表达式。

关系表达式的运算是采用“按值比较”的方法：先求运算符两边的值，如果两端的值满足关系运算符，则结果为 True，否则为 False。

关系运算可用于数值间的比较，也可用于字符间的比较。

提示：字符串比较时，遵循下述法则。

除非在模块的声明段中包含 Option Compare Text 语句，否则 VB 比较字符串时，遵循 ASCⅡ表的次序。即：

（1）大写字母比小写字母小，如“A” < “a”。

（2）字母依据字母表的顺序进行比较，如“A” < “B”。

（3）数字比字母小，如“3” < “Three”。

在比较两个表达式的时候可能难以确定将要比较的表达式是进行数字比较还是字符串比较。表 1-6 说明表达式如何进行比较，或说明当其中一个表达式是 Variant 类型时，如何获得比较的结果。

表 1-6 表达式的比较方式

条 件	执 行 结 果
两个表达式都是数值数据类型（Boolean、Integer、Long、Single、Double、Date）	进行数值比较
两个表达式都是 String	进行字符串比较

表 1-6（续）

条　件	执行结果
一个表达式是数值数据类型，而另一个表达式是数字、Variant	进行数值比较
一个表达式是数值数据类型，而另一个表达式是不能转换成数字的字符串 Variant	产生类型不匹配的错误
一个表达式是 String，而另一个表达式是除 Null 之外的任何 Variant	进行字符串比较
一个表达式是 Empty，而另一个表达式是数值数据类型	进行数值比较，使用 0 作为 Empty 表达式
一个表达式是 Empty，而另一个表达式是 String	进行字符串比较，使用长度为零的字符串作为 Empty 表达式

如果表达式 1 和表达式 2 都是 Variant 类型的表达式，则其内部数据的类型决定了比较方式。表 1-7 说明如何比较表达式，或指出通过比较得到的结果，此结果由 Variant 量的内部数据的类型来决定。

表 1-7　Variant 类型的表达式的比较方式

条　件	执行结果
两个 Variant 表达式都是数值	进行数值比较
两个 Variant 表达式都是字符串	进行字符串比较
一个 Variant 表达式是数值，而另一个 Variant 表达式是字符串	数值表达式小于字符串表达式
一个 Variant 表达式是 Empty，而另一个 Variant 表达式是数值	进行数值比较，使用 0 作为 Empty 表达式
一个 Variant 表达式是 Empty，而另一个 Variant 表达式是字符串	进行字符串比较，使用长度为零的字符串作为 Empty 表达式
两个 Variant 表达式都是 Empty	表达式相等

当一个 Single 类型与一个 Double 类型作比较时，Double 类型会进行舍入处理，且与 Single 类型有相同的精确度。

（五）逻辑运算

逻辑运算（布尔运算）用于逻辑值之间的运算。

1. 逻辑运算符

逻辑运算符通常用来表示比较复杂的关系，VB 常用的逻辑运算符有如下几种：Not（逻辑非）、And（逻辑与）、Or（逻辑或）、Xor（异或）、Eqv（逻辑等于）、Imp（逻辑蕴含）。

逻辑运算的优先次序是 Not→And→Or→Xor→Eqv→Imp，Not 是单操作数运算符。

2. 逻辑表达式

逻辑表达式是指用逻辑运算符把逻辑变量连接起来的式子，参见表1-8和表1-9。

表1-8 逻辑运算符使用说明

运算符（名称）	用法及说明
Not（逻辑非）	Not a。若a为True，结果为False；否则，结果为True
And（逻辑与）	a And b。当且仅当a、b同为True时，结果为True；否则，结果为False
Or（逻辑或）	a Or b。当且仅当a、b同为False时，结果为False；否则，结果为True
Xor（异或）	a Xor b。a、b不同时，结果为True；否则，结果为False
Eqv（逻辑相等）	a Eqv b。a、b相同时，结果为True；否则，结果为False
Imp（蕴涵）	a Imp b。当且仅当a为True，同时b为False时，结果为False；否则，结果为True

注：表中a、b为两个操作数。

表1-9 逻辑运算符和它们表示的逻辑关系

条件a	条件b	Not a	a And b	a Or b	a Xor b	a Eqv b	a Imp b
T	T	F	T	T	F	T	T
T	F	F	F	T	T	F	F
F	T	T	F	T	T	F	T
F	F	T	F	F	F	T	T

需要说明的是，运算符Imp表示的逻辑关系是“当a为False或者b为True时，结果才为True；否则，结果为False”。

（六）运算的优先级

在一个表达式中进行若干操作时，每一部分都会按预先确定的顺序进行计算求解，称这个顺序为运算符的优先顺序。对于算术运算符、比较运算符和逻辑运算符，它们的优先级见表1-10，按照从左到右、从上到下优先级依次减小。

表1-10 算术运算符、比较运算符和逻辑运算符的优先顺序

算术	比较	逻辑
指数运算（^）	等于（=）	Not
负数（-）	不等于（<>）	And
乘法和除法（*、/）	小于（<）	Or
整数除法（\）	大于（>）	Xor
求模运算（mod）	小于或相等（<=）	Eqv
加法和减法（+、-）	大于或相等（>=）	Imp

当加法和减法或乘法和除法同时出现在表达式中时，每个运算都按照它们从左到右出现的顺序进行计算。可以用括号改变优先顺序，强令表达式的某些部分优先运行。括号内的运算总是优先于括号外的运算。但是，在括号之内运算符的优先顺序不变。

字符串连接运算符（&）不是算术运算符，但是，就其优先顺序而言，它在所有算术运算符之后，而在所有比较运算符之前。所有比较运算符的优先顺序相同，按其出现的先后顺序进行处理。

在表达式中，当运算符不止一种时，各种运算符之间的优先顺序为算术运算符→连接运算符→关系运算符→逻辑运算符。

六、VB 语句

语句是构成 VB 程序的最基本成分，是执行具体操作的指令，每个语句以回车键结束。语句的功能如下：

（1）向系统提供必要的信息。

（2）规定系统应该执行的操作。

（一）赋值语句

赋值语句是程序中最简单、最常用、使用频率最高的语句，使用赋值语句可以在程序运行中改变对象的属性和变量的值。

它的语法如下：

对象属性或者变量 = 表达式

这里的“ = ”号不是数学上的等号，在这里称为赋值号。它只是把右边表达式的值送给左边的变量，没有相等的含义。这个语句的含义就是将赋值号右边表达式的值传送给赋值号左边的对象属性或者变量。

（二）注释语句

注释是代码中的解释性词语，在屏幕上以绿色显示。程序员使用注释来说明重要语句的作用。程序运行时 VB 并不执行这些注释，它们只是作为程序中的文档说明语句。

添加注释，只要使用 rem 关键字或撇号（'）作为文字的开头，注意用 rem 时必须使用冒号与前面语句隔开。

下面的语句是赋值语句和注释的示例：

```
Form1. Width = 300   '将窗体的宽度设置为 300
SngW = Form1. Width   '将窗体的宽度赋值给变量 SngW
```

注释可以和语句在同一行并写在语句的后面，也可以占据一整行。

（三）书写规范

VB 程序是按行书写的，一般情况下，一条语句写在一行上。

1. 断行

在 VB 的代码窗口中，程序行的最大长度为 1023 个字符。但是，为了便于阅读，一行代码的长度最好不超过 80 个字符。在这种情况下，通过在每行行尾放置一个续行字符“_ ”（一个空格紧跟一条下划线），可以把很长的程序语句拆分成多行（但不能使用续行符把用引号引起来的字符串拆分成多行）。例如：

```
strTemp = "红军不怕远征难，" &_
```

2. 将多行语句写在一行上

多条较短的语句也可写在一行，语句之间需用“:”作为分隔符号。例如：

```
Form1. Width = 300:Form1. Hight = Form1. Width:Form1. Caption = "VB OK!"
```

第四节　Visual Basic 循环控制结构

一、算法概论

VB 程序主要是由用户界面和相关的程序代码组成的。VB 程序中，代码被组织成一个个过程（事件过程、通用过程），这些过程都是由一系列的操作规则和对操作对象的说明组成的。主要包括：

（1）变量或常量的说明（数据类型、作用域等）。

（2）过程将要实现的各种操作及处理。

窗体或标准模块中的一个个过程有机组合在一起，就构成一个完整的应用程序。就一个具体的应用程序而言，总是要求它能解决特定的问题，达到预定的目的。换句话说，就是要保证程序的正确性和可行性。

因此，在设计程序前，根据实际问题的特点和需求，再考虑计算机的工作特性，确定解决某个问题所需的方法和步骤是至关重要的，而且是不可缺少的。这一步骤称为“算法设计”。

1. 算法的概念

广义来讲，算法是解决某个问题的方法和步骤。狭义来讲，算法专指计算机解决某个问题的方法和步骤。一个算法就是一个有穷规则的集合，其中的规则规定了解决某一特定类型问题的运算系列。

2. 算法的特征

（1）确定性——算法本身无二义性。

（2）可行性。

（3）有穷性——算法必须在有限步骤里完成。

（4）输入性。

（5）输出性——一个算法必须有一个或多个输出。

3. 算法的描述

算法可以采用多种方式来表示：自然语言（如英语、汉语等），用图形或符号类描述等。

4. 基本算法结构

根据结构化程序设计的要求，有 3 种基本算法结构：顺序结构、分支结构、循环结构（当型循环和直到型循环）。

3 种基本结构的共同特点如下所述：

（1）单入单出。

（2）结构中的每个部分都有可能被执行。

（3）在给出合理的循环条件后，结构内不存在死循环。

二、分支

分支结构是程序的基本算法结构之一，其根据一定的条件来决定执行何种操作。在

VB 中由以下语句实现：

（1） If…Then。

（2） If…Then…Else。

（3） Select Case。

（一） If…Then 语句（单分支结构）

使用 If…Then 语句可以有条件地执行某些语句，它有两种语法形式。

（1） 只选择执行一条语句时，使用“行 If”句，语法结构如下：

```
If  条件  Then  语句
```

例如：

```
If IntVBbs >=60 Then print "VB 笔试成绩合格！"
```

（2） 需要执行多条语句时，使用“块 If”语句，语法结构如下：

```
If  条件  Then
若干语句
End If
```

例如：

```
If IntVBjs >=60 then
Print   "VB 机试成绩合格！"
Print   "笔试通过了吗？"
End If
```

【例 1-1】已知两个数 x 和 y，比较它们的大小，使得 x 大于 y。

语句如下：

```
If  x<y  Then
t=x   '以下三个语句实现 x 与 y 的交换
x=y
y=t
End  If
```

提示：交换两个变量的值，必须借助于第三个变量才能实现，其思路与“交换两个杯子里的水”的思路相同。

（二） If…Then…Else 语句

1. 双分支

从两个程序流程分支中选择一个执行。它的语法结构如下：

```
If  条件  Then
[语句序列 1]
[Else
[语句序列 2]]
End If
```

执行 If…Then…Else 语句时，VB 会首先测试条件表达式，如果它为 True，VB 就执行相应的语句序列 1；否则，执行语句序列 2。然后执行 End If 语句后面的代码。

【例 1-2】设计一密码校验程序，若错误，可有 3 次输入机会。

（1）“画界面”，如图 1－12 所示。

（2）设置属性，将文本框 Text1 的 PassWord 属性设置为“ * ”，其他属性由读者设置。

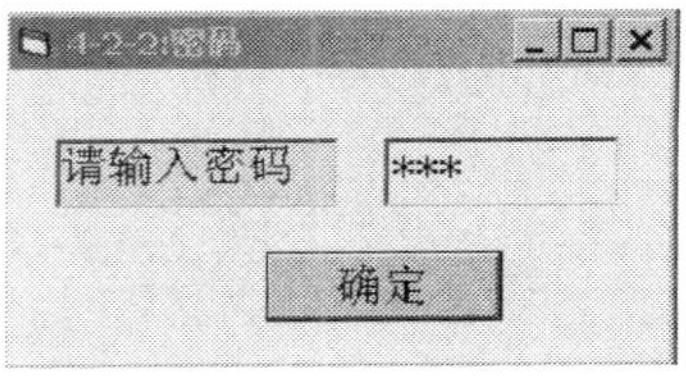

图 1－12　密码设置

（3）写代码，对应命令按钮 Command1 的单击事件过程，如图 1－13 所示。

程序运行后，若在文本框 Text1 中输入 111（错误密码），则单击“确定”按钮后出现提示窗口；若在文本框 Text1 中输入 123（正确密码），则单击“确定”按钮后出现正确的提示窗口。

提示：本例中用到了静态变量，也可改为窗体模块变量，但不能使用局部变量。

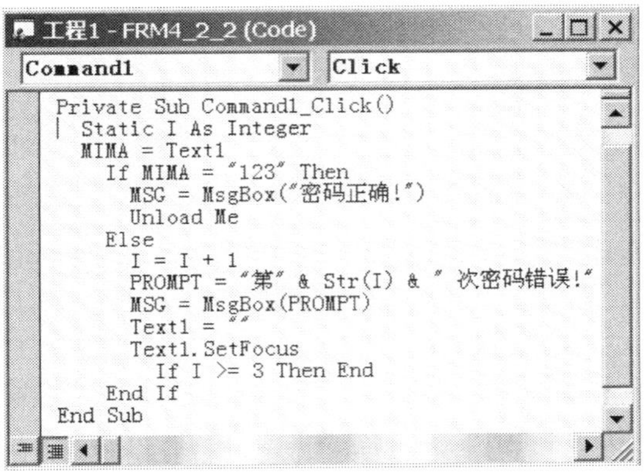

图 1－13　代码编辑

【例 1－3】已知 $y = \{50 + 3x \quad 100 + 2x \quad (0 < x \leqslant 10) \quad (10 < x)\}$，x 值由文本框输入，试计算 y 值。

（1）“画界面”，如图 1－14 所示。

（2）写代码，对应 Command1 和 Command2 的单击事件过程，如图 1－15 所示。

程序运行后，若在文本框 Text1 中输入 －1，则单击【计算】按钮后出现提示窗口，如图 1－16 所示；若在文本框 Text1 中输入 1，则单击“计算”按钮后在文本框 Text2 中得 53；若在文本框 Text1 中输入 11，则单击“计算”按钮后在文本框 Text2 中得 122。

本例中，If…Then…Else 语句中出现了另一个 If…Then…Else 语句，称为嵌套语句。

2. 多分支

从多个程序流程分支中选择一个执行。它的语法结构如下：

If　条件 1　Then
[语句序列 1]
[ElseIf　条件 2　Then
[语句序列 2]]
[Else
[语句序列 n]]
End If

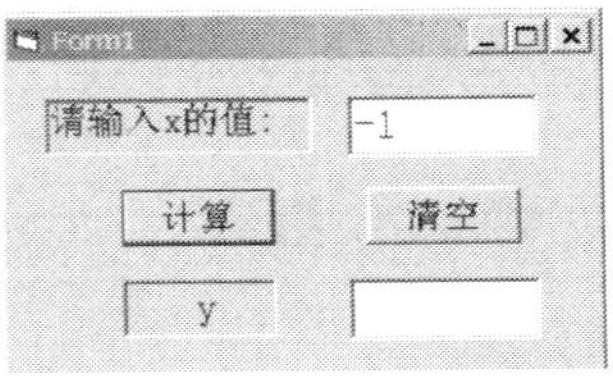

图 1－14

当执行到 If…Then…Else 结构时，VB 会首先测试条件 1，如果它为 False，VB 就测试条件 2，以此类推，直到找到一个为 True 条件。当它找到一个为 True 的条件时，VB 就会执行相应的语句序列，然后执行 End If 语句后面的代码。作

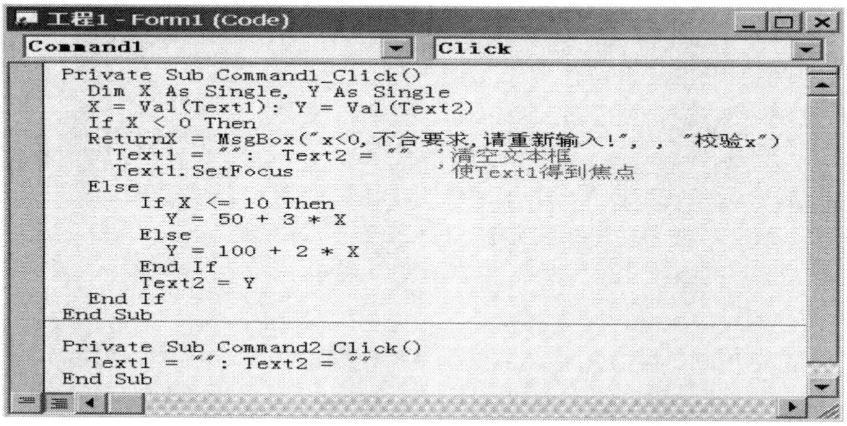

图 1-15　代码编辑

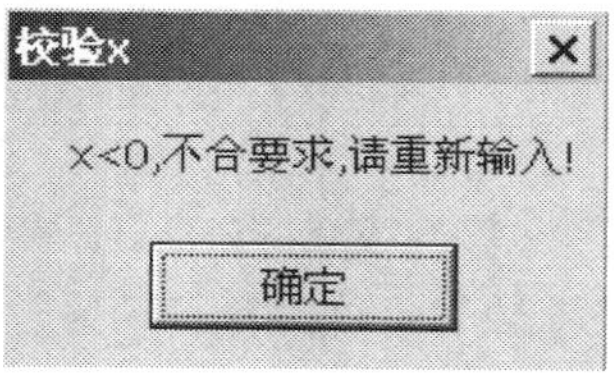

图 1-16

为一个选择，可以包含 Else 语句块，如果条件都不是 True，则 VB 执行 Else 语句块。

【例 1-4】编一程序段，首先从键盘上输入一个字符（若输入不止一个字符，则取其第一个字符）到变量 ch $中。若该字符为一个数字字符，就在计数变量 d1 上加 1；若该字符为一个字母，就在计数变量 d2 上加 1；否则，就在计数变量 d3 上加 1。代码如下：

```
Private Sub Command1_ Click ( )
  Static d1% , d2% , d3%
Dim ch $
  ch $ = InputBox("请输入一个字符:")
  ch $ = Left $(ch $,1)
  If ch $ >= "0"  And ch $<= "9" Then
    d1 = d1 + 1
  ElseIf Ucase(ch $)>= "A"  And Ucase(ch $)<= "z"  Then
    d2 = d2 + 1
  Else
    d3 = d3 + 1
  End If
  Print d1,d2,d3
End Sub
```

本例中使用了静态变量。

提示：If 和 Else If 子句中条件表达式的次序至关重要，当使用多个条件表达式时，必须仔细考虑表达式的排列顺序，因为即使后面的条件表达式的结果中也有 True 值，VB 从前往后只执行第一个条件值为 True 的语句。

（三）Select Case 语句

Select Case 语句可以很好地完成多重判定的任务，这种结构不但清楚易懂，而且执行也比较快速。Select Case 的语法结构如下：

Select Case　测试条件
[Case　表达式表 1
[语句序列 1]]
[Case　表达式表 2
[语句序列 2]]
……
[Case Else
[语句序列 n]]
End Select

Select Case 结构以关键字 Select Case 开始，以关键字 End Select 结束。Select Case 结构中的测试条件可以是变量、属性或表达式，表达式 1、表达式 2…表达式 n 可以是数值、字符串或与要测试的其他情况相关的其他值，Select Case 结构中可以使用任意多个 Case 子句，Case 子句中也可以包括多个 Value 值，多个 Value 值之间使用逗号分隔。

执行时，VB 首先计算开始行中测试表达式的值并只计算一次。然后 VB 将测试表达式的值与结构中每个 Case 的值进行比较，当发现测试表达式的值落在某个 Case 子句中表达式表所确定的取值范围内时，就执行与该 Case 相关联的程序段，然后执行 End Select 语句后面的语句。如果都不相等，则执行 Case Else 对应的默认程序段或执行 Select Case 语句的下一条语句（省略 Case Else 情况下）。Case Else 虽然是选择性的，但是最好使用，该子句可用于当不满足所有 Case 条件时显示信息，以防遗漏测试数据。

在 Select Case 结构中，VB 允许在 Case 后面的表达式中使用比较运算符，包括 =、< >、>、<、> =、< =。为了使用比较运算符，需要在表达式中包括 Is 关键字或 To 关键字，以指明要进行的比较。Is 关键字告诉编译器将测试变量与 Is 关键字之后的表达式进行比较，To 关键字指明一个数值范围，较小的数值必须显示在 To 之前。表 1 - 11 所列为有关测试表达式范围的一些示例。

表 1 - 11　测试表达式范围示例

表达式	例　子	表达式	例　子
明确的范围	Case　-7 To 7	相等（暗含“=”）	Case　1.2
关系	Case　Is > = 10	多重组合	Case　Is < > 21，Is < 100
相等	Case　Is = 1.2		

Select Case 语句也可以是嵌套的。但每个嵌套的 Select Case 语句必须要有相应的 End Select 语句。

三、循环

循环也是程序的基本算法结构。循环是一组重复执行的指令，重复次数由条件决定。

如果是无条件循环，循环体代码将永远执行下去（死循环，必须避免）。

循环结构主要包括当型结构和直到型结构。并且每种结构又有两种不同的执行方式（先判断再执行和先执行再判断）。

VB 提供了相应的语句用于实现各种不同类型的循环。

循环有以下几种：

（1） For…Next。

（2） Do…Loop。

（3） For Each…Next。

（4） While…Wend。

（一） For…Next 语句——已知循环次数的循环

For…Next 循环在过程中重复执行指定的一组语句，直到达到指定的执行次数为止。

如果知道循环的执行次数，应使用 For…Next 循环。For 循环使用一个叫做循环计数器的变量，每重复一次循环之后，计数器变量的值就会增加或者减少，由计数器来控制循环的执行次数。

1. For 循环的语法

For　计数器 = 初值　To　终止值　［Step 步长］

语句序列

Next ［计数器］

其中的参数——计数器、初值、终止值和步长都必须是数值型的，但其值不一定是整数，可以是实数，VB 自动取整。

计数器是一个数值变量，但不能是下标变量或记录元素。

初值、终止值均是一个数值表达式。

步长是指循环计数器变量的增量，也是一个数值表达式。其值可以是正值（递增循环），也可以是负值（递减循环），但不能为 0。如果步长为 1，则可略去不写。

2. For 循环的具体执行过程

（1） 首先执行 For 语句，设置计数器等于初值。

（2） 测试计数器是否超出终止值。若是的话，则退出循环，执行 Next 后面的语句；否则，执行步骤（3）。

（3） 从上到下执行循环语句。

（4） 执行到 Next 语句，计数器自动增加一个步长（如已指定的话），接着转向步骤（2）。

这里所说的超出有两种含义，即大于或小于。当步长为正值时，超出是指计数器变量大于终止值；当步长为负值时，超出是指计数器变量小于终止值。

For…Next 循环的正常循环次数为

$$循环次数 = Int[(终止值 - 初值)/步长] + 1$$

3. 循环的嵌套

若在一个 For 循环或其他循环的循环体内又包含另一个循环，则称为循环的嵌套。即大循环中套小循环，小循环一定要完整地包含在大循环内，不得相互交叉。使用嵌套循环可以多次执行一个循环。循环嵌套的层数不受限制，但通常只需两层或三层就可以了。两层嵌套称为双重循环，三层嵌套称为三重循环。例如：

```
For Out = 1  To 4
    For In = 1  To 10
      循环体
    Next In
Next Out
```

内部循环共执行 40 次，外部循环共执行 4 次。外部循环每执行 1 次，内部循环就执行 10 次。

在 For 循环中，Next 语句中的循环变量可以省略。例如：

```
For i = 1  To 10
  循环体
Next
```

多重 For 循环具有共同的终点时，多个 Next 语句可以合并成一个书写出来。但应按照从内到外的顺序注明所有循环变量，各循环变量之间要用逗号分开。例如：

```
For Out = 1  To 4
    For In = 1  To 10
      循环体
    Next In,Out
```

提示：循环嵌套时，程序中每一个 Next 语句都必须与它前面最近的 For 语句相匹配。如果程序中内部循环的 Next 语句出现在外部循环的 Next 语句之后，VB 会发出一条错误信息。

【例 1－5】计算 1～100 的累加和，代码如下：

```
     Private Sub Command1_Click( )
Dim i% ,Sum%
Sum = 0
          For i  = 1  To 100
               Sum = Sum + i
          Next i
          Print Sum,i
End Sub
```

提示：上述代码运行后，i 的值为 101。

【例 1－6】打印如图 1－17 所示的平面图形。

（1）“画界面”，如图 1－17 所示（注：由“＊”组成的图形为程序运行之后的结果）。

（2）写代码。对应 Command1 的单击事件过程如下：

```
Private Sub Command1_Click( )
  Cls
    For I = 1  To 3
      Print Tab(10 + I);
```

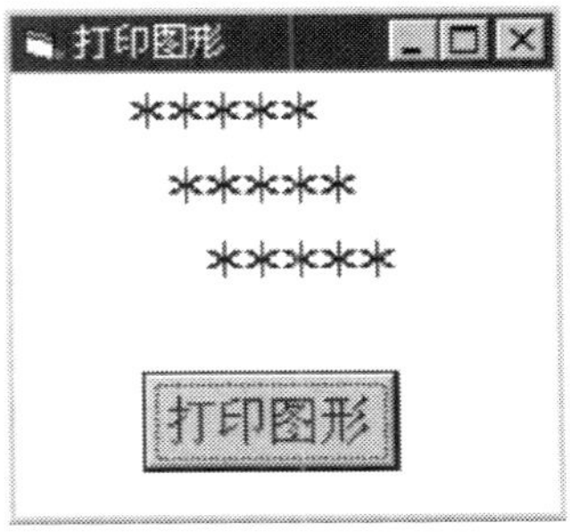

图 1－17　运行界面

```
        For j = 1 To 5
        Print" * ";
        Next j
        Print
    Next I
End Sub
```

提示：打印图形一般应用双重循环，外层循环控制行数，内层循环控制列数，内、外循环的入口交界处用相应函数（如 Tab（） 等）控制打印的起始点，内外循环的出口交界处用 Print 方法实现换行。

（二）Do…Loop 语句

对于事先不知道循环要执行多少次的情况来说，Do 循环十分有用和方便。Do 循环重复执行代码，直到满足指定的条件为止。

Do…Loop 循环结构语句有 4 种形式，每种形式都会计算循环条件的值以决定是否继续执行循环。循环条件必须是一个数值或者值为 True 或 False 的表达式。

（1） Do While…Loop 型，先测试循环条件，然后决定是否执行循环体。

```
Do While  循环条件
  语句序列
Loop
```

当 VB 执行这个 Do 循环时会首先测试循环条件。如果循环条件为 False 或零，则退出循环，直接执行 Loop 后面的语句。如果循环条件为 True 或非零，则 VB 将进入循环体执行语句，碰到 Loop 语句后退回到 Do While 语句再测试循环条件。

【例 1－7】将变量 I 循环加到 10。

```
Dim I As Integer
    I  = 1
      Do While I < 10
          I = I + 1
Loop
```

在这个例子中，只要 I < 10，循环就可以进行下去。但是如果循环条件一开始便为 False，则不会执行语句，即一次循环也不会执行。如果将上面例子中 I 的初值设置为 10，则循环将不会进行。

【例 1－8】要求用户向数据库中输入姓名，直到用户在输入框中键入单词 Quit 时终止输入。

可以使用 Do 语句构造一个无穷循环，当用户输入字符串 Quit 时退出循环。下面的 Do 循环重复处理用户输入，直到用户键入单词 Quit 时为止：

```
Do While InpName < >"Quit"
InpName = InputBox("Enter your name or type Quit to quit. ")
If InpName < >"Quit"  Then Print InpName
Loop
```

这个循环中的条件是 InpName < >" Quit"，VB 编译器把这个条件翻译成“只要

InpName 变量的值不等于单词 Quit，就一直重复执行循环体语句”。这就说明了一个有趣的事实：当 Do 循环第一次执行时，如果循环顶部的条件值不是 True，那么 Do 循环中的语句就不会执行。对上面的示例来说，如果在循环开始执行之前（可能在事件过程中使用某个赋值语句进行赋值）InpName 变量的值等于字符串 Quit，那么 VB 将跳过整个循环体，并在 Loop 语句后面的语句继续执行。需要注意的是，这种格式的 Do 循环需要在循环体中写上一条 If…Then 语句，以避免用户键入的退出值显示出来。

（2）Do…Loop While 先执行一次语句序列，然后测试循环条件看是否继续执行循环体。

Do
语句序列
Loop While 循环条件

这种形式保证循环中的语句至少执行一次。

如果使用这种形式的循环完成【例 1-7】，应该这样写：

```
Dim I As Integer
I = 1
Do
I = I + 1
Loop While I < 10
```

在这种循环形式中，即使将变量 I 的初值设置为 10，循环中的语句也将执行一次，I 的值将变为 11。

如果使用这种形式的循环完成【例 1-8】，应该这样写：

```
Do
InpName = InputBox(" Enter your name or type Quit to quit. ")
If InpName <> "Quit"  Then Print InpName
Loop While InpName <> "Quit"
```

这个循环与前面介绍的 Do 循环相似，但是，这里的循环条件在接受了 InputBox 函数中的姓名后进行测试。这种循环方式的优点是在测试循环条件前更新变量 InpName 的值，这样，即使 InpName 在进入循环前的值为 Quit，也不会直接退出循环。在循环的尾部测试条件值保证了循环体至少执行一次。但是，一般来说，这种格式的循环体中往往要增加一些额外的数据处理语句，避免无限循环。

必须保证每一个循环都有合适的退出条件。由于 Do 循环语句存在无限次数运行的本性，因此，应适当地设计测试条件，以便能够在适当的时机退出循环。如果某个循环的测试条件永远都不为 False（假），那么循环将无限次地执行下去。

到目前为止，我们使用的 Do 循环都运用 While 关键字来执行一组语句，只要循环条件为 True，循环体就重复执行。

VB 中，还可以在 Do 循环中使用 Until 关键字来重复执行一组语句，只要循环条件不为 True，循环体就会重复不断地执行。与 While 关键字相似，Until 关键字既可以放置在 Do 循环的开始位置，又可以放置在 Do 循环的结束位置。

（3）Do Until…Loop 型，先测试循环条件，然后决定是否执行循环体。

```
Do Until  循环条件
语句序列
Loop
```

例如，下面的 Do 循环语句使用了 Until 关键字，当用户在输入框中输入 Quit 之前，循环体重复执行：

```
Do Until InpName = "Quit"
InpName = InputBox("Enter your name or type Quit to quit. ")
If InpName <>"Quit" Then Print InpName
Loop
```

（4）Do…Loop Until 型，先执行一次语句序列，然后测试循环条件看是否继续执行循环体。

这种形式的语法如下：

```
Do
语句序列
Loop Until  循环条件
```

这种形式保证循环中的语句至少执行一次。

例如，如果用 Do…Loop Until 循环来完成【例 1－7】，应该这样写：

```
Dim I As Integer
I = 1
Do
I = I + 1
Loop Until I > 9
```

例如，如果用 Do…Loop Until 循环来完成【例 1－8】，应该这样写：

```
Do
InpName = InputBox("Enter your name or type Quit to quit. ")
If InpName <>"Quit" Then Print InpName
Loop Until InpName = "Quit"
```

综上所述，使用 Until 关键字的 Do 循环与使用 While 关键字的 Do 循环十分相似，只是测试条件中使用了相反的运算符，在上面的示例中，>（大于）运算符与<（小于）运算符相反，=（等号）运算符与< >（不等于）运算符相反。

Do While 循环和 Do Until 循环之间的差别：Do While 循环表示的是“当条件满足时，进行循环，而条件不满足，则退出循环”；而 Do Until 循环表示的则是“直到条件满足之前，一直循环，而条件一旦满足，则退出循环”。

（三）从循环中退出

有时在程序中利用循环查找某个数据，当数据找到后，不需要等到循环结束就可以跳出循环，以节省时间。

用 Exit For 退出 For 循环，这种形式的语法如下：

```
For 计数器 = 初值 To 终止值 [Step 步长]
[语句序列]
```

```
Exit For
[语句序列]
Next [计数器]
```

Exit For 语句可使程序在循环执行完毕前退出循环，这样，在循环执行到预先设定的次数之前，程序可以响应某个特定的事件。

例如，在下面的 For…Next 循环中：

```
For i =1 To 10
InpName = InputBox("Enter your name or type Quit to quit. ")
If InpName = "Quit" Then
Exit For
End If
Print InpName
Next i
```

循环语句要求用户输入 10 次姓名，并把它们显示在窗体上，但是，当用户输入单词 Quit（注意大小写）时，程序立即跳转到 Next 语句后面的语句。

Exit For 语句常常与 If 语句一起使用，在处理循环中的某些特殊情况时，这种格式就显得十分有用了，如当程序达到某个预定限制时停止程序执行的情况。

例如：在 1 ~168 之间找一个等于变量 i 的数字，找到后立即退出循环。

假设变量 j 中存放着用户输入的某个数字

```
Dim i As Integer
For i =1 to 168
If i =j then Exit For
Next
```

正如此例所表明的，Exit 语句几乎总是出现在 If 语句或 Select Case 语句内部，而且 If 语句或 Select Case 语句嵌套在某一循环内。

例如：下面程序中用 Exit Do 退出 Do 循环。

```
Do [While/Until  循环条件]
[语句序列]
Exit Do
[语句序列]
Loop
```

例如：下面程序中用 Exit Do 退出 Do Loop 循环。

```
Do
InpName = InputBox("Enter your name or type Quit to quit. ")
If InpName <>"Quit" Then Print InpName Else Exit Do
Loop
```

第五节　Visual Basic 数组

前面所使用的字符串、数值型、逻辑型等都是简单数据类型，可以通过简单变量名来访问。除基本数据类型外，VB 还提供了数组类型，利用数组可以方便灵活地组织和使用数据。对于数组来说，不能用一个简单变量名来访问它的某个元素。

数组是相互关联的有序数据的集合。一般情况下，数组中的元素属于同一个数据类型。但是，当数据类型为 Variant 时，各个元素能够包含不同种类的数据（字符串、数值型、逻辑型等）。

一、数组的概念与声明

（一）数组的概念

数组是由相同数据类型的元素所组成的有序集合，每个数组都是用一个统一的名称表示数组元素的集合，数组中的每一元素都具有唯一的索引号（即下标），可以用数组名及下标唯一地确定数组中的一个元素，更改其中的某一元素并不会影响其他元素。

数组并不是一种数据类型，而是一组相同类型的变量的集合。在程序中使用数组的最大好处是用一个数组名代表逻辑上相关的一批数据，用下标表示该数组中的各个元素，与循环语句结合使用，使得程序书写简洁、操作方便。

（二）数组的声明

数组遵循先声明后使用的原则，声明一个数组就是声明其数组名、类型、维数和数组的大小。

在计算机中，数组占据一块内存区域，数组名是这个区域的名称。区域的每个单元都有自己的地址，该地址用下标表示。定义数组的目的就是通知计算机为其留出所需要的空间。下标的个数决定数组的维数，各维下标之间用逗号分开（数组的下标是有界的，分为下界和上界）。在 VB 中有一维数组、二维数组等，最多可以达到 60 维。按声明时是否可以确定数组的大小，可将数组分为静态数组和动态数组，前者大小固定，后者大小不确定，以后在使用前需要重新定义。数组可以用 Dim、Private、Public 或 Static 来声明，它们的语法格式相同，但适用范围不一样。

Dim：用在窗体模块或标准模块中，定义窗体或标准模块数组，不能用在过程中。

Private：用在标准模块或过程中，定义局部数组。

Public：用在标准模块中，定义全局数组。

Static：用在过程中。

以上 4 个语句均可用来定义数组。下面介绍使用 Dim 声明数组的方法。

1. 静态数组及其声明

在声明数组时，给定了数组元素个数的数组称为静态数组。

数组声明的形式如下：

Dim 数组名（<维数定义>）［As 类型］

（1）数组名。遵循标准的变量命名约定。

（2）维数定义。指定数组的维数及各维的范围，形式如下：

[<下标下界 1 > To]<下标上界 1 >[,[<下标下界 2 > To]<下标上界 2 >]…

如果不指定<下标下界>，则数组的下界由 Option Base 语句控制。如果没有使用 Option Base 语句，则缺省的下界为 0。

例如：Dim s（9） As Integer′定义一个一维数组，名字为 s，10 个元素，索引值从 0 到 9。

若不希望指定的数组的下标下界从默认的 0 开始，则可以通过 Option Base 语句来设置，其格式为 Option Base n。

Option Base 语句用来指定数组下标的默认下界。格式中的 n 为数组下标的下界，只能是 0 或 1。如果不使用该语句，则默认值为 0。

Option Base 语句只能出现在窗体层或模块层，不能出现在过程中，并且必须放在数组定义之前。此外，如果定义的是多维数组，则下标的默认下界对每一维都有效。

As 类型：如果缺省，与前述变量的声明一样，是变体数组。

用 Dim 语句定义数组时，该语句把数值数组中的全部元素都初始化为 0，而把字符数组中的全部元素都初始化为空字符串。对于用 Dim 语句定义的记录变量中的元素及定长字符串，也进行类似的处理。

下面以一维和二维数组的定义为例来理解上述静态数组的定义方式。

例如，本章开头所描述的为了对 100 名学生某门课程的考试成绩进行的处理，而定义的一维数组：

Dim Mark（1 To 100） As Integer

该数组的名字为 Mark，类型为整型，下标范围为 1 到 100。Mark 数组的各元素是 mark（1），mark（2），mark（3），…，mark（100）。内存分配如下：

mark（1）	mark（2）	mark（3）	…	mark（100）

下面为一个二维数组的例子：

Dim A（5,4） As Integer

该数组的数组名为 A，类型为整型，维数信息是二维，第一维下标范围为 0 到 5，第二维下标范围为 0 到 4。数组 A（5,4）在内存中的分配如下：

A(0,0)	A(0,1)	A(0,2)	A(0,3)
A(1,0)	A(1,1)	A(1,2)	A(1,3)
A(2,0)	A(2,1)	A(2,2)	A(2,3)
A(3,0)	A(3,1)	A(3,2)	A(3,3)
A(4,0)	A(4,1)	A(4,2)	A(4,3)

2. *动态数组及其声明*

静态数组的大小在定义数组时，已经通过指定上、下界确定下来。有时，可能事先无法确认到底需要多大的数组，而希望能够在运行时改变数组的大小，这就要用到动态数组。动态数组可以在任何时候由 ReDim 语句指出维数的大小。

创建动态数组的步骤：

——用 Public 语句（公用数组）、Dim 语句（模块级数组）、Static 或 Dim 语句（局部数组）在过程中声明数组。给数组附以一个空维数表，这样就将数组声明为动态数组。

——在过程中用 ReDim 语句为声明的动态数组分配实际的元素个数，格式为

ReDim [Preserve] 数组名〈维数定义〉[As 类型]

注意：

（1）在静态数组声明中的下标只能是常量，在动态数组 ReDim 语句中的下标可以是常量，也可以是有了确定值的变量。

（2）在过程中可多次使用 ReDim 语句来改变数组的大小，也可改变数组的维数。

（3）每次使用 ReDim 语句都会使原来数组中的值丢失，可以在 ReDim 语句后加 Preserve 参数用来保留数组中的数据，但使用 Preserve 只能改变最后一维的大小，前面几维的大小不能改变。

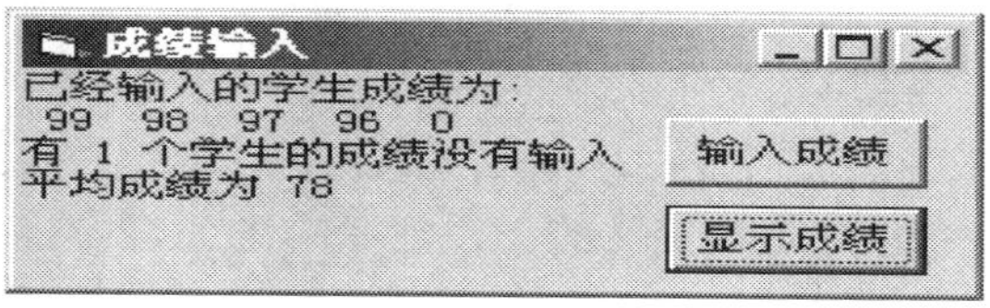

图 1-18　学生成绩统计程序运行实例

【例 1-9】设计如图 1-18 所示的应用程序，当单击【输入成绩】按钮时，在 InputBox 对话框中输入学生人数，然后在对话框中依次输入不多于人数的数个成绩。再次单击【输入成绩】按钮将追加学生人数和成绩。单击【显示成绩】按钮显示成绩、平均分和未输入成绩的人数。

程序代码如下：

```
Dim mark%(),aver%,k%,n%
Private Sub inputmark(k,n,aver)   '输入成绩的子过程
  Do While k < n
      markx = InputBox("输入第" & k + 1 & "位学生的成绩","数据输入")
      If markx = "  " Then Exit Do
      k = k + 1:mark(k) = markx:aver = aver + markx
  Loop
End Sub
Private Sub 输入成绩_Click()
Dim m$
m = InputBox("请输入学生人数")
If m <>"  "Then   '学生人数不为 0 时执行
  n = k + CInt(m)
ReDim Preserve mark(1 To n)                 '在使用动态数组前先确定大小
Call inputmark(k,n,aver)
End If
End Sub
Private Sub 显示成绩_Click()
  Print"已经输入的学生成绩为:"
  For i = 1 To n
```

```
        Print mark(i);
        If i Mod 10 = 0 Then Print
    Next
    Print
    Print"有";n - k;"个学生的成绩没有输入"
    Print"平均成绩为";aver/n
End Sub
```

3. 数组的清除和重定义

经过定义的数组将为其分配相应的存储空间，其大小不能改变。为了重新初始化静态数组的元素，或者释放动态数组的存储空间，可以使用 Erase 语句，其语法格式为

Erase 数组名[,数组名]

Erase 语句用来重新初始化静态数组的元素，或者释放动态数组的存储空间。

注意，在 Erase 语句中，只给出要刷新的数组名，不带括号和下标。例如：

Erase mark

说明：

（1）当把 Erase 语句用于静态数组时，如果这个数组是数值数组，则把数组中的所有元素设置为0；如果是字符串数组，则把所有元素设置为空字符串；如果是记录数组，则根据每个元素（包括定长字符串）的类型重新进行设置，见表 1 - 12。

表 1 - 12　Erase 语句对静态数组元素的影响

数组类型	Erase 对静态数组元素的影响
静态数值数组	将每个元素设为 0
静态字符串数组（长度可变）	将每个元素设为零长度字符串（“”）
静态字符串数组（长度固定）	将每个元素设为 0
静态 Variant 数组	将每个元素设为 Empty

（2）当把 Erase 语句用于动态数组时，将删除整个数组结构并释放该数组所占用的内存。也就是说，动态数组经 Erase 语句后即不复存在。在下次引用该动态数组之前，必须用 ReDim 语句重新定义该数组变量；而静态数组经 Erase 语句后仍然存在，只是其内容被清空。

（3）当把 Erase 语句用于变体数组时，每个元素将被重置为“空”（Empty）。

二、数组的基本操作

数组是程序设计中最常用的结构类型，将数组元素的下标与循环语句结合使用，能解决大量的实际问题。需要注意的是，数组定义时用数组名表示该数组的整体，但在具体操作时是针对每个数组元素进行的。

（一）给数组元素赋初值

1. 使用循环结构

如给数组 IntMark（1 To 100）的元素赋初值：

```
For I =1 To 100
        IntMark（I）=0
Next I
```

2. 使用 Array 函数

Array 函数的作用是返回一个 Variant 型的数组，其语法格式如下：

<变量名> = Array（<列表>）

【例 1－10】

```
Option Base 1
Private Sub Form_ Click（）
   Dim a As Variant
Myweek = Array("Mon","Tue","Wed","Thu","Fri","Sat","Sun")
Myday1 = Myweek(1)
   Myday5 = Myweek(5)
Print Myday1,Myday5
a = Array(1,2,3,4,5,6)
For I =1 To 6
     Print a(I);
Next I
End Sub
```

程序的执行结果如下：

```
Mon      Fri
1 2 3 4 5 6
```

在该例中，用 Array 函数对两个数组变量进行初始化。其中，变量 a 被显式地定义为变体类型，Myweek 未被定义而直接使用，默认为变体类型。

注意：Array 函数只适用于一维数组。即只能对一维数组进行初始化，不能对二维数组或多维数组进行初始化。

（二）数组的输入

数组的输入一般可以通过文本框输入和 InputBox 函数输入。例如：

```
For i =0 To 3
     For j =0 To 2
     s(i,j)=InputBox("输入" & i & "," & j & "的值")
     Next j
Next i
```

但是，对于大型的数组或大量的数据输入，一般采用文本框输入。

（三）数组的赋值

在 VB 中，提供了数组直接对数组的赋值，即可以将一个已知数组元素的值的数组整体赋值给一个可调数组，并自动确定可调数组的大小。例如：

```
Dim A As String,B()As String
```

```
A(0) = "王华" : A(1) = "黎明" : A(2) = "万雪" : A(3) = "刘芳" : A(4) = "夏恬"
B = A
```

这样，就将 A 数组整体赋值给 B 数组。数组 B 的大小确定为 5。

（四）数组的输出

输出数组中的全部元素或部分元素，一般使用循环结构（尤其是 For 循环）。

【例 1－11】如图 1－19 所示，随机产生二维数组 a（3，3），交换最左边和最右边的两列元素，然后输出对角线上的元素。

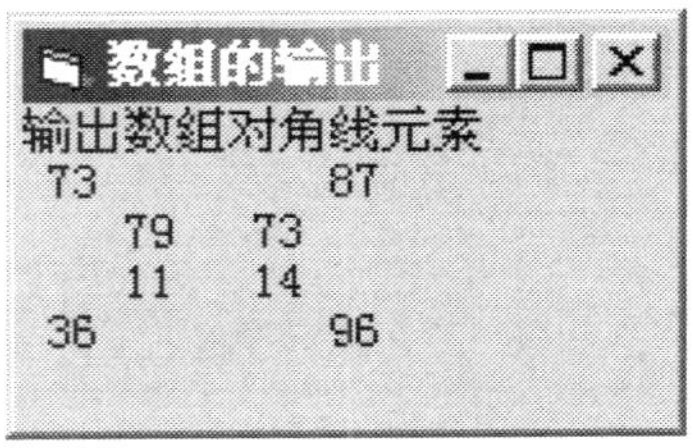

图 1－19 数组的输出

程序代码如下：

```
Private Sub Form_Click()
  Dim a(3,3) As Integer
  For j = 0 To 3
     For i = 0 To 3
        a(i,j) = Int(90 * Rnd + 10)
     Next
  Next
  For i = 0 To 3
    temp = a(i,0) : a(i,0) = a(i,3) : a(i,3) = temp
  Next
  Print "输出数组对角线元素"
  For i = 0 To 3
    If i - (3 - i) <= 0 Then
      Print Tab(i * 3 + 1); a(i,i); Spc((2 - 2 * i) * 3 + 1); a(i,3 - i)
    Else
  Print Tab((3 - i) * 3 + 1); a(i,3 - i); Spc((2 * i - 4) * 3 + 1); a(i,i)
    End If
  Next
End Sub
```

第六节 Visual Basic 文件应用与管理

在计算系统中，文件管理一直是一个非常重要的概念。所谓文件是指存放在外部存储介质上的数据和程序等。

VB 允许用下述两种不同的方法来操作驱动器、文件夹和文件。传统的方法是使用 Open、Write 语句等，也可以用 File System Object（FSO）对象模型。从 VB 第 1 版至今，文件处理都是通过使用 Open 语句及其他一些相关的语句和函数来实现的，以后将逐步转变为使用 FSO 对象模型。本书仍重点介绍传统的文件处理方式。

一、文件的概念及分类

（一）文件

文件是存储在外部介质（如磁盘）上的数据的集合。通常情况下，计算机处理的大量数据都是以文件的形式存放在外部介质上的，操作系统也是以文件为单位对数据进行管理的，如 Word 文档、Excel 表格、图片、歌曲等。

（二）文件结构

为了有效地存取数据，数据必须以某种特定的方式存放，这种特定的方式称为文件结构。

VB 文件由记录组成，记录由字段组成，字段由字符组成。

1. 字符（Character）

字符是构成文件的最基本单位，可以是数字、字母或特殊符号。

2. 字段（Field）

字段又称为域，由若干个字符组成，用来表示一项数据。例如：学号“100086”就是一个字段，它由 6 个字符组成。

3. 记录（Record）

记录由一组相关的字段组成。如下列学生基本信息所示：

学号	姓名	性别	年龄	通信地址
100001	张三	男	18	开封大学机电学院
100002	李四	女	19	开封大学机电学院

每行信息均为一条记录。在 VB 中，以记录为单位处理数据。

4. 文件（File）

文件由记录构成，一个文件含有一个以上的记录。

（三）文件的分类

按照文件的存取方式及其组成结构可以分为 3 种类型：顺序文件、随机文件和二进制文件。

对于顺序文件，文件的信息是按照顺序排列，而且只提供第一条记录的存储位置，因此只能从头到尾顺序访问每一个数据，不能随机访问其中的任意一个数据。顺序文件中的数据必须是简单数据，即具有标准数据类型的数据。顺序文件的创建和读取很容易，访问最简单，但访问速度慢且烦琐。

随机文件是由相同长度的记录集合组成，可用记录类型来创建由各种各样的字段组成的记录，每个字段可以有不同的数据类型，数据可以是简单数据，也可以是记录数据，但最常用的是记录数据。既可以从头到尾顺序访问每一个数据，也可以随机访问其中的任意一个数据。随机文件中的每一条记录对应着一个记录号，它是记录的顺序编号，第一条记录的记录号为 1，第二条记录的记录号为 2，以此类推。访问随机文件时就是根据记录号存取对应的记录，就像根据数组下标存取对应的数组元素一样。使用随机文件的程序比顺序读取的程序更复杂，但它是一种更快且更有用的访问方式。

二进制文件是特殊的、压缩过的随机存取文件。对于二进制文件，既可以从头到尾顺序访问每一个数据，也可以随机访问其中的任意一个数据，这一点和随机文件一样。二进制文件中的数据既可以是简单数据，也可以是记录数据，但访问每个数据时是指定字节地址，而不是记录号。文件内容中的第一个字节的地址为1，第二个字节的地址为2，以此类推。

除了没有数据类型或者记录长度的含义，二进制文件与随机文件很相似。

按照文件的数据编码方式来分可以分为ASCⅡ码文件和二进制文件。

顺序文件属于文本文件，即文件内容中的每个字节存储的是ASCⅡ码字符，因此顺序文件除了可以在VB环境下使用，还可以在其他文本编辑环境下使用，如Word等。而随机文件和二进制文件不属于文本文件，它们是利用内部数据格式存储的文件，因此不能利用其他的文本编辑软件对其进行编辑。把一批数据建立成随机文件或二进制文件，通常要比建立成顺序文件节省存储空间。

文件按照其特征属性来分，可以分为系统文件、隐藏文件、只读文件、普通文件和存档文件。

二、文件的打开和关闭

（一）文件操作三部曲

1. 打开（或建立）文件

一个文件必须先打开（或建立）后才能使用。

2. 进行读、写操作

在打开（或建立）的文件上执行所要求的输入输出操作。

在文件处理中，把内存中的数据传输到外部设备（如磁盘）并作为文件存放的操作叫做写数据（写盘），对内存而言是“输出”——Output；而把数据文件中的数据传输到内存程序中的操作叫做读数据（读盘），对内存而言是“输入”——Input。

一般来说，在主存与外设的数据传输中，由主存到外设叫做输出或写盘，而由外设到主存叫做输入或读盘。

3. 关闭文件

对文件中的数据进行保存。

在VB中，数据文件的操作通过有关的语句和函数来实现。

（二）Open语句——打开文件

打开文件的语法结构如下：

Open Filename [For Mode] [Access access] [LockType] as [#] Filenumber [Len = recordlength]

所有的Open语句都应包括文件名和文件号，而其他参数是可选的。仅带必需参数的最简单的Open语句如下：

```
Open  "MyFile.txt"  As  #1
```

这个语句用文件号1将名为MyFile.txt的文件打开，为文件的输入输出操作作准备。

Open语句的语法参数及其说明如下所述。

1. Filename（文件名）

指定文件路径和文件名。

2. Mode（模式）

指定文件存取方式，可选值有 Input、Output、Append、Random 和 Binary 5 种方式。

Input、Output、Append 用于以顺序方式打开文件，Random 用于以随机方式打开文件，Binary 用于以二进制方式打开文件。

（1） Input 表示从打开的文件读取数据（读盘），顺序输入内存。若打开的文件已经存在，则把文件指针指向文件内容的开始位置；若文件不存在，则产生错误信息。

（2） Output 表示从内存顺序输出数据，写入打开的数据文件（写盘）。若打开的文件已经存在，则文件中原有的内容将被覆盖，新的内容将从文件的开始位置写入；若文件不存在，则创建一个新文件。

（3） Append 表示向打开的文件中添加数据。若打开的文件已经存在，文件中原有的数据将被保留，新的数据将从文件的末尾位置添加；若文件不存在，则创建一个新文件。

提示：对于以 Output 或 Append 方式打开的文件，只能用于输出（写盘），不能用于输入，若需要从这些文件中读出数据，则必须先关闭后再以 Input 方式打开才能进行；同样，对于以 Input 方式打开的文件，只能用于输入（读盘），不能用于输出，若需要向这些文件中写入数据，则必须先关闭后再以 Output 或 Append 方式打开才能进行。

（4） Random 规定对随机文件的输入输出方式。既可以由内存向打开的文件输出记录（写盘），也可以从打开的文件中读出记录（读盘），输入到内存记录变量中。若打开的文件已经存在，则把文件指针指向第一条记录，即记录号为 1 的记录；若文件不存在，则创建一个新文件。

（5） Binary 规定对二进制文件的输入输出方式。既可以由内存向打开的文件输出记录（写盘），也可以从打开的文件中读出数据（读盘）。若打开的文件已经存在，则将文件指针指向第一个字节，即文件的开始位置；若文件不存在，则创建一个新文件。

3. Access（访问权限）

说明打开的文件可以进行的操作，有 Read（只读）、Write（写）或 ReadWrite（读写）操作。

编写网络程序时，经常使用访问权限制。

4. LockType（锁定文件）

指定其他进程对已打开的文件能够进行的操作，有 Shared、Lock Read、Lock Write 和 Lock Read Write 操作。

（1） Shared：允许所有用户同时访问该文件。

（2） Lock Read：只允许以读的方式打开该文件的用户访问。

（3） Lock Write：只允许以写的方式打开该文件的用户访问。

（4） Lock Read Write：只允许以读写的方式打开该文件的用户访问。

编写网络程序时，这个参数很有用，可以防止多个用户同时访问或编辑该软件（否则其中一个用户的修改将丢失）。

5. Filenumber（文件号）

用于为打开的文件指定一个有效的文件号，范围在 1 ~ 511 之间。既可以是数值，也可以是变量。

6. Recordlength（记录长度）

通常只需要为打开随机文件所选用，其值为小于或等于 32767 字节的一个数，用它规定所打开的随机文件中每条记录的长度（随机文件中的所有记录都具有同一类型和长度），即每条记录所占用存储字节的个数。

提示：打开文件并指定文件号后，程序将用文件号访问该文件，而不再使用文件名。

For Mode 在 Open 语句中不是必需的，如果不指定该参数，VB 认为是 Random 模式，并插入 For Random。

（三）Close 语句——关闭文件

使用 Open 语句打开的所有文件都必须用 Close 语句关闭，这样能够把最后写入文件缓冲区的内容保存到磁盘上，以免数据丢失。其格式如下：

Close[[#]<文件号>[,[#]<文件号>…]]

当多于一个文件号时，文件号之间用“,”号分开，每一个文件号前可以带“#”号，也可以不带，若省略文件号，则关闭当前所有打开的文件。例如：

```
Close  #1
Close  2,3
Close
```

三、与文件操作有关的语句和函数

1. 文件指针

文件指针的定位通过 Seek 语句来实现。其格式如下：

Seek #文件号,位置

Seek 语句用来设置文件中下一个读或写的位置。

与 Seek 语句配合使用的是 Seek 函数。其格式如下：

Seek（文件号）

该函数返回文件指针的当前位置。

对于用 Input、Output、Append 方式打开的文件，Seek 函数返回文件中的字节位置（产生下一个操作的位置）；对于用 Random 方式打开的文件，Seek 函数返回下一个要读或写的记录号。

对于顺序文件，Seek 语句将文件指针指到指定的字节位置上，Seek 函数返回有关下次将要读或写的位置信息；对于随机文件，Seek 语句只能将文件指针移到下一个记录的开头，而 Seek 函数返回的是下一个记录号。

2. Lof（文件号）函数

返回给某文件分配的字节数（即文件的长度）。例如，Lof（1）将返回#1 文件的长度。

3. Eof（文件号）

返回一个表示文件指针是否指向文件末尾的值。当到文件末尾时，返回 True，否则返回 False。对于顺序文件，用 Eof（）测试是否到达文件的末尾。对于随机文件和二进制文件，当最近一个执行的 Get 语句无法读到一个完整记录时，返回 True；否则，返回 False。

Eof（）函数通常用来在循环中测试是否已到达文件的末尾，一般结构如下：

Do While Not Eof（1）

文件读写语句

Loop

4. FreeFile ( )

可以得到一个在程序中没有使用的文件号。当程序中打开的文件较多时，这个函数很有用。使用此函数能保证所使用的文件号没有被其他打开的文件使用。

下面的代码使用 FreeFile 获得一个文件号，并用该文件号打开一个文件。

```
FileNum = FreeFile
Open "MyFile.txt" For Output As FileNum
```

5. Shell 函数

凡是能在 Windows 下运行的应用程序均能在 VB 中调用，这一功能可通过 Shell 函数来实现。

Shell 函数的格式如下：

Shell（文件名［窗口类型］）

其中，文件名是用引号括起的要执行的应用程序的文件名，它必须是可执行文件，其扩展名为 .com、.exe、.bat 或 .pif，其他文件不能用 Shell 函数执行。

Shell 函数调用某个应用程序成功执行后，将返回一个任务标识（ID），例如：

```
X = Shell("C:\Windows\WinWord.exe",1)
```

该语句调用“Word For Windows”并把 ID 返回给 X。

注意：在具体输入程序时，ID 不能省略。

例如，单击命令按钮，启动 Word：

```
Private Sub Command1_Click()
X = Shell("C:\Program Files\Microsoft Office\Office\WinWord.exe",vbNormalFocus)
End Sub
```

四、顺序文件的读写操作

向顺序文件写入数据的语句有 Print 语句和 Write 语句，从顺序文件中读出数据的语句有 Input 和 Line、Input 语句。

（一）顺序文件的写操作

1. 利用 Write#语句执行写操作

向顺序文件中写入数据的语法结构如下：

Write # filenumber,outputlist

各参数及说明如下所述。

filenumber：一个有效的文件号。

outputlist：要写入文件的表达式列表，用逗号将这些表达式分界。

功能：把表达式中每个表达式的值按照规定的格式写入文件号对应的文件中。

写入数据格式：写入数值时按 ASCⅡ码方式写入，数值中的每一位（包括数字位、小数点和负号，正数的符号位不计入在内）用 ASCⅡ码表示，占用文件中的每一个字节，每个数值在文件中占用的字节数等于数值的长度（即所含字符的个数）；写入字符串时，每个字符用对应的 ASCⅡ码表示，占用文件中两个字节，同时在字符串的前后写入双引号作为起止定界符；每写入一个表达式的值后，接着写入一个逗号作为数据之间的分隔符，然后再写入下一个表达式的值。在写入最后一个表达式的值后，接着写入回车符（对应的ASCⅡ码为13）和换行符（对应的ASCⅡ码为10）。

【例1-12】Write语句应用示例：

```
Private Sub Form_Click( )
Open"C:\MyFile1.txt" For Output As #1
Write  #1,10,-20,30,-40
Write  #1,"01","机电学院",3700
Write  #1,"02","信息学院",3700
Close
End sub
```

2. 利用Print#语句执行写操作

Print#语句的功能是把格式化显示的数据写入顺序文件中，它的语法结构如下：

Print #[filenumber],[outputlist]

其中，参数包括filenumber和outputlist两个部分。

filenumber：一个有效的文件号。

outputlist：要写入文件的表达式，其设置如下所示。

[{|Spc(n)|tab[(n)]}][expression][charpos]

Spc（n）：输出数据中插入空白字符，数字n表示要插入的空白字符个数。

tab（n）：用来将插入点定位在某一绝对列号上，n是列号。

expression：要打印的数值表达式或字符串表达式。

charpos：指定一个字符的插入点。

功能：若省略文件号选项，则就是第三章所介绍的Print方法，它将表达式中每个表达式的值按照规定的格式输出到屏幕上；若带有文件号选项，则输出信息的目的地不是屏幕而是文件号所对应的文件，每个数据的打印格式与输出到屏幕上的形式完全相同。

（二）顺序文件的读操作

利用Input语句执行读操作。向文件中写入数据后，难免要检索这些数据。对于顺序文件，可使用Input语句顺序地读取数据。其语法格式如下：

Input # filenumber,varlist

各参数及说明如下所述。

filenumber：一个已经以Input方式打开的有效的文件号。

varlist：用逗号分界的变量列表。

功能：从文件号对应的文件中依次读出数据并赋给变量表中的每一个变量。利用数值变量从文件中读数，当遇到的第一个字符不是空格、逗号、回车符和换行符时，则认为是数值的开始，再遇到空格、逗号、回车符和换行符时，则认为是数值的结尾。利用字符串变量从文件中读取字符串，当遇到的第一个字符串是双引号时，则认为是字符串的开始定界符，再遇到双引号时，则认为是字符串的终止定界符；或者当遇到的第一个字符不是空格、逗号、回车符和换行符时，则认为是字符串的开始字符，再遇到逗号（注意：若遇到空格仍属于字符串内的字符，也就是说，空格不能作为字符串的结束符号），回车符，以及换行符时，则认为字符串结束。

（三）文本框内容与文件的互换

1. 将一个文本文件的内容读入文本框

方法1：把文本文件的内容一行一行地读入文本框。

方法2：把文本文件的内容一个字符一个字符地读入文本框。

2. 将文本框的内容保存到磁盘上

方法1：把整个文本框的内容一次性地写入文件。

方法2：把整个文本框的内容一个字符一个字符地写入文件。

五、随机文件

随机文件由记录组成，能够随机存取其相同长度的数据记录，每一数据记录内可以设计各种字段以容纳不同的数据。此种文件数据以二进制的形式保存在磁盘上。

1. 变量声明

在应用程序打开随机文件以前，应声明所有用来处理该文件数据所需的变量，包括用户定义类型的变量，它对应着该文件中的记录和标准类型的其他变量，这些变量保存随机文件相关的数据。在打开一个文件进行随机访问之前，应定义一个类型，该类型对应于该文件包含或将包含的记录。

因为随机文件中的所有记录都必须有相同的长度，所以可以在类型定义中声明字段变量。

2. 打开随机文件

要打开随机文件，使用以下语法的 Open 语句。

Open Filename ［For Random］ As filenumber Len = recordlength

因为 Random 是缺省的访问类型，所以 For Random 关键字是可选项。表达式 Len = recordlength 指定了每个记录的字符数。如果 recordlength 比实际长度短，则会产生一个错误。如果 recordlength 比实际长度长，则可写入，但是会浪费磁盘空间。

实际上，记录类型变量（设名为 RecordVar）的长度就是记录的长度（recordlength），可以通过 Len（）函数求出来，即

recordlength = Len(记录类型变量) = Len(RecordVar)

3. 编辑随机文件

如要编辑随机文件，先把记录从文件读到程序变量，然后改变各变量的值，最后把变量写回该文件。

向随机文件中写入记录的语句为 Put 语句，从随机文件中读出数据的语句为 Get 语句。语句格式为

{Put|Get} #<文件号>,[<记录号>],<变量>

对于 Put 语句，它把<变量>内容（即一条记录）按照给定的记录号写入文件号所对应的随机文件中；对于 Get 语句，它从文件号所对应的随机文件中，按照所给定的记录号读出一条记录，赋给变量。

从随机文件中读写一条记录后，文件指针自动指向下一条记录的开始位置。

例如：

```
Put #1,1,x   '把 x 值作为第一条记录写入到#1 号文件中
Put #1,,y   '把 y 值写入到#1 号文件的当前记录位置
Get #2,i%,z   '从#2 号文件中读出第 i% 条记录并放入 z 变量中
Get #3,,p   '从#3 号文件中读出当前记录并放入变量 p 中
```

使用 Get 语句把记录复制到变量，使用 Put 语句把记录添加或者替换到随机文件。

第二章　通风管网分析及电算程序

通风系统是由纵横交错的通风管网构成的一个复杂系统。用图论的方法对通风系统进行抽象描述，把通风系统变成一个由线、点及其属性组成的系统，称为通风网络。通风系统中各通风管网分配的风量大小及其方向遵循一定规律。通过研究空气在通风管网中流动的规律，为通风管网系统分析模型的建立提供理论依据。

第一节　通风网络基础理论

一、矿井通风网络与网络图

（一）矿井通风网络

用直观的几何图形来表示通风网络就得到通风网络图，图 2－1 所示为一简单通风网络图。为了用数学方法来分析通风网络，也可用集合和矩阵形式来表示通风网络。

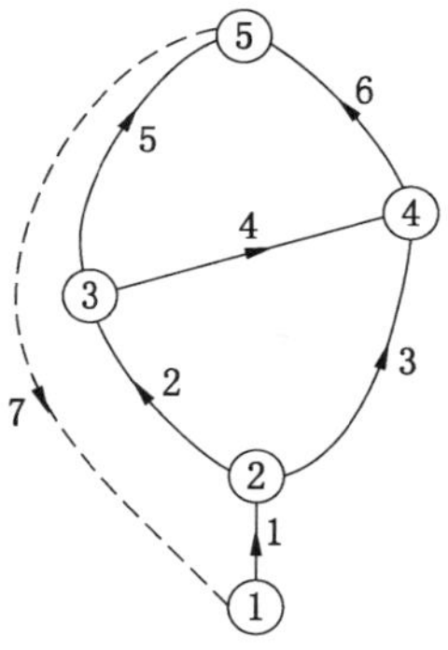

图 2－1　简单通风网络图

在分析通风网络时常用到下述图论术语。

1. 分支（边、弧）

分支是指表示一段通风井巷的有向线段，线段的方向代表井巷中的风流方向。每条分支可有一个编号，称为分支号。如图 2－1 中的每条线段就代表一条分支。井巷的通风参数，如风阻、风量、阻力等，可作为分支的权值。若分支并不表示实际井巷，如连接进、回风井口的地面大气分支，则称为伪分支，常用虚线表示，如图 2－1 中的分支 7。

2. 节点（结点、顶点）

节点是指两条或两条以上分支的交点。每个节点有唯一的编号，称为节点号。在网络图中常用圆圈表示节点，圆圈中的数字为节点号，如图 2－1 所示。

3. 路（通路、道路）

路是指由若干条方向相同的分支首尾相连而成的线路。如图 2－1 中 1—2—5、1—2—4—6 和 1—3—6 等均是通路。

4. 回路

由两条或两条以上分支首尾相连形成的闭合线路称为回路。若回路中除始、末节点重合外，无其他重复节点，则称为基本回路，简称回路。当回路中的非相邻节点间不存在分支时，该回路又称为网孔。如图 2－1 中 2—4—3、2—5—6—3 和 1—3—6—7 等都是基本回路，其中，2—4—3 是网孔，而 2—5—6—3 不是网孔，因为在该回路的非相邻节点 3 和 4 之间有分支 4。

5. 树

树是指任意两节点间至少存在一条通路但不含回路的一类特殊图。由于这类图的几何形状与树相似，故得名。树中的分支称为树枝。包含通风网络的全部节点的树称为其生成树，简称树；在网络图中去掉生成树后余下的子图称为余树。图 2－2 中的实线分支为图 2－1 的生成树，虚线分支为对应的余树。由此可见，对于同一个网络图其生成树的形式不是唯一的。在网络解算时，常需要选择一棵合适的生成树。选择生成树的算法很多，常用的有破圈法、加边法和缩边法等。

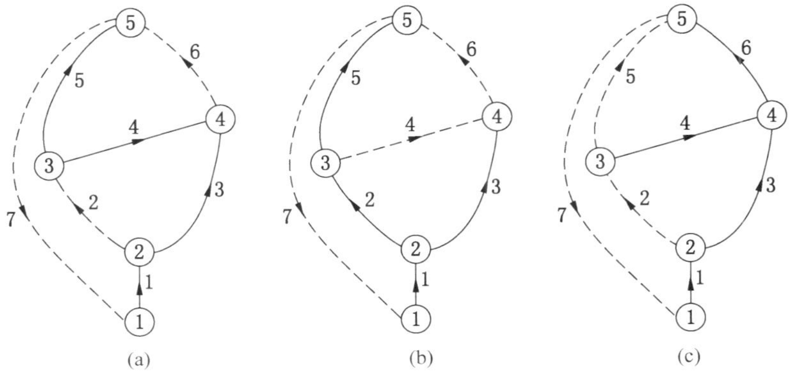

图 2－2　网络树的生成树与余树

6. 割集

割集是网络分支的一个子集，将割集中的边从网络图中移去后，将使网络成为两个分离的部分，若某割集 S 中恰好含有生成树 T 中的一个树枝，则该割集 S 称为关于生成树 T 的基本割集。例如，图 2－1 中，{2，4，5}、{3，4，6} 和 {1，5，6} 等都是它的割集。

（二）矿井通风网络图

通风网络图只反映风流方向及节点与分支间的相互关系，节点位置与分支线的形状可以任意改变，因此网络图的形状可以千变万化。目前，常用的网络图是曲线形状的网络图，如图 2－3 所示。

由于通风网络图能清楚地反映风流的方向和分合关系，并且是进行各种通风计算的基础，因此通风网络图是矿井通风管理的一种重要图件。

1. 绘制通风网络图的步骤

绘制通风网络图一般按以下步骤进行：

（1）节点编号。在通风系统图上给井巷的交会点标上特定的节点号，某些距离较近、阻力很小的几个节点，可简化为一个节点。

（2）绘制草图。在图纸上画出节点符号，并用单线条（直线或弧线）连接有风流连通的节点。

（3）图形整理。按照正确、美观的原则对网络图进行修改，直至满意为止。

2. 绘制通风网络图的原则

绘制通风网络图一般应遵循以下原则：

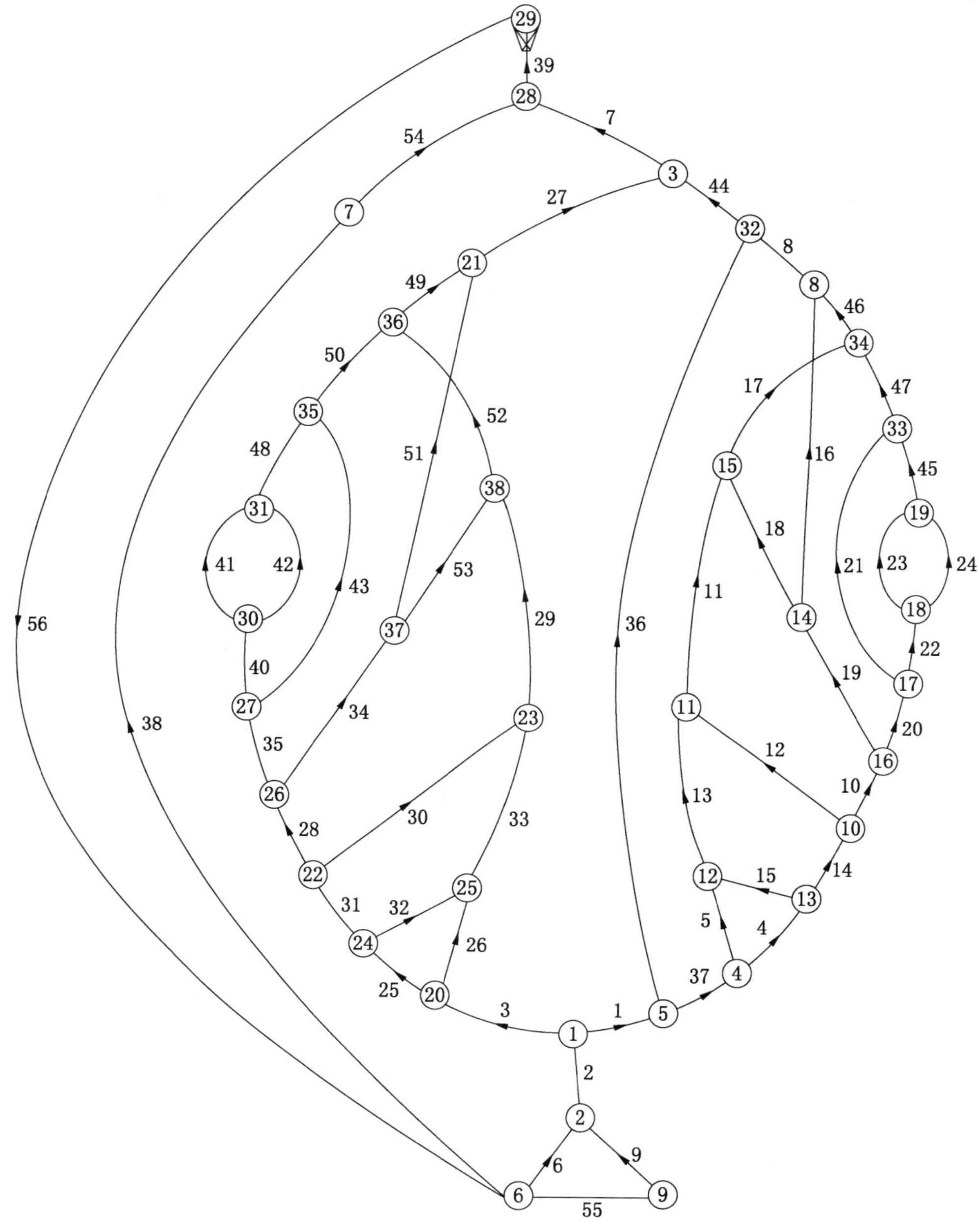

图2-3　曲线形状的通风网络图

（1）用风地点并排布置在网络图中部，进风节点位于其下边（进风井口节点位于最下部），回风节点在网络图的上部，风机出口节点在最上部。

（2）分支方向（除地面伪分支外）基本都应由下至上。

（3）分支间的交叉尽可能少。

（4）节点与节点之间应有一定的间距。

（5）网络图总的形状基本为椭圆形。

（三）通风网络的矩阵表示

1. 通风网络的集合表示

设通风网络的节点号的集合为 $V=(v_1, v_2, \cdots, v_m)$，$m=|V|$为节点数，分支号的集合为 $E=(e_1, e_2, \cdots, e_n)$，$n=|E|$为分支数；则通风网络可表示为 $G=(V, E)$。如图 2-1 所示，其节点集合 $V=(1, 2, 3, 4, 5)$，$m=5$；分支集合 $E=(1, 2, 3, 4, 5, 6, 7)$，$n=7$。

2. 节点邻接矩阵

节点邻接矩阵是表示节点 v_i、v_j 之间邻接关系的矩阵。

$$\boldsymbol{A}=(a_{ij})m\times m \tag{2-1}$$

其中

$$a_{ij}=\begin{cases}1 & (\text{若 } v_i \text{ 与 } v_j \text{ 邻接,且 } v_i\to v_j)\\ 0 & (\text{若 } v_i=v_j \text{ 或 } u_i \text{ 与 } u_j \text{ 不邻接时})\end{cases}$$

图 2-1 中，其节点邻接矩阵为

$$\boldsymbol{A}=\begin{bmatrix}a_{11} & a_{12} & a_{13} & a_{14} & a_{15}\\ a_{21} & a_{22} & a_{23} & a_{24} & a_{25}\\ a_{31} & a_{32} & a_{33} & a_{34} & a_{35}\\ a_{41} & a_{42} & a_{43} & a_{44} & a_{45}\\ a_{51} & a_{52} & a_{53} & a_{54} & a_{55}\end{bmatrix}=\begin{bmatrix}0 & 1 & 0 & 0 & 0\\ 0 & 0 & 1 & 1 & 0\\ 0 & 0 & 0 & 1 & 1\\ 0 & 0 & 0 & 0 & 1\\ 1 & 0 & 0 & 0 & 0\end{bmatrix}$$

3. 基本关联矩阵

基本关联矩阵是表示网络中分支 e_j 与节点 v_i 关系的矩阵。基本关联矩阵的各行均与线性无关。

$$\boldsymbol{B}=(b_{ij})(m-1)\times n \tag{2-2}$$

其中

$$b_{ij}=\begin{cases}1 & (\text{节点 } v_i \text{ 与分支 } e_j \text{ 关联，且 } v_i \text{ 为始节点})\\ -1 & (\text{节点 } v_i \text{ 与分支 } e_j \text{ 关联，且 } v_i \text{ 为末节点})\\ 0 & (\text{节点 } v_i \text{ 与分支 } e_j \text{ 不关联})\end{cases}$$

图 2-1 中，其基本关联矩阵为

$$\boldsymbol{B}=\begin{bmatrix}b_{11} & b_{12} & b_{13} & b_{14} & b_{15} & b_{16} & b_{17}\\ b_{21} & b_{22} & b_{23} & b_{24} & b_{25} & b_{26} & b_{27}\\ b_{31} & b_{32} & b_{33} & b_{34} & b_{35} & b_{36} & b_{37}\\ b_{41} & b_{42} & b_{43} & b_{44} & b_{45} & b_{46} & b_{47}\end{bmatrix}=\begin{bmatrix}1 & 0 & 0 & 0 & 0 & 0 & -1\\ -1 & 1 & 1 & 0 & 0 & 0 & 0\\ 0 & -1 & 0 & 1 & 1 & 0 & 0\\ 0 & 0 & -1 & -1 & 0 & 1 & 0\end{bmatrix}$$

4. 独立回路矩阵

任取通风网络图的一棵生成树，以余树枝为独立分支，得到一组线性无关的基本回路，称为独立回路，并以独立分支的方向作为独立回路的方向。独立回路的个数 $N=n-m+1$。

独立回路中的分支构成可用独立回路矩阵表示：

$$\boldsymbol{C}=(c_{ij})(n-m+1)\times n \tag{2-3}$$

其中

$$c_{ij}=\begin{cases}1 & (\text{分支 } v_i \text{ 在回路 } i \text{ 中，且与回路同向})\\ -1 & (\text{分支 } v_i \text{ 在回路 } i \text{ 中，且与回路反向})\\ 0 & (\text{分支 } v_i \text{ 不在回路 } i \text{ 中})\end{cases}$$

图2－1中，若选生成树 $T=(1, 2, 3, 7)$，则相应的独立回路矩阵为

$$\boldsymbol{C}=\begin{bmatrix}c_{11} & c_{12} & c_{13} & c_{14} & c_{15} & c_{16} & c_{17}\\ c_{21} & c_{22} & c_{23} & c_{24} & c_{25} & c_{26} & c_{27}\\ c_{31} & c_{32} & c_{33} & c_{34} & c_{35} & c_{36} & c_{37}\end{bmatrix}=\begin{bmatrix}0 & 1 & -1 & 1 & 0 & 0 & 0\\ 1 & 1 & 0 & 0 & 1 & 0 & 1\\ 1 & 0 & 1 & 0 & 0 & 1 & 1\end{bmatrix}$$

若将独立回路矩阵的列按余树枝在前、树枝在后的顺序排列，则可分成两部分，前面的余树枝子阵为单位矩阵，即

$$\boldsymbol{C}=[\boldsymbol{I}_c, \boldsymbol{C}_{12}] \tag{2-4}$$

将基本关联矩阵也按上述顺序排列，得

$$\boldsymbol{B}=[\boldsymbol{B}_{11}, \boldsymbol{B}_{12}] \tag{2-5}$$

基本关联矩阵 $\boldsymbol{B}$ 与独立回路矩阵 $\boldsymbol{C}$ 间存在如下关系：

$$\boldsymbol{B}\boldsymbol{C}^{\mathrm{T}}=0 \tag{2-6}$$

将式（2－4）和式（2－5）代入式（2－6），整理得

$$\boldsymbol{C}=[\boldsymbol{I}_c, -\boldsymbol{B}_{11}^{\mathrm{T}}(\boldsymbol{B}_{12}^{-1})^{\mathrm{T}}] \tag{2-7}$$

式（2－6）反映了回路中各分支首尾相连的特点，即与某节点相邻的分支必成对出现在同一回路中。式（2－7）表明通过对基本关联矩阵的运算即可求得独立回路矩阵。由于在式（2－7）中需计算矩阵 $\boldsymbol{B}_{12}$ 的逆阵，计算工作量很大，故先后出现了多种效率较高的选择独立回路的专门算法。

5. 独立割集矩阵

任取通风网络图的一棵生成树，以余树枝为独立分支，得到一组线性无关的基本割集，称为独立割集。由独立割集中的分支构成独立割集矩阵：

$$\boldsymbol{S}=(s_{ij})_{(m-1)\times n} \tag{2-8}$$

其中

$$s_{ij}=\begin{cases}1 & (\text{分支 } e_j \text{ 在割集 } i \text{ 中，且与割集同向})\\ -1 & (\text{分支 } e_j \text{ 在割集 } i \text{ 中，且与割集反向})\\ 0 & (\text{分支 } e_j \text{ 不在割集 } i \text{ 中})\end{cases}$$

图2－1中，若选生成树 $\boldsymbol{T}=(1, 2, 3, 7)$，则相应的独立割集矩阵为

$$\boldsymbol{S}=\begin{bmatrix}s_{11} & s_{12} & s_{13} & s_{14} & s_{15} & s_{16} & s_{17}\\ s_{21} & s_{22} & s_{23} & s_{24} & s_{25} & s_{26} & s_{27}\\ s_{31} & s_{32} & s_{33} & s_{34} & s_{35} & s_{36} & s_{37}\\ s_{41} & s_{42} & s_{43} & s_{44} & s_{45} & s_{46} & s_{47}\end{bmatrix}=\begin{bmatrix}1 & 0 & 0 & 0 & -1 & -1 & 0\\ 0 & 1 & 0 & -1 & -1 & 0 & 0\\ 0 & 0 & 1 & 1 & 0 & -1 & 0\\ 0 & 0 & 0 & 0 & -1 & -1 & 1\end{bmatrix}$$

若将独立割集矩阵的列按余树枝在前、树枝在后的顺序排列，则可分成两部分，后面的树枝子阵为单位矩阵，即

$$\boldsymbol{S}=[\boldsymbol{S}_{11}, \boldsymbol{I}_s] \tag{2-9}$$

独立回路矩阵 $\boldsymbol{C}$ 与独立割集矩阵 $\boldsymbol{S}$ 间存在如下关系：

$$CS^{T}=0 \tag{2-10}$$

将式（2－4）和式（2－9）代入式（2－10），整理得

$$S=[-C_{12}^{T},I_{s}] \tag{2-11}$$

式（2－11）表明通过对独立回路矩阵的运算即可求得独立割集矩阵。

二、风量分配基本规律

1. 风量平衡定律

风量平衡定律是指在稳态通风条件下，单位时间流入某节点的空气质量等于流出该节点的空气质量；或者说，流入与流出某节点的各分支的质量流量的代数和等于零，即

$$\sum M_i=0 \tag{2-12}$$

若不考虑风流密度的变化，则流入与流出某节点的各分支的体积流量（风量）的代数和等于零，即

$$\sum Q_i=0 \tag{2-13}$$

如图2－4a所示，当不考虑风流密度变化时，节点4处的风量平衡方程为

$$Q_{1-4}+Q_{2-4}+Q_{3-4}-Q_{4-5}-Q_{4-6}=0$$

将上述节点扩展为无源回路，则上述风量平衡定律依然成立。如图2－4b所示，回路②－④－⑤－⑦－②的各邻接分支的风量满足如下关系：

$$Q_{1-2}+Q_{3-4}-Q_{5-6}-Q_{7-8}=0$$

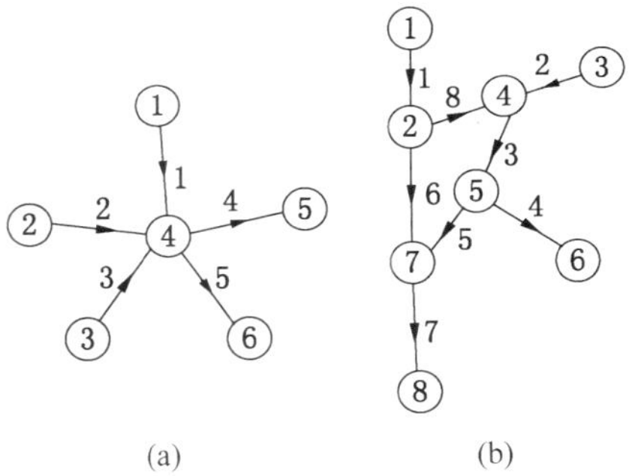

图2－4　有源回路和无源回路

对于整个通风网络，风量平衡定律可表示成如下矩阵方程：

$$BQ=0 \tag{2-14}$$

$$Q=(Q_1,Q_2,\cdots,Q_n)^{T}$$

式中　B——基本关联矩阵；

　　Q——分支风量列向量。

将 Q 按余树枝风量 Q_y 在前、树枝风量 Q_s 在后的顺序排列，即

$$Q=\begin{bmatrix}Q_y\\Q_s\end{bmatrix} \tag{2-15}$$

将式（2－15）代入式（2－14），整理得

$$Q_s=-B_{12}^{-1}B_{11}Q_y=C_{12}^{T}Q_y \tag{2-16}$$

将式（2－16）代入式（2－15），得

$$Q=C^{T}Q_y \tag{2-17}$$

如图2－1所示：

$$Q_s=(q_1,q_2,q_3,q_7)^{T}$$

$$Q_y=(q_4,q_5,q_6)^{T}$$

$$C_{12}=\begin{bmatrix}0&1&-1&0\\1&1&0&1\\1&0&1&1\end{bmatrix}$$

则由式（2－16）得

$$\begin{bmatrix} q_1 \\ q_2 \\ q_3 \\ q_7 \end{bmatrix} = \begin{bmatrix} 0 & 1 & 1 \\ 1 & 1 & 0 \\ -1 & 0 & 1 \\ 0 & 1 & 1 \end{bmatrix} \begin{bmatrix} q_4 \\ q_5 \\ q_6 \end{bmatrix} = \begin{bmatrix} q_5 + q_6 \\ q_4 + q_5 \\ -q_4 + q_6 \\ q_5 + q_6 \end{bmatrix}$$

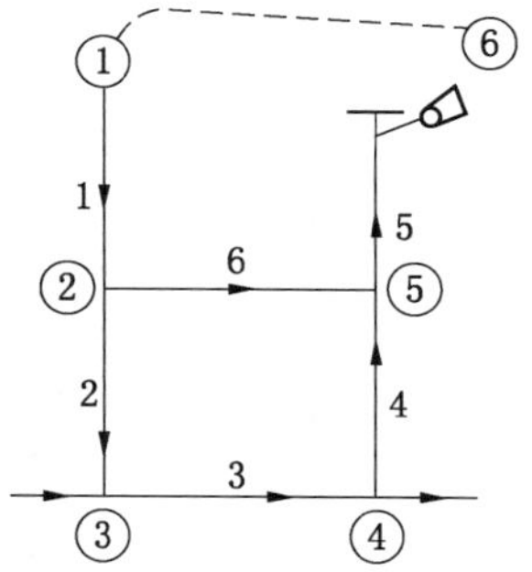

图 2－5

2. 能量平衡定律

如图 2－5 所示，在闭合回路①—②—③—④—⑤—⑥—①中，设风机风压为 H_f，自然风压为 H_N，分支 1、2、3、4、5 的阻力分别为 h_1、h_2、h_3、h_4、h_5，H_f 与 H_N 同向，则有

$$H_f + H_N = h_{R1} + h_{R2} + h_{R3} + h_{R4} + h_{R5} \qquad (2-18)$$

写成一般表达式为

$$H_f \pm H_N = \sum h_{Ri} \qquad (2-19)$$

能量平衡定律是指在任一闭合回路中，各分支的通风阻力代数和等于该回路中通风机风压与自然风压的代数和。

式（2－18）中，H_f、H_N 和 h_{Ri} 与回路方向（人为设定）相同取“＋”，否则取“－”。

当回路中无风机时，则

$$H_N = \sum h_{Ri} \qquad (2-20)$$

当回路中无风机和自然风压时，则

$$\sum h_{Ri} = 0 \qquad (2-21)$$

式（2－19）用向量表示即为

$$H = H_R - H_f - H_v - H_N \qquad (2-22)$$

根据通风阻力定律可知

$$\boldsymbol{H}_R = \begin{bmatrix} R_1 & q_1 & q_1 \\ R_2 & q_2 & q_2 \\ R_3 & q_3 & q_3 \\ \vdots & \vdots & \vdots \\ R_n & q_n & q_n \end{bmatrix} = \begin{bmatrix} R_1 & & & \\ & R_2 & & \\ & & \ddots & \\ & & & R_n \end{bmatrix} \begin{bmatrix} |q_1| & & & \\ & |q_2| & & \\ & & \ddots & \\ & & & |q_n| \end{bmatrix} \begin{bmatrix} q_1 \\ q_2 \\ \vdots \\ q_n \end{bmatrix} = R_{diag} |Q|_{diag} Q \qquad (2-23)$$

$$R = (R_1, R_2, \cdots, R_n)^T$$

式中　R——分支风阻列向量；

diag——向量构成的对角矩阵。

则通风网络中任意一个闭合回路的能量平衡方程写成向量式为

$$CR_{diag} |Q|_{diag} Q - CH_f - CH_N = 0 \qquad (2-24)$$

将式（2－24）用余树枝风量表示的回路能量平衡方程为

$$CR_{diag} |C^T Q_y|_{diag} C^T Q_y - CH_f - H_N = 0 \qquad (2-25)$$

第二节　简单通风管网特性

一、常见风网及其特性

1. 串联风路

由两条或两条以上分支彼此首尾相连，中间没有风流分汇点的线路称为串联风路。在图2－6中，由1、2、3、4、5五条分支组成串联风路。串联风路具有以下特性：

（1）总风量等于各分支的风量，即

$$M_s = M_1 = M_2 = \cdots = M_n \tag{2-26}$$

当各分支的空气密度相等时，或将所有风量换算为同一标准状态的风量后：

$$Q_s = Q_1 = Q_2 = \cdots = Q_n \tag{2-27}$$

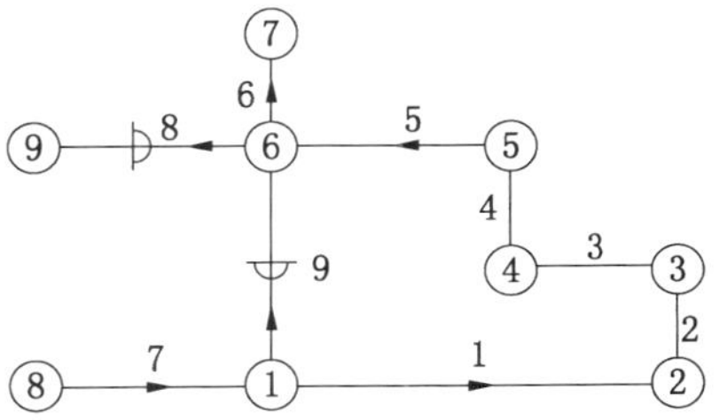

图2－6　串联风路

（2）总风压（阻力）等于各分支风压（阻力）之和，即

$$h_s = h_1 = h_2 = \cdots = h_n = \sum_{i=1}^{n} h_i \tag{2-28}$$

（3）总风阻等于各分支风阻之和，即

$$R_s = \frac{h_s}{Q_s^2} = R_1 + R_2 + \cdots + R_n = \sum_{i=1}^{n} R_i \tag{2-29}$$

（4）串联风路等积孔与各分支等积孔间的关系：

$$A_s = \frac{1}{\sqrt{\dfrac{1}{A_1^2} + \dfrac{1}{A_2^2} + \cdots + \dfrac{1}{A_n^2}}} \tag{2-30}$$

根据以上串联风路的特性，可以绘制串联风路等效阻力特性曲线。如图2－7所示，首先在h—Q坐标图上分别作出串联风路1、2的阻力特性曲线R_1、R_2，然后根据串联风路“风量相等，阻力叠加”的原则，作平行于h轴的若干条等风量（如$Q=20\ m^3/s$）线，在等风量线上将1、2分支阻力h_1、h_2相加，得到串联风路的等效阻力特性曲线上的点(h_1+h_2)，将所有等风量线上的点连成曲线h_3，即为串联风路的等效阻力特性曲线。

2. 并联风网

由两条或两条以上具有相同始节点和末节点的分支所组成的通风网络，称为并联风网。在图2－8中并联风网由5条分支并联而成。并联风网具有以下特性：

（1）总风量等于各分支的风量之和，即

$$M_s = M_1 + M_2 + \cdots + M_n = \sum_{i=1}^{n} M_i \tag{2-31}$$

当各分支的空气密度相等时，或将所有风量换算为同一标准状态的风量后：

$$Q_s = Q_1 + Q_2 + \cdots + Q_n = \sum_{i=1}^{n} Q_i \tag{2-32}$$

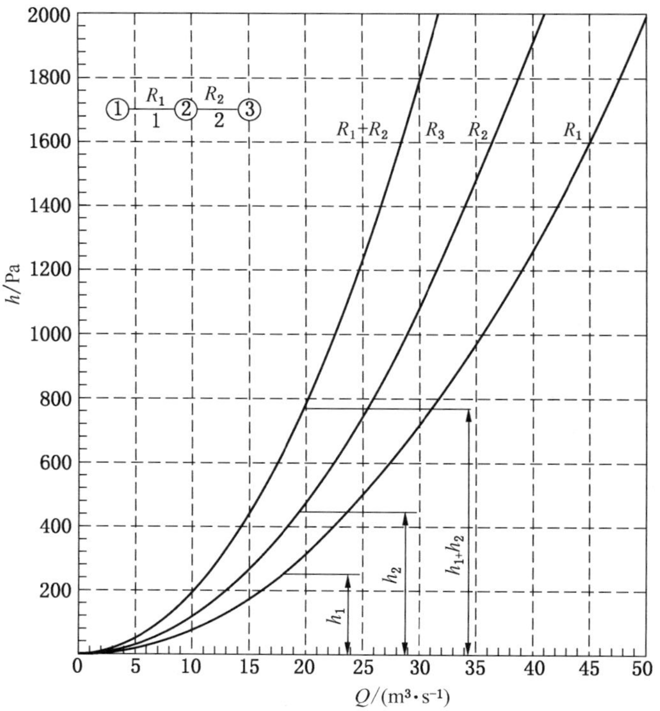

图2-7　串联风路的等效阻力特性曲线

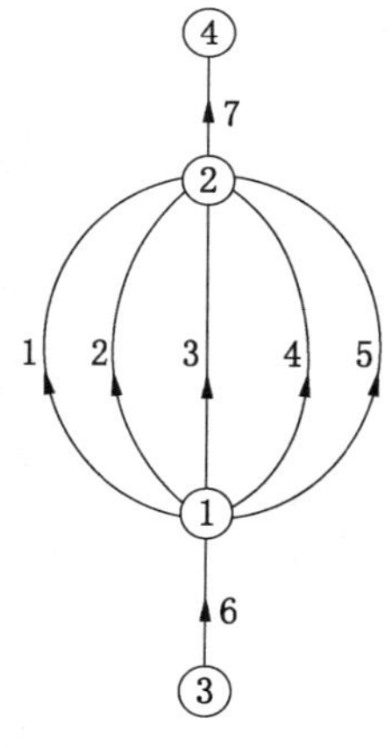

图2-8　并联风网

（2）总风压等于各分支风压，即

$$h_s = h_1 = h_2 = \cdots = h_n \qquad (2-33)$$

注意：当各分支的位能差不相等，或分支中存在风机等通风动力时，并联分支的阻力并不相等。

（3）并联风网总风阻与各分支风阻的关系：

$$R_s = \frac{h_s}{Q_s^2} = \frac{1}{\left(\sqrt{\frac{1}{R_1}} + \sqrt{\frac{1}{R_2}} + \cdots + \sqrt{\frac{1}{R_n}}\right)^2} \qquad (2-34)$$

（4）并联风网等积孔等于各分支等积孔之和，即

$$A_s = A_1 + A_2 + \cdots + A_n \qquad (2-35)$$

（5）并联风网的风量分配。若已知并联风网的总风量，在不考虑其他通风动力及风流密度变化时，分支 i 的风量为

$$R_s = \sqrt{\frac{R_s}{R_i}}Q_s = \frac{Q_s}{\sum_{j=1}^{n}\sqrt{\frac{R_i}{R_j}}} \qquad (2-36)$$

由式（2-36）可见，并联风网中的某分支所分配得到的风量取决于并联风网总风阻与该分支风阻之比。风阻小的分支风量大，风阻大的分支风量小。若要调节各分支风量，可通过改变各分支的风阻比值实现。根据并联风网的特性，可以得到绘制并联风网的等效

阻力特性曲线。如图2-9所示，首先在 h—Q 坐标图上分别作出并联分支1、2的阻力特性曲线 R_1、R_2，作平行于 Q 轴的若干条等阻力线，然后根据并联风网“阻力相等，风量叠加”的特点，在等阻力线上将1、2分支风量 Q_1、Q_2 相加，得到并联风网的等效阻力特性曲线上的点（Q_1+Q_2），将所有等阻力线上的点连成曲线 R_3，即为两并联分支的等效阻力特性曲线。

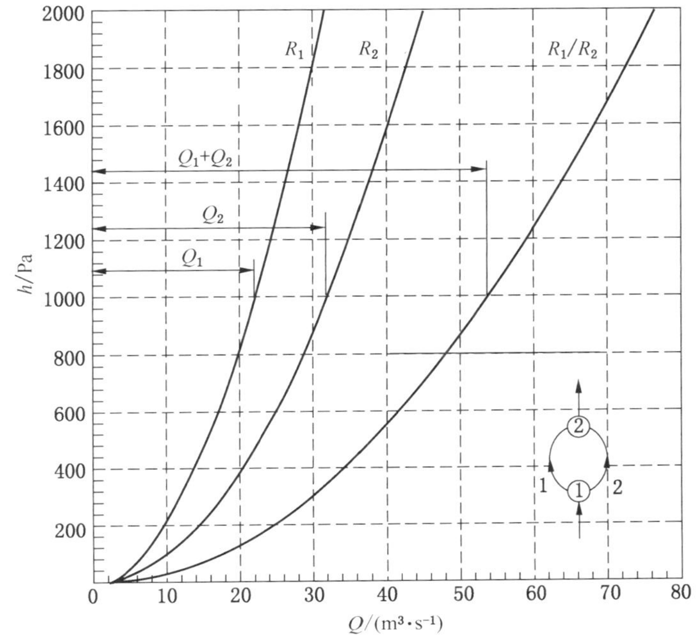

图2-9　并联风网的等效阻力特性曲线

（6）串联风路与并联风网的比较。在任何一个矿井通风网络中，都同时存在串联风路与并联风网。矿井的进、回风风路多为串联风路，而工作面与工作面之间多为并联风网。从提高工作地点的空气质量及安全性出发，采用并联风网（即分区通风）具有明显的优点。此外，在同样的分支风阻和总风量条件下，若干分支并联时的总阻力也远小于它们串联时的总阻力。因此在有条件的情况下，应尽量采用并联风路，以降低矿井通风阻力。

3. 角联风网

角联风网是指内部存在角联分支的网络。角联分支（对角分支）是指位于风网的任意两条有向通路之间、且不与两通路的公共节点相连的分支。如图2-10所示，分支5为角联分支。仅有一条角联分支的风网称为简单角联风网。含有两条或两条以上角联分支的风网称为复杂角联风网，如图2-11所示。角联分支的风向取决于其始、末节点间的压能值。风流由能位高的节点流向能位低的节点；当两点能位相同时，风流停滞；当始节点能位低于末节点能位时，风流反向。

通过改变角联分支两侧边缘分支的风阻就可以改变角联分支的风向。对图2-10所示的简单角联风网，可推导出如下角联分支风流方向判别式：

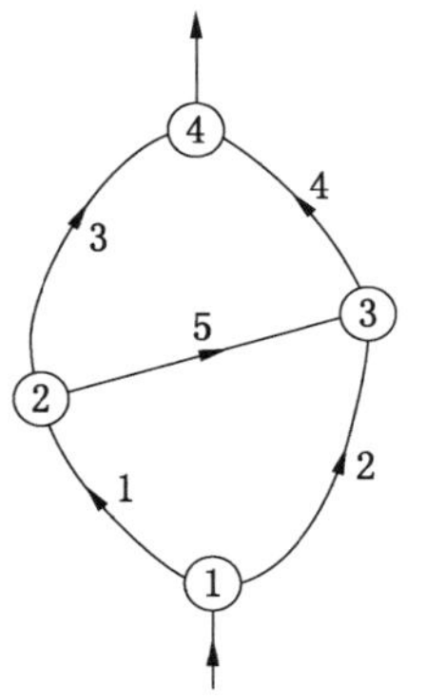

图 2-10 简单角联风网

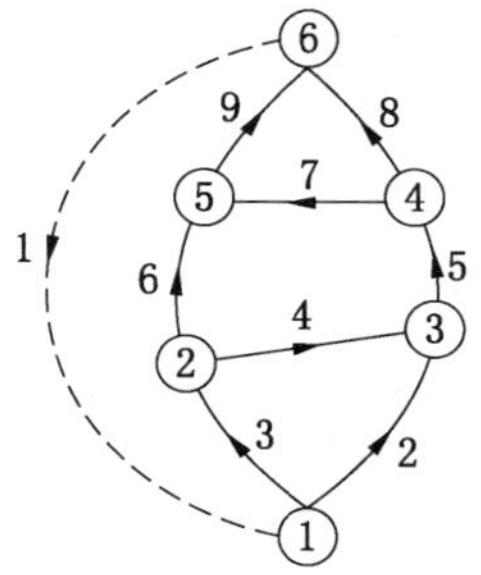

图 2-11 复杂角联风网

$$K=\frac{R_1R_4}{R_2R_3}\begin{cases}>1 & \text{（分支 5 中风向为 3—2）}\\ =1 & \text{（分支 5 中风流停滞）}\\ <1 & \text{（分支 5 中风向为 2—3）}\end{cases} \tag{2-37}$$

推证如下：

对于无压源的回路 {1，3，-4，-2}，根据回路能量平衡定律可得到如下方程式：

$$R_1Q_1^2+R_3Q_3^2=R_2Q_2^2+R_4Q_4^2 \tag{2-38}$$

节点 2 与节点 3 之间的压能差为

$$\Delta E_{2-3}=R_2Q_2^2+R_1Q_1^2 \tag{2-39}$$

（1）当分支 5 中无风时，其始、末节点的压能差 $\Delta E_{2-3}=0$，且 $Q_1=Q_3$、$Q_2=Q_4$，即

$$R_1Q_1^2=R_2Q_2^2 \tag{2-40}$$

将式（2-40）代入式（2-38），得

$$R_3Q_3^2=R_4Q_4^2 \tag{2-41}$$

将式（2-40）与式（2-41）相比，并整理得

$$\frac{R_1R_4}{R_2R_3}=\left(\frac{Q_2Q_3}{Q_1Q_4}\right)^2=1 \tag{2-42}$$

（2）当分支 5 中风向为 2—3 时，其节点 2 的压能高于节点 3 的压能，$\Delta E_{2-3}>0$，即

$$R_2Q_2^2>R_1Q_1^2 \tag{2-43}$$

将式（2-43）代入式（2-38），得

$$R_3Q_3^2>R_4Q_4^2 \tag{2-44}$$

将式（2-43）与式（2-44）相乘，并整理得

$$\frac{R_1R_4}{R_2R_3}<\left(\frac{Q_2Q_3}{Q_1Q_4}\right)^2<1 \tag{2-45}$$

（3）同理，可推导出当分支 5 中的风向为 3—2 时的关系式：

$$\frac{R_1R_4}{R_2R_3}>\left(\frac{Q_2Q_3}{Q_1Q_4}\right)^2>1 \tag{2-46}$$

综合式（2-42）、式（2-45）和式（2-46）即得到式（2-37）。

由判别式（2-37）可以看出，简单角联风网中角联分支的风向完全取决于边缘风路

的风阻比，而与角联分支本身的风阻无关。角联分支的风向与风量大小均可通过改变其边缘风路的分支风阻实现。当然，改变角联分支本身的风阻也会影响其风量大小，但不能改变方向。

角联分支一方面具有容易调节风向的优点，另一方面又有出现风流不稳定的可能性。特别是在发生火灾事故时，由于角联分支的风流反向可能使火灾烟流蔓延范围扩大。因此应掌握角联分支的特性，充分利用其优点而克服其缺点。

一般可通过网络解算求出角联分支的实际风量，从而判断其方向。具体做法是，先任意假设角联分支的风向，若解算后其风量为正，说明风向假设正确；若解算后其风量为负，说明风向相反；若风量的数值很小，说明角联分支风流处于停滞状态。

二、通风网络动态特性

在生产矿井中，随着采掘工作面的向前推进或转移，通风网络中的风阻和风网的结构将相应发生变化，风网内风流也随之发生变化。通风网络的动态特性就是指通风网络的结构和分支风阻的变化对风流的大小和方向的影响规律。

（一）井巷风阻变化引起风流变化的规律

矿井风网内分支风阻变化是经常发生的。有些风阻变化是按计划进行的，如采掘工作面的推进和搬迁、采区的接替、水平的延深、系统的调整等；有些风阻变化则是随机的，如风门的开启、巷道的垮塌、罐笼和车辆的运行等；还有因巷道老化而引起的风阻变化等。任何原因引起的风阻变化都会导致风网内风流的变化。

1. 变阻分支本身的风量与风压变化规律

当某分支风阻增大时，该分支的风量减小、风压增大；当某分支风阻减小时，该分支的风量增大、风压降低。这一规律是由井巷通风阻力定律和通风机风压性能特性所决定的。

2. 变阻分支对其他分支风量与风压的影响规律

（1）当某分支风阻增大时，包含该分支的所有通路上的其他分支的风量减小，风压亦减小；与该分支并联的通路上的分支的风量增大，风压亦增大。当风阻减小时与此相反。

（2）对于一进一出的子网络，若外部分支调阻引起其流入（流出）风量变化，其内部各分支的风量变化趋势相同。

（3）风网内，某分支风阻变化时，各分支风量、风压的变化幅度，以本分支为最大，邻近分支次之，离该分支越远的分支变化越小。

（4）风网内，不同类型的分支风阻变化引起的风量变化幅度和影响范围是不同的。一般来说，主干巷道变阻引起的风量变化幅度和影响范围大，末支巷道变阻引起的风量变化幅度和影响范围小。

（5）风网内某分支增阻时，增阻分支风量减小值比其并联分支风量增加值大；风网内某分支减阻时，减阻分支风量增加值比其并联分支风量减小值大。这种差值是由于当风网内某分支风阻增减时，风网的总风阻随之增减，导致风网总风量亦发生变化而引起的。

3. 巷道密闭与贯通对风流的影响

巷道密闭相当于该分支的风阻增至无穷大，故本分支风量减少到趋近于零；对其他分支的影响规律与分支增阻相同。

巷道贯通时要修改网络图，即在网络图中增加贯通后的分支。分析风流变化规律时，相当于新加分支的风阻由无穷大减小至巷道贯通时的风阻，其风量增大（由无风变为有风），风流方向取决于巷道两端点间的压能差。这种情况对其他分支的影响规律与分支减阻相同。

（二）风流稳定性分析

1. 稳定性的基本概念

通风管理中所说的风流稳定性，一般是指井巷中风流方向发生变化或风量大小变化超过允许范围的现象，且多指风流方向发生变化的现象。

风流不稳定不仅容易引发矿井灾害事故，而且可能使事故影响范围扩大。因此，保持风网中主要巷道和用风地点的风流稳定是安全生产所必需的，也是通风管理的重要任务。

2. 影响风流稳定性的因素

在生产矿井中，影响风流稳定性的因素很多。通风动力、通风构筑物的非正常工作状况，自然风压，巷道的贯通与封闭，工作面的推进与转移，采区接替，生产水平过渡，以及巷道中的行人、行车与堆积物等，都会影响风流的稳定性。上述各种因素若去掉其物理意义，可归结为通风网络结构的变化、分支风阻的变化和通风动力的变化。

1）风网结构变化对风流稳定性的影响

仅由串、并联组成的风网，其稳定性强；只有在风网中动力源数量或方向发生改变时，才可能发生风流反向。

角联风网，其对角分支的风流易出现不稳定。单角联风网角联分支的风向可由式（2－37）确定。复杂角联风网角联分支的风向判别式很复杂，一般可通过网络解算的方法确定；在生产矿井，当然也可以通过实测风量确定。

2）分支风阻变化对风流稳定性的影响

在角联风网中，边缘分支的风阻变化可能引起角联分支风流改变。在实际生产矿井，大多数采掘工作面都是在角联分支中。应采取安装调节风门的措施，保证风流的稳定性。

3）通风动力变化对风流稳定性的影响

矿井风网内主要通风机、辅助通风机数量和性能的变化，不仅会引起风机所在巷道的风量变化，而且会使风网内其他分支风量也发生变化，并影响风网内其他风机的工况点。

（1）单主要通风机风网内，当主要通风机性能发生变化时，风网内各分支风量按主要通风机风量变化的趋势和比率而变化。

（2）多主要通风机风网内，当某主要通风机性能发生变化时，整个风网内各分支风量不按比例变化。某主要通风机能力增大，与其串联的风机和子风网（或分支）风量亦增大，与之并联的风机和子风网风量减少。

（3）多主要通风机风网内，即使风网结构和分支风阻不变，当某主要通风机性能发生变化时，由于风网总风量和各主要通风机风量配置发生了变化，因此，各主要通风机的工作风阻与风网总风阻也有所变化。

（4）风网内，某巷道安设辅助通风机后，不仅该巷道本身风流发生变化，其他巷道风流也发生变化。当某辅助通风机风量增大时，辅助通风机所在巷道风量增加，包含辅助通风机在内的闭合回路中，与辅助通风机风向一致的各条巷道风量增加，与其风向相反的各条巷道风量减小。风量变化幅度，以风机所在分支为最大，与其相邻的网孔，风量变化次之，距风机所在巷道越远，风量变化幅度越小。

当辅助通风机风压过高或风量过大时，可引起与其并联分支风量不足、停风、甚至反向。引起并联分支风流反向的条件是辅助通风机风量大于回路的总风量或辅助通风机风压大于回路内其同向分支的风压损失。

（5）自然风压引起的风流变化，与辅助通风机相似。当自然风压增大时，原风向与自然风压作用方向相同的分支，其风量增加；原风向与自然风压作用方向不同的分支，其风量减小。风量随自然风压趋于减小的分支，有可能出现风流停滞，甚至可能出现风流反向。

第三节　应用计算机解算通风网络

复杂通风网络是由众多分支组成的包含串、并、角联子网络的结构复杂的风网。由于复杂风网中各分支风量与风阻间存在复杂的非线性关系，因此其风量分配及调节方案不能用解析法直接求解。

一、通风网络解算与调节数学模型

为探寻适合手工计算复杂通风网络的方法，中外许多学者付出了艰辛的劳动。1936年美国学者 H. Cross 发表了用于对水网的流量进行迭代计算的方法，1951 年英国学者 D. Scott 和 F. Hinsley 将 Cross 算法用于通风网络的手工计算。此后随着电子技术的发展，模拟电子计算机和数字电子计算机先后被用于通风网络解算。电子计算机普及后，网络解算的各种数值计算方法大量涌现，网络解算这一难题便迎刃而解。通风网络解算就是运用通风网络中风流流动定律计算各风道风量自然分配的过程。

解算通风网络的各种数值法可分为两大类：一是回路法，即首先根据节点风量平衡定律假定初始风量，由回路风压平衡方程推导出风量修正计算式，逐步对风量进行修正，直至满足回路风压平衡方程；二是节点法，即首先根据回路风压平衡定律假定初始节点压力，由节点风量平衡方程推导出压力修正计算式，逐步对节点压力进行修正，直至满足节点风量平衡方程。目前使用较广泛的是回路法。下面仅介绍两种回路法的数学模型。

（一）通风网络解算与调节的基本概念

式（2－25）为通风网络回路能量平衡方程的矩阵形式，式（2－17）为节点风量平衡方程的矩阵形式。将它们汇总如下：

$$CR_{\text{diag}}\left|C^{\text{T}}Q_{\text{y}}\right|_{\text{diag}}C^{\text{T}}Q_{\text{y}}-CH_{\text{f}}-H_{\text{N}}=0$$

$$Q=C^{\text{T}}Q_{\text{y}}$$

对给定的通风网络，其独立回路矩阵 $\boldsymbol{C}$ 是已知的，若所有分支的风阻、风机特性曲线和自然风压已知，则式（2－25）中只有独立分支（即余树枝）的风量未知。由于式（2－17）中方程的个数 N 等于独立分支个数 N，$N=n-m+1$，因此式（2－25）有定解。当独立分支风量计算出来后，由式（2－17）可计算出所有分支的风量。这种以自然的风网结构和分支风阻求解风网内风量的自然分配的过程，称为自然分风计算。

在生产实践中，井下各用风地点的风量必须按照需风量供给。而风量的自然分配一般不可能正好满足全部需风要求，因此需要进行风量调节。风量调节的措施已在上节介绍。假设在风网的每条分支中增加一个待求的风压调节量 h_{ci}。当 $h_{ci}>0$ 时，表示分支 i 需增阻调节；当 $h_{ci}\approx 0$ 时，不需要调节；当 $h_{c}<0$ 时，需减阻或增能调节。设调节量列向量 $H_c=(h_{c1}, h_{c2}, \cdots, h_{cn})^T$，则式（2-25）可改写为

$$CR_{diag}\,|C^TQ_y|_{diag}C^TQ_y+CH_c-CH_f-H_N=0 \tag{2-47}$$

若通风网络中所有独立分支的风量都可由用风地点的需风量确定，则式（2-47）中只有调节量待求。式（2-47）为一线性方程组。由于未知量个数为 n，而方程个数为 $N=n-m+1$，即 $n<N$，因此式（2-47）为非定解问题。增加一定的目标函数后，可将其转化为线性规划问题。若人为限定调节设施的安设位置，使待求的调节量个数正好等于 N，也可将其简化为定解问题。这种风量已知，求解各分支调节量的过程，称为风量调节计算。

当通风网络中有部分风量已知，另一部分风量待求，且分支调节量也待求时，式（2-47）为一非线性非定解方程组，增加一定的优化目标函数后，可将其转化为非线性规划问题。这一类问题的求解过程，称为通风网络的一般优化调节计算。

（二）通风网络解算数学模型

由式（2-25），设

$$F(Q_y)=CR_{diag}\,|C^TQ_y|_{diag}C^TQ_y-CH_f-H_N=0 \tag{2-48}$$

由于式（2-48）为非线性方程组，故只能采用迭代法进行求解。

设第 k 次迭代后风量的近似值为 Q_y^k，将式（2-48）用泰勒级数展开并忽略二次以上微分项得

$$F(Q_y^{k+1})=F(Q_y^k)+\frac{\partial F}{\partial Q_y}\Big|_{Q_y=Q_y^k}\Delta Q_y^k=0 \tag{2-49}$$

故

$$\Delta Q_y^k=-\left(\frac{\partial F}{\partial Q_y}\right)^{-1}_{Q_y=Q_y^k}F(Q_y^k) \tag{2-50}$$

$$\Delta Q_y^k=\Delta Q_y^{k+1}-Q_y^k$$

式中　ΔQ_y^k——独立回路风量的修正值列向量；

$\frac{\partial F}{\partial Q_y}$——雅可比矩阵。

$$\frac{\partial F}{\partial Q_y}=\begin{pmatrix}\frac{\partial f_1}{\partial q_{y1}} & \frac{\partial f_1}{\partial q_{y2}} & \cdots & \frac{\partial f_1}{\partial q_{yN}}\\ \frac{\partial f_2}{\partial q_{y1}} & \frac{\partial f_2}{\partial q_{y2}} & \cdots & \frac{\partial f_2}{\partial q_{yN}}\\ \vdots & \vdots & & \vdots\\ \frac{\partial f_N}{\partial q_{y1}} & \frac{\partial f_2}{\partial q_{y1}} & \cdots & \frac{\partial f_N}{\partial q_{yN}}\end{pmatrix} \tag{2-51}$$

$$\frac{\partial F}{\partial Q_y}=2CR_{diag}\,|C^TQ_y|_{diag}C^T-C\frac{\partial H_f}{\partial Q_y}-\frac{\partial H_N}{\partial Q_y} \tag{2-52}$$

第 $k+1$ 次迭代后的风量为

$$Q_y^{k+1} = Q_y^k + \Delta Q_y^k \tag{2-53}$$

式（2-50）和式（2-53）即为牛顿法解算通风网络的迭代计算模型。

若雅可比矩阵具有对角线优势，即

$$\frac{\partial f_i}{\partial q_{yi}} \gg \sum_{\substack{j=1 \\ j\neq i}}^{N} \frac{\partial f_i}{\partial q_{yi}} \quad (i = 1,2,\cdots,N) \tag{2-54}$$

则可略去雅可比矩阵的非对角元素，式（2-50）可简化为

$$\Delta q_{yi}^k = -\frac{f_i(Q_y^k)}{\dfrac{\partial f_i}{\partial q_{yi}}} \quad (i=1,2,\cdots,N) \tag{2-55}$$

式（2-55）即为克劳斯（H. Cross）法的计算公式，也有的称其为斯考德-恒斯雷（Scott-Hinsley）法。

使用上述两种迭代算法解算通风网络，一般要经过以下步骤：

（1）绘制通风网路图，标定风流方向。

（2）输入网络结构及数据。

（3）选择独立回路，确定独立回路的分支构成。

（4）拟定初始风量。通常，先给余树边赋一组初值，再计算各树枝初始风量。拟定的初始风量应尽量接近真实风量，以加快计算速度。

（5）计算修正风量。使用牛顿法时由式（2-50）计算出各独立回路的风量修正值，然后用式（2-53）对独立分支的风量进行修正，再用式（2-17）计算所有分支的新风量。使用克劳斯法时，可用式（2-55）分别计算各回路的风量修正值。当计算出一个回路的风量修正值 Δq_i 后，立即对该回路所有分支的风量进行修正，以加快收敛速度。

（6）检查精度是否满足要求。每计算完一次所有分支的修正风量，称为迭代一次。每次迭代后应判断计算结果是否已满足给定的精度要求，即检查是否满足以下关系式：

$$\max|\Delta q_{yi}| < \varepsilon \quad (1 \leqslant i \leqslant N) \tag{2-56}$$

若式（2-56）已满足，迭代计算终止。否则，转第5步继续迭代。精度 ε 根据需要人为给定，一般可取0.01～0.001 m^3/s。

克劳斯法的回路风量修正值可逐个回路独立计算，因为可手工进行计算。而牛顿法的回路风量修正值的计算必须先求雅可比矩阵的逆阵，实质上是线性方程组的求解，一般不能手工计算。由于克劳斯法实质上是牛顿法在满足式（2-54）条件下的一种简化，因此在选择独立回路的分支构成时有特殊的要求。

（三）风量调节计算模型

1. 调节点的数量与位置

由前面节点风量平衡方程即式（2-17）可见，只要网络中的 $N=n-m+1$ 条独立分支的风量已确定，则其他分支的风量也就被确定。假设在每一条独立分支中安设一个调节设施，就可以实现对风网风量的完全控制。因此，通风网络中的最多有效调节点数量为 N。

若网路仅靠自然分风就能满足全部风量要求，则网络内部不需调节。但每个矿井至少应有一台主要通风机提供通风动力，而通风机可视为一个调节设施，因此通风网路的最少调节点数为1。

在实际通风网络中，常有一些不需调节的自然分风子网络，设自然分风子网络包含 k 个独立回路，则网络中应具有的独立调节点数目为

$$S = N - k = n - m - k + 1 \tag{2-57}$$

虽然在通风网络中仅需 S 个调节点，但是这 S 个调节点必须包含在网络的同一棵树中。由于通风网络生成树的数目非常多，因此网络中任意一条分支都有可能成为调节点。如何在通风网络的全部 n 条分支中选出所需的 S 个调节点，就是确定风量调节方案的重要内容之一。

确定调节点的位置时应遵守的原则是安全可靠、技术可行和经济合理。选择调节点时一般应注意以下几个问题：

（1）在矿井总回风巷道及在倾斜和垂直井巷中，应避免安装调节设施，如调节风窗和带风墙的辅助通风机等。

（2）在矿井总回风巷道及在倾斜和垂直井巷中，不宜安装增阻调节设施。

（3）在采区内部服务年限短的巷道中，不宜采用工程量很大的减阻调节设施。

（4）在封闭获取附近采用调节设施时，要考虑有利于火区的均压灭火。

2. 独立回路法

独立回路法是事先人为地确定需进行调节的分支，将它们包含在通风网络的某一棵余树中，其调节量大小可根据回路风压平衡方程计算得出。

设所有余树枝的风量均已确定，且可调节的分支包含在余树中，则

$$H_{cy} = CH_c \tag{2-58}$$

令

$$H_R = R_{diag}\,|Q|_{diag}\,Q = R_{diag}\,|C^T Q_y|_{diag}\,C^T Q_y \tag{2-59}$$

则由式（2－47）可得

$$H_{cy} = CH_f + H_N - CH_R \tag{2-60}$$

显然这种方法求出的调节方案的优劣完全取决于调节分支的选择，适用于调节点位置确定后计算其调节量的大小。

3. 固定风量法

固定风量法是一种在自然分风程序中加固定风量分支，以求解按需分风问题的方法。其实质就是独立回路法。其算法原理如下：求解时将固定风量分支选取为独立分支（余树枝），初拟风量时先将固定风量加到其所在回路的所有分支中；此后在修正各回路风量的迭代计算时把它从网络中分裂开，不进行迭代计算；进行自然分风计算，实际上就是计算自然分风子网络的风量自然分配；后一部分计算调节量时，是假设需进行调节的分支就是需风分支，因此根据回路风压平衡方程即可计算出调节量。

由固定风量法的算法原理可发现这种方法存在两个主要问题：为保证除固定风量分支以外的自然分风子网络是一个连通闭合网络，就不允许穿过用风区的割集全部由固定风量分支组成，而必须至少有一条自然分风分支。但实际矿井在正常生产时用风区都必须按需分风，因而计算时不得不反复试算，以满足自然分风分支的需风分支的需风量。只能在有需风要求的分支本身进行调节，很难保证调节方案的可行性。

4. 通路法

通路法是通过构造由网络总进风节点（源点）至总回风节点（汇点）的所有独立封

路（通路、道路），由各通路的风压差计算调节量。若对各风机子系统分别选取最大风压的通路作为计算标准，则在其他通路上必须采取增阻调节的方法，因而有时也称之为最大阻力路线法。当然也可以根据风机能力选择合适风压的通路为基准通路，风压大于基准通路者应减阻，小于基准通路者应增阻。

由于每一条独立通路都可以加上一条连接汇点与源点的地面伪分支，构成一个独立回路，因此调节分支的选择与回路法相同。通路法也必须事先选择好调节分支，然后将调节分支选为独立分支，包含在同一棵余树中。每条独立通路中仅包含一条独立分支，各通路风压与基准通路的风压差就是通路独立分支的调节量。

通路法虽然能保证风机风压最小，但是不能保证调节点位置的合理性。目前有些通路程序仅能得到一种调节方案；有些通路法程序则能自动求得全部可能的调节方案；还有的通路法程序在选择调节分支时，尽量使一个调节分支能调平较多的通路，从而得到调节设施数最少的调节方案。

（四）矿井通风网络解算三大定律

1. 节点风量平衡定律

单位时间流入一个节点的空气质量等于流出该节点的空气质量。习惯上，流入节点的质量流量取正值，流出节点的质量流量取负值。节点风量平衡定律由下列方程表示：

$$\sum_{i=1}^{n_1} M_{vi} = 0 \tag{2-61}$$

式中　M_{vi}——连接到该节点的第 i 条风道的质量流量，kg/s；

n_1——连接到该节点的风道数。

当进入矿井的空气视为不可压缩气体时，质量流量可用体积流量替代，式（2－61）改写为

$$\sum_{i=1}^{n_1} q_{vi} = 0 \tag{2-62}$$

式中　q_{vi}——连接到该节点的第 i 条风道的体积流量，m^3/s。

2. 回路风压平衡定律

风流从一个节点经过不同路径到达另一节点所消耗的机械能相等。在一条回路上，设定回路方向后，当风道的风流方向与回路方向一致时，风道的风压取正值；反之，取负值。则回路风压平衡定律由下列方程表示：

$$\sum_{i=1}^{n_2} h_i = 0 \tag{2-63}$$

式中　h_i——构成该回路的第 i 条风道的风压，Pa；

n_2——构成该回路的风道数。

当回路中有机械风压和自然风压时，式（2－63）改写为

$$\sum_{i=1}^{n_2} h_i = H_f + H_N \tag{2-64}$$

式中　H_f——回路中通风机装置的静压，Pa；

H_N——回路中的自然风压，Pa。

3. 通风阻力定律

空气流经一条风道时消耗的机械能与通过风量的平方成正比。通风阻力定律由下列方程表示：

$$h = Rq_v^2 \tag{2-65}$$

式中 h——风道风压，Pa；

q_v——风道风量，m^3/s；

R——风道风阻，$N \cdot s^2/m^8$。

二、矿井通风网络解算步骤

1. 绘制风网图

在绘制风网图时，矿井的进、回风井口应合并为一个节点（使用同一节点编号）或用风阻为零的虚拟风道把它们连接起来，以构成闭合网络。

在风网图上，应对所有风道和节点分别编号，并对重要用风点及通风设施作出标记。

2. 建立数据文件

按照所编制程序的要求，填写原始数据表，并输入计算机外存设备中，形成可供风网解算程序调用的数据文件。

3. 解算风网

在计算机上运行所编制的风网解算程序，对风网进行解算，打印出解算结果。在解算过程中，矿井主要通风机的工况点应始终落在正常运行工况区内。否则，风网解算程序应作出以下处理：中断解算进程，向用户提示所发生的问题；或者，继续解算进程，但在输出解算结果时，给出必要的信息，提示用户注意本次解算的质量。

4. 分析解算结果

将得出的解算结果，如重要用风点的风量、重要节点的风压和主要通风机工况等数值填写到风网图上，以便作进一步分析。

5. 精度检验

程序应包含一个检验解算精度的模块，以便在完成风量自然分配计算后，把解算结果回代到原数学模型中，计算节点风量闭合差和回路风压闭合差，并以这两个闭合差的最大绝对值作为本次解算的精度。

三、矿井通风网络解算软件及其使用

（一）风丸软件

“风丸”是由日本九州大学工学研究院井上雅弘博士编制，编制所用的主要计算机语言是 VB，它的工作原理是利用风量平衡定律，风压平衡定律，阻力定律及已知参数进行模拟结算，首先给出网络各个回路风量的近似值，使它们满足风量平衡定律，然后利用风压平衡定律对初拟的回路风量逐一进行修正，这样经过多次反复迭代计算、修正，使风压逐渐平衡，风量逐渐接近于真值。如图 2－12 所示为风丸软件界面。

1. 矿井通风解析系统的功能

（1）矿井通风网络的分析计算。

（2）矿井火灾时的通风计算。

（3）矿井火灾时最优退避路线的选择。

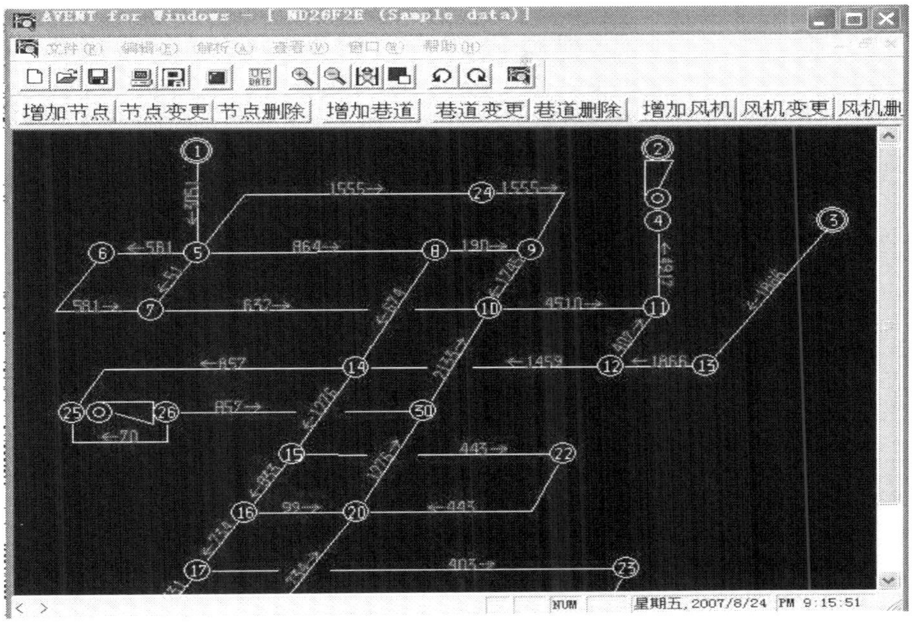

图2-12　风丸软件界面

(4) 通风异常巷道的检测。

(5) 水路管网的计算。

2. 通风解析图的绘制

1) 节点的绘制、变更与删除

(1) 节点的绘制。单击【增加节点】按钮，将光标移至绘图窗口的某一位置左击，在出现的对话框内输入节点编号、节点标高，并选择井口节点或井下节点，即可在窗口中绘制一个节点。照此方法依次绘制其他节点。

(2) 节点的变更。单击【节点变更】按钮，将光标移至需变更的节点之上，按住鼠标左键移动，可将节点移至任何位置；如双击某一节点，则出现上面的对话框，可改变节点的数据。

(3) 节点的删除。单击【删除节点】按钮，在要删除的节点上双击，即可删除该节点。

注意事项：地面节点为双圆圈，井下节点为单圆圈；与风机相连的进风端（抽出式通风）的节点虽然在地面，但是其压力为非大气压力，所以作为井下节点；当节点与巷道相连时，应先删除巷道，后删除节点。

2) 巷道的绘制、变更与删除

(1) 巷道的绘制。选中【增加巷道】按钮，分别单击要用巷道连接的两个节点（此时两个节点变为红色），即出现【新增加巷道】对话框，在其中填入相应的数据，确定即可。

只进行通风网络解算时，仅需输入巷道的风阻和平均温度，如不知道平均温度，可自行假设正常室温，但不能有各巷道间温度相差过大的问题，如温度相差过大，可能造成风量不准。在发火分析中要用到巷道的长度、断面积、导热系数等数据，必须输入正确的数据。

输入风门及风墙等符号，首先选择巷道变更，在弹出的窗口内选择改变巷道位置，在需要增加的位置上点击鼠标右键，在弹出的窗口中选择风门及风墙等。

（2）巷道的变更。选中【巷道变更】按钮，单击要变更的巷道的两个节点，即出现【一般巷道的编辑】对话框，改变对话框中的参数，确认即可。【一般巷道的编辑】对话框中的【改变巷道位置】选项在巷道有拐弯或巷道有交叉遮蔽部分不显示时使用。

（3）巷道的删除。如要删除某条巷道，选中【巷道删除】按钮，分别单击要删除的巷道的两端节点，即出现“Du you want to delete the road?”对话框。选择“是（y）”删除，选择“否（n）”不删除。

注意：删除巷道后，节点仍存在。

3）通风机的绘制

选中【增加通风机】按钮，分别单击要增加的两个节点（其中一个为地面节点），出现【增加通风机】对话框。在第一个文本框内填入选取风机曲线上的各点间距，在第二个文本框内选择填入的数据组数（即在通风机曲线上取的点数），然后依次填入通风机曲线上各点的风量和对应的风压，确认即可。

3. 通风解析

单击菜单栏【解析（A）】，在其子菜单中选【风量】，在【风量】子菜单中选【标准解析】单击，或单击工具栏的解析按钮【analysis】（解析）窗口。单击窗口中的【参数更新】按钮，出现参数对话框，填入适当的参数，确定，回到解析窗口，单击【开始】开始解析。

参数对话框参数的意义如下所述。

表示间隔：火灾时，火灾气体前沿位置显示的时间间隔。

火源的节点编号：发火的节点编号。

火源温度：发火火源的温度。

计算间隔：着火计算的时间间隔，通常为 1 ~ 2 min，时间间隔越长，计算速度越快，但分析精度降低。

终时：发火计算的结束时间，通常为 60 ~ 180 min。

浓度：异常着火前沿可被识别的火灾气体浓度，超过 0.001 以上时可被识别。

最大计算次数：到解析收敛的最大迭代计算次数（最多 2000 次）。

精度：计算的精度，一般选 0.1。

地表温度：填入实际温度值。

当只进行风网解算时，要将表示间隔、火源的节点编号、火源温度、计算间隔、终时、浓度设为 0，最大计算次数可根据实际情况设定，一般设为 500 ~ 1000。

4. 查看

在查看菜单内，选择画面设定，在弹出的对话框内，可选择显示精度，线上、线下显示的数据。还可设定节点大小、字体尺寸。

5. 风机曲线

选择解析—工具—通风机特性表示，可自动生成一个以.fan为扩展名的文件，这个文件是风机的特性曲线，用Dispwinc. exe打开这个文件，可以显示风机的特性曲线，在Dispwinc. exe内，可以对风机曲线的X、Y轴进行修改。

（二）通风网络可视化软件M－Fire介绍

1. M－Fire系统重要功能

（1）Windows下矿井通风网络解算。数据输入方法快捷，操作简单，结果精确可靠。

（2）利用计算机在新兴平台下绘制矿井通风系统图（平面图或立体图）。

（3）网络解算结果实时动态在系统图中的模拟显示，直观分析风流的运动状态、风量和阻力的变化情况，为调控风流、判断漏风、抽排瓦斯设计等提供依据。

（4）通风系统改进方案的预设计。了解改造前后风流特征参数变化，提供通风安全管理人员科学决策的依据。

（5）矿井反风演习的预模拟，为矿井反风演习方案科学制订提供具体理论指导。

（6）模拟矿井不同巷道发生不同类型火灾后，烟流、温度和有害气体的运动变化，通过动画和声音在立体示意图中显示火灾烟流流动状况，并且实现快速选择最佳救火路线。

（7）系统将采集的瓦斯、负压等模拟量，以及开停、风门等开关量，直观动画地显示在系统图中，各种监测数据图形、柱状图、实时曲线、历史曲线一触即现。

（8）安全生产的各种系统图的生成或绘制。在基础绘图平台和通风专业设计的基础上自动生成或绘制通风系统图、防尘系统图、避灾线路图、监测系统图、抽放系统图、防灾火灌浆系统图等。

（9）通风信息、监控信息和安全管理信息分层管理、分层显示。

（10）网络传输和远程观察、分析功能，可在不同终端进行图形数据显示、报警、打印。

2. 系统组成及工作原理

系统由三部分组成：矿井通风网络解算和火灾运动模拟系统，矿井监测和实时数据传输接收系统，三维图形计算机仿真和通防数据动画显示系统。三者紧密结合，构成了一个完整的大系统。如图2－13所示。

3. 基本显示操作

通风系统、监测系统的数据均能进行图形显示，但过多的信息同时显示会使画面杂乱，为此系统设计时采用了分类技术。根据矿井工作的实际情况，预先设定了多种系统图（即将数据分成多类，一次显示一类），如通风图、注浆图、防尘图及测站图等。系统开启时首先显示的是测站图，如图2－14所示。

1）系统的菜单

系统的菜单包括系统的几乎所有功能，打开系统菜单有3种方法：

（1）将鼠标移到窗体最顶端，点击左上角【工具】。

（2）移到窗体最底端，点击【A】。

（3）在窗体空白处点击鼠标右键。

2）系统图切换

将鼠标移至窗体最顶端。点击工具栏中的系统图，如通风图，系统立即切换到通风系

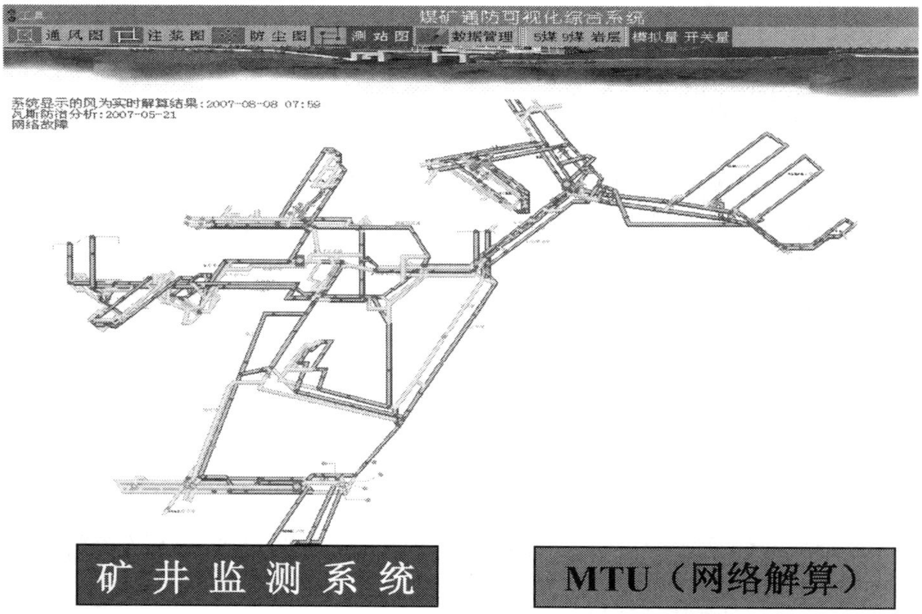

图 2－13　M－Fire 结构图

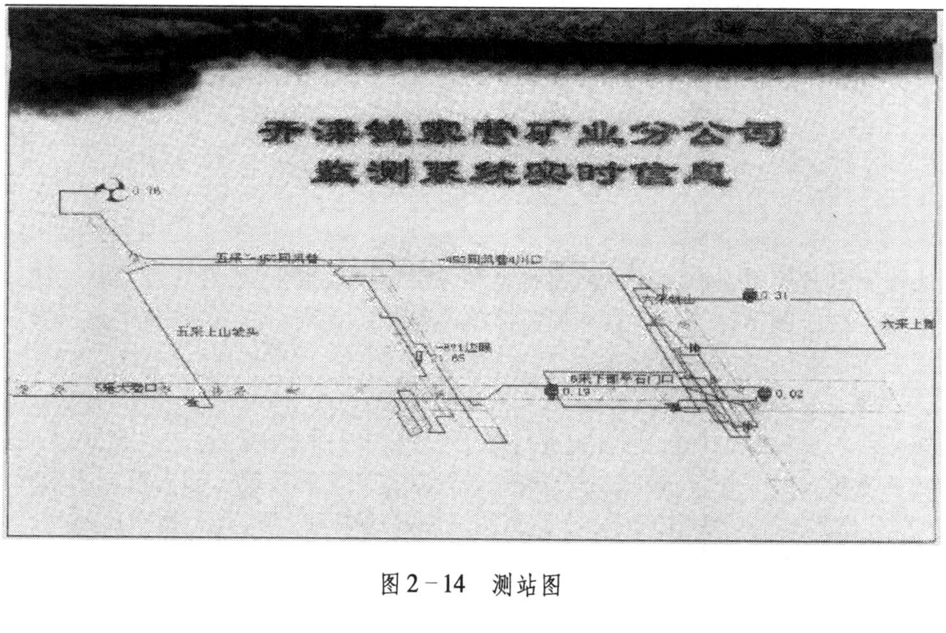

图 2－14　测站图

统图。注意工具栏中还有许多功能，如模拟量、开关量等。

3）巷道显示

巷道显示共有 3 种样式，分别是单线、双线和彩色双线。根据需要用户可以随时在这 3 种样式之间切换，具体操作步骤如下：打开【系统菜单】，选择【显示设置】—【巷道线形设置】，在弹出的菜单中选择【单线】、【双线】和【彩色双线】即可。

另外，有些巷道是淡化显示的，淡化巷道表示系统中非当前分类的巷道。如图 2－14 所示,选择的是通风图,图中淡色的巷道表示非通风解算的巷道(即不属于通风解算的巷道)。

4）数据显示

将鼠标指向某条巷道（或节点、或传感器图标上）并稍作停留，系统就会自动显示出该巷道（该节点、该传感器）的全部主要数据，如图2－15所示。

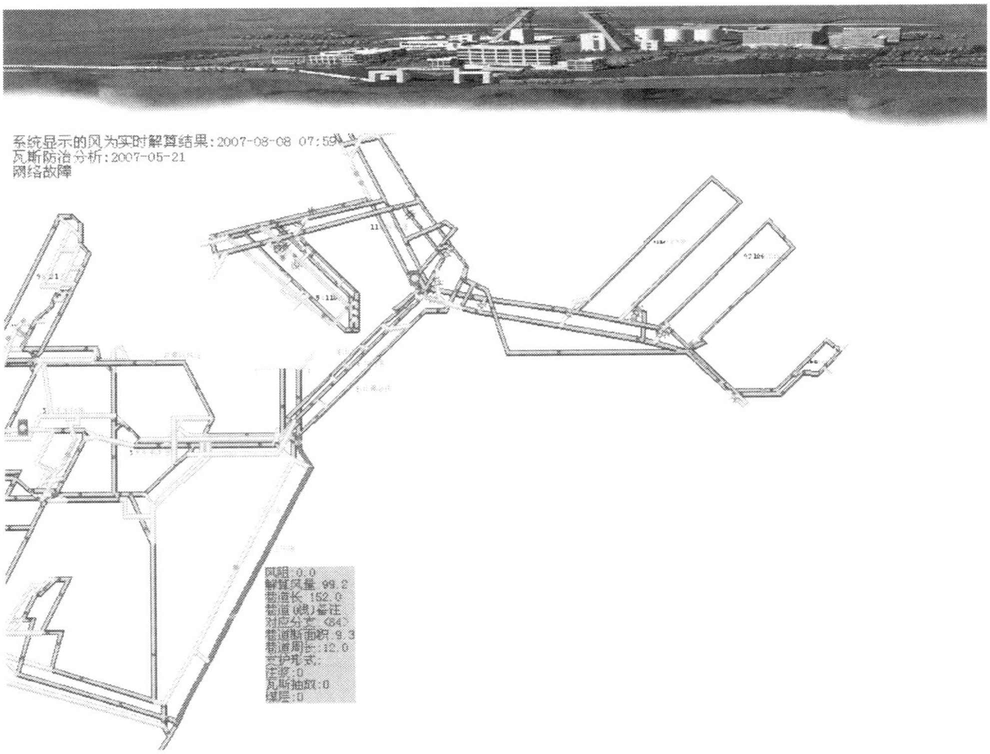

图2－15　显示数据图

如果需要显示更多的数据，可打开【系统菜单】—【显示设置】，在弹出的菜单中选择【传感器显示设置】（或【通风系统巷道显示设置】，或【通风系统节点显示设置】），再进一步选择需要显示的数据。如图2－16中选择了传感器的多种数据。

5）缩略图

现代煤矿井下巷道比较复杂，以钱家营煤矿为例，井下大大小小巷道加起来共有1000多条，对于计算机而言，要在一个屏幕上清晰地显示出如此多的“巷道”是很困难的，通常需要在计算机屏幕上显示出系统的一部分。缩略图显示的是完整的系统图（虽然不是很清晰），设计缩略图的目的是为了在计算机屏幕上快速选择显示区。

在缩略图中有一个黑色框，表示当前显示区。拖动黑色框可以选择屏幕的显示区，如图2－17所示，打开缩略图的操作是在【系统菜单】中选择【缩略图】。

6）局部放大

局部放大有两种方法：

(1）将鼠标移到放大区域的左上角，按下左键，拖动鼠标至预放大区域的右下角，放开鼠标左键，该区被扩大至整个屏幕（击Esc键可取消放大操作）。

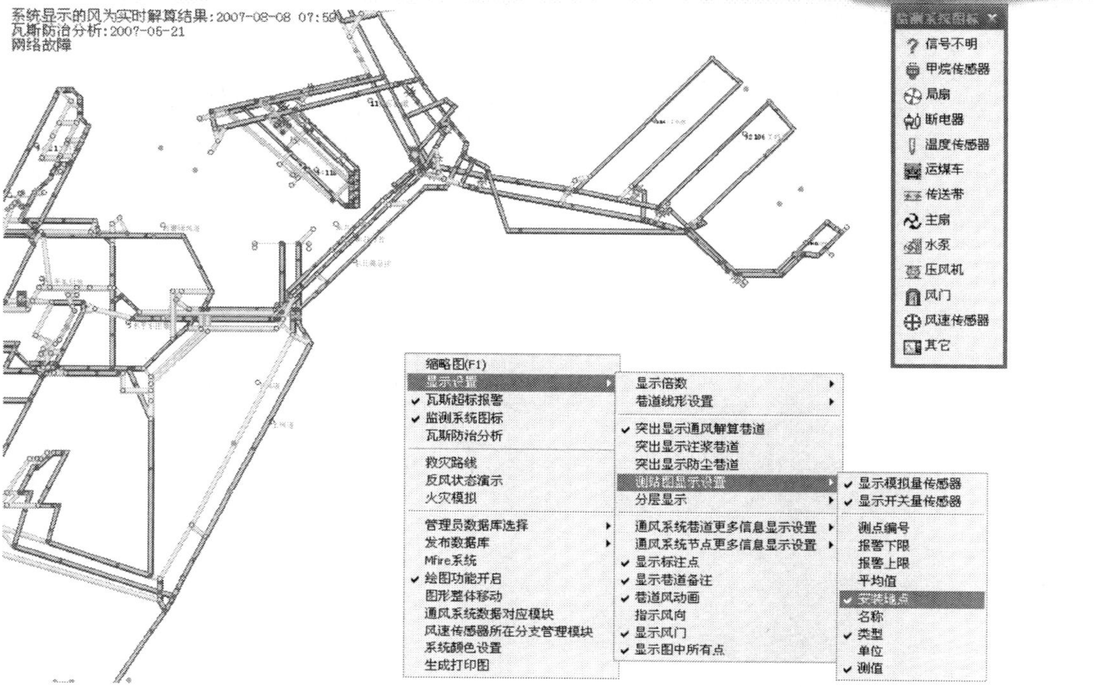

图 2-16　显示各种数据图

（2）在【系统菜单】中选择【显示设置】—【放大倍数】（或单击窗体下的【放大镜】图标），系统弹出比例系数，根据需要选择其中一个。

7）分层显示

将鼠标移至窗体最顶端，在工作栏中选择煤层（如 5 煤、7 煤、岩石等），或在【系统菜单】中选择【显示设置】—【分层显示】—【X 煤】。系统将显示该煤层的数据，而所有非该煤层的巷道将被淡化处理。

8）火灾模拟与最短救火路线选择

在【系统菜单】中选择【救灾系统】—【火灾模拟】。如图 2-18 所示，圆圈表示火点所在巷道，粗线表示火灾到达的位置，窗体的右上角是火灾发生的时间。用户可以用鼠标拖动时间指针，查看任意时间火灾进展情况。

注：火灾模拟要由系统人员进行以下两步操作：

（1）首先在网络解算系统中解算。

（2）计算成功后发布“通风系统数据库”到服务器。

9）最短救火路线的解算和显示

（1）在“系统菜单”中选择“救灾系统”—“救灾路线”，系统弹出“求解救灾路线模块”。

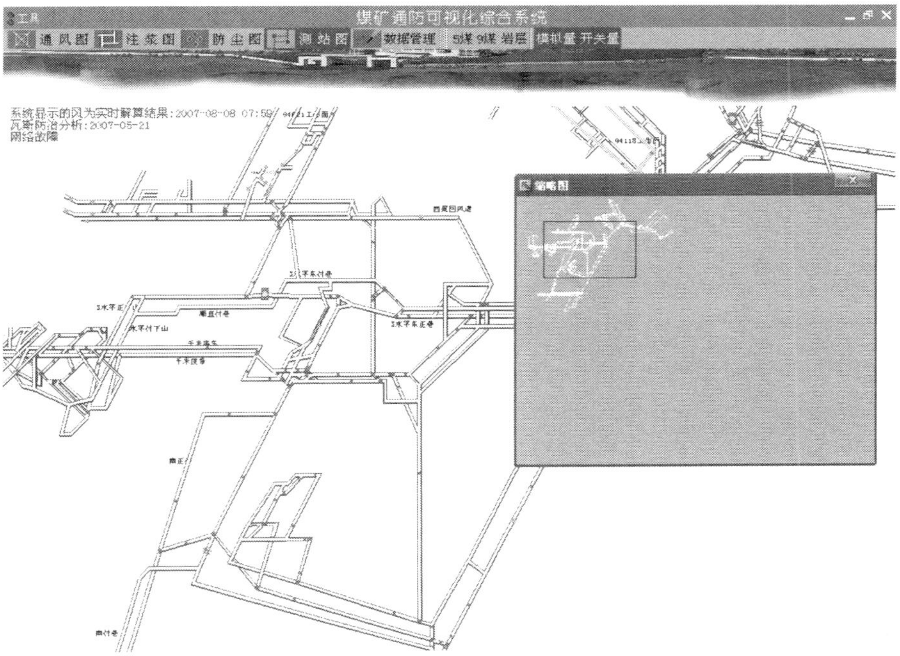

图 2-17　缩略图

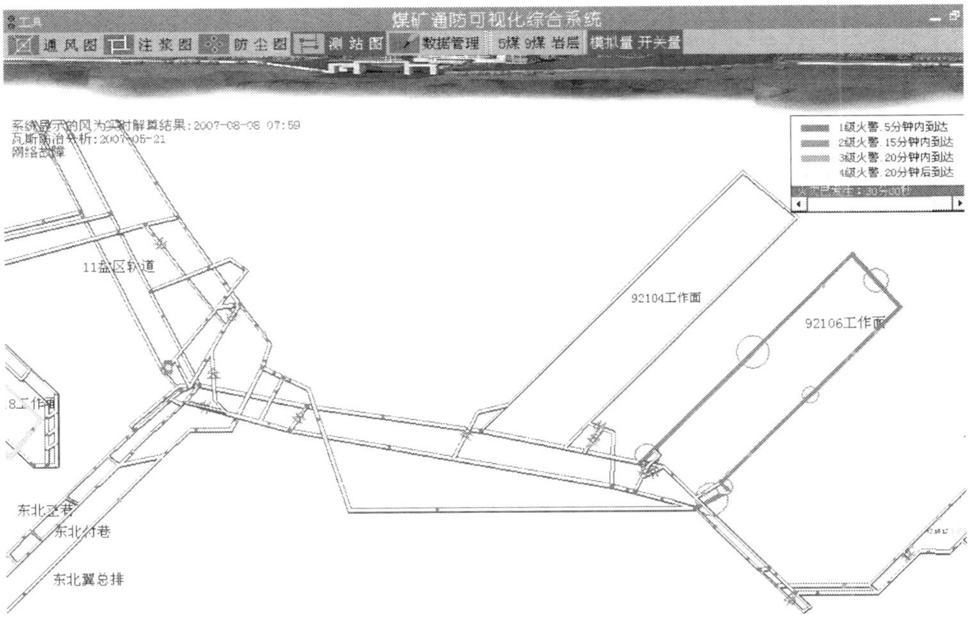

图 2-18　火灾模拟与最短救火路线选择操作图

(2) 用鼠标选择“第一条救灾路线”。

(3) 单击起点框。

(4) 在起点框中输入起始节点号(或用鼠标在通风图上双击“起始节点”完成输入)。

（5）单击终点框。

（6）在终点框中输入终止节点号（或用鼠标在通风图上双击“终止节点”完成输入）。

（7）点击“路线求解”按钮，系统进行最短路线的查找。

（8）最后，选择“显示救灾路线”。

如果需要多条救灾路线，可用选择“第二条救灾路线”或“第三条救灾路线”，并重复上面步骤（2）~步骤（7）操作。操作过程和结果如图2－19所示。

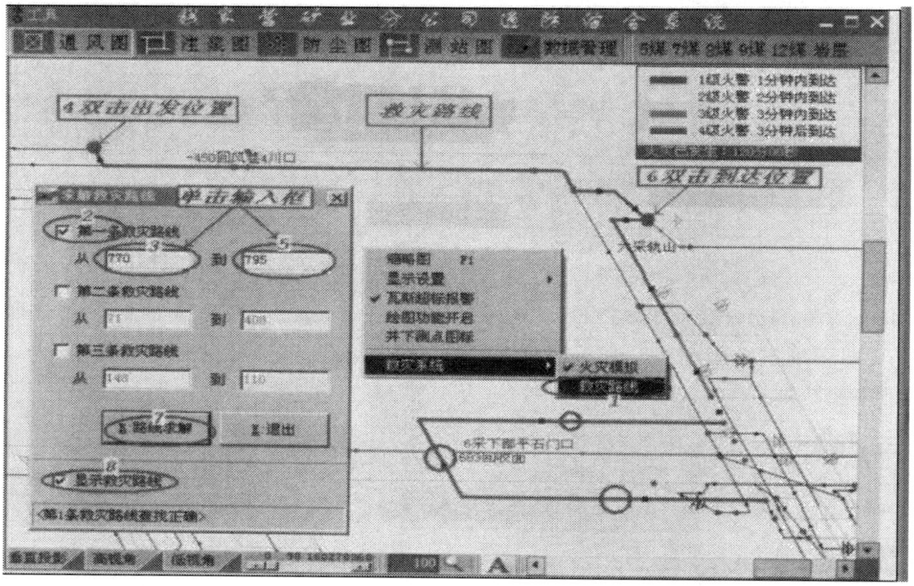

图2－19　火灾模拟与最短救火路线选择操作结果图

10）瓦斯报警

当井下瓦斯探测头测到瓦斯浓度超限时，系统即启动报警功能。除声音报警外，在通风系统图上还会用闪烁的红色标注瓦斯超限位置。

4. 绘图

绘制或修改通风图、测站图（传感器图）、进行风网解算、火灾模拟等操作只能由专业人员完成，其他用户只能显示数据，不能修改。绘制系统图时，需要先打开【绘图开关】。具体操作是在【系统菜单】中选择【绘制功能开启】。

1）绘制巷道交点和传感器显示“点”

巷道交点用于通风系统图，是最基本的图形对象；传感器“点”用于传感器数据的实时显示。两者绘制方法基本相同。

（1）打开【绘图开关】。

（2）添加“点”：按住【Ctrl】键同时用鼠标左键单击画面的空白处，系统弹出菜单，选择【添加新点（通风系统使用）】或【添加新点（井下探测系统使用）】。系统弹出确认框，选择【是】，屏幕上出现“点”符号，表示“点”添加成功；若选择【否】则取消添加操作。

（3）移动“点”：按住【Ctrl】键同时用鼠标拖动“点”到合适位置。

（4）删除“点”：将鼠标指到“点”上，按下右键，弹出快捷菜单，选择【删除该点】，弹出确认框，选择【是】删除“点”，若选择【否】则取消删除操作。

（5）绘图结束后关闭【绘图开关】（在【系统菜单】中选择【绘制功能开启】按钮）。

2）修改传感器信息

打开【绘图开关】，用鼠标双击欲修改的传感器“点”（或图标），系统弹出该点的所有数据。用鼠标单击【对应测点编号】和【图标编号】，系统弹出相关窗体，找到正确的数据（或图标）双击该数据（或图标）。如果该传感器已不存在，只需要删除该传感器所在的点。

3）绘制巷道

（1）打开【绘图开关】。绘制巷道：巷道必须连接在两个“通风系统使用”的点上。首先在其中一个“点”上单击鼠标左键（同时按下【Ctrl】键），此时该“点”上出现一个红色“十字”线，表示该“点”作为巷道的起始点已经被选中（如果起点选择错误，按下【Ctrl】键的同时再用鼠标左键单击该“点”即可取消选择），然后将鼠标移至另一个“点”，按下【Ctrl】键并单击左键，系统弹出确认框，选择【是】，屏幕上出现一条新的巷道，巷道绘制成功，若选择【否】则取消绘制。

（2）移动巷道：巷道不能直接移动，要移动巷道只能通过移动连接巷道两边的“点”来实现。

（3）删除巷道：将鼠标指到要删除的巷道上，按下右键，系统弹出快捷菜单，选择【删除该巷道】，弹出确认框，选择【是】删除巷道，若选择【否】则取消删除操作。

（4）绘图结束后关闭【绘图开关】。

4）调整“点”标高

系统支持三维立体图，在显示较低位置的巷道会被较高位置的巷道遮挡。在绘制系统图时如果不设定节点的标高，所有“点”均处于同一个高度层，这样巷道显示时就可能出现错误的遮挡关系。

调整“点”标高：打开【绘图开关】，然后将鼠标移至标高需要挑战的节点上，双击鼠标左键，输入标高值并保存（或单击右键，弹出快捷菜单，选择【调整节点标高】）。

5）调整巷道走向

手工绘制通风时，很难将巷道绘制的很整齐，通过调整巷道走向功能就能绘制出漂亮的通风图。

调整巷道走向：打开【绘图开关】，然后将鼠标移至走向需要调整的行道上，单击右键，弹出快捷菜单，选择【调整巷道走向至】，再进一步选择巷道角度。

6）调整巷道始末点

操作过程参看上面的行道走向调整的“起始”和“终止”点。

7）与网络解算系统连接

通风系统图与网络解算数据（通风解算数据）的连接分两步进行：第一步先将风网解算中的“节点”标记到系统图的巷道交点上；第二步再将风网解算中的分支标记到所经过的巷道上。

（1）节点标记：

①打开【绘图开关】。

②双击欲标记的点，系统弹出该点的所有数据。

③在【对应节点】框中输入风网解算中的节点号。

④点击【保存】按钮，节点标记成功。

（2）巷道标记。包括手工标记和自动标记两种方法。

手工标记：

①打开【绘图开关】。

②双击欲标记的巷道，系统弹出该巷道的所有数据。

③在“对应分支”中输入风网解算中的分支号，注意分支号要用“〈〉”引用起来。如对应的分支为168，则应添加〈168〉；有些巷道对应11和67两条分支，则添入〈11〉、〈67〉。

④点击【保存】按钮，巷道标记成功。

手工标记时，有时巷道的始末点方向与分支方向相反，这种情况下显示的风向与实际风向也正好相反，此时就需要调整该巷道的始末点，具体调整方法见“调整巷道始末点”。

自动标记：

在【系统菜单】中选择【通风系统数据对应模块】，弹出如图2－20所示的界面。

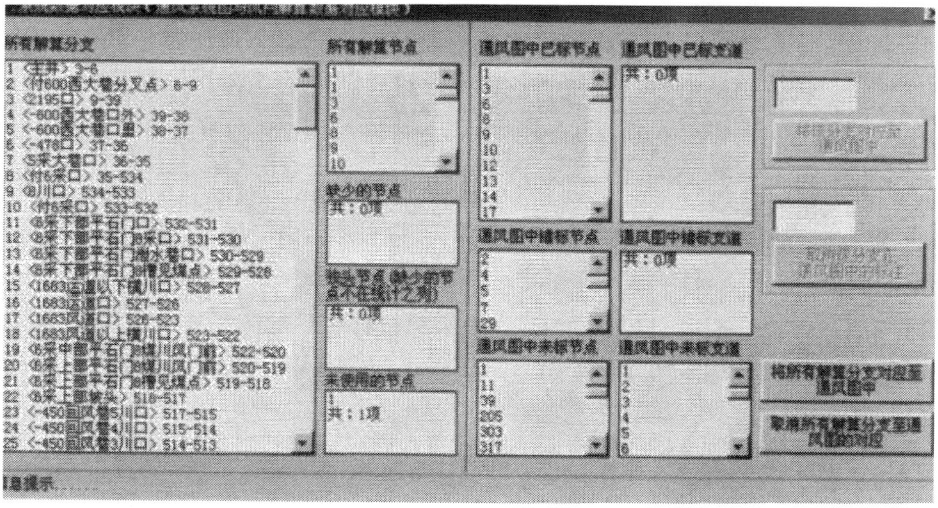

图2－20 通风系统数据对应模块

双击未标注的分支（或在右上角的文本框中输入“分支号”），执行“将该分支对应至通风图中”，就可以完成该分支的标注；执行“取消该分支在通风图中的标注”，则可以取消分支的标注。

本模块还有其他一些功能，如检查风向解算中的独头节点、缺少的节点，检查明显的节点标注错误（将风网解算中不存在的节点标注到了通风图中）以及尚未标注的节点等。

8）风门

风门可以输入1、2或3，表示该巷道的风门形态。符号“—”表示风门方向，如—1与1表示风门方向相反。

9）主巷道

说明：1表示巷道是主巷道，0表示该巷道非主巷道，当标注为主巷道时，系统图中将显示该巷道的巷道名，否则不显示。

10）线形、颜色、线宽

（1）巷道“线宽”共有5种、选择“线形”后的【…】按钮，系统弹出所有5种线形（用0~4表示），选择其中的一种，双击该线形即可。

（2）线宽用1~20（或-1~-20）表示，“—”表示该巷道无任何实际数据，仅仅是一条辅助线。

（3）颜色仅在线宽为“—”时有效。

11）系统颜色

系统颜色用于设置系统中的各种巷道和节点等图形的颜色，具体操作是在系统菜单中选择【系统颜色设置】。系统弹出【系统颜色设置】窗体后，选择预修改的颜色，双击颜色框，选择合适的颜色后，单击【确定】按钮，再保存、退出即可。

12）数据发布

系统图修改完成或火灾模拟完成后，需要将数据发布到主机中。具体操作：在系统菜单中选择【数据发布】，根据修改完成的内容选择【发布通风系统数据库】或【发布井下测点数据库】或【发布系统颜色数据库】。数据发布成功后会弹出数据发布成功的提示信息。

5. 网络解算及火灾模拟

在系统菜单下选择【网络解算系统】即可启动通风解算及火灾模拟系统。网络解算初始界面如图2-21所示。

1）数据管理

在本系统中输入、修改基本通风数据非常容易，所有通风解算及火灾模拟数据均分类管理。以修改巷道数据为例，在菜单【数据输入】下选择【巷道数据】，系统打开巷道数据管理界面，如图2-22所示。

首先选择需要修改的巷道，然后在上部的文本框中进行数据修改，如将1号巷道名称改为“副井”，将巷道风阻改为“0.05”，然后点击【保存】命令按钮，修改完成。

点击【删除记录】按钮，可以删除不需要的巷道；点击【添加记录】按钮，可以增加巷道。点击【输入说明】按钮，系统弹出详细的说明或帮助信息，如图2-23所示。

其他需要输入的数据包括：

（1）矿井基本数据、风机数据、巷道数据（含巷道平均数据）、节点数据（井上和井下节点）。

（2）污染源（热源）、火灾控制数据、火灾时期通风状态变化。

其中（1）为通风解算需要的基本数据；（2）为火灾模拟需要的数据。各种数据输入、修改方法基本一致，可参看巷道数据管理。

2）分支、节点逻辑错误检查

在菜单【数据输入】中选择【分支、节点逻辑错误检查】可打开该功能，如图2-24

图 2－21 网络解算初始界面

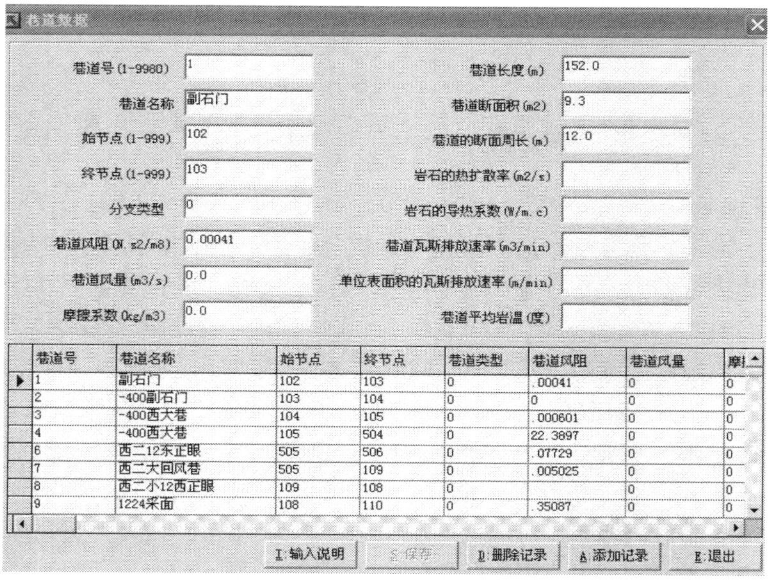

图 2－22 巷道数据管理界面

所示。

说明：设计该功能的主要目的是检查节点、巷道的连接情况，以及节点、巷道可能存在的逻辑错误。选择不同的分支（巷道）排序规则，可以方便地检查特定分支、特定节点的连接状况。如图 2－24 按始节点排序，就能迅速查出始点为 14 的所有巷道：105、

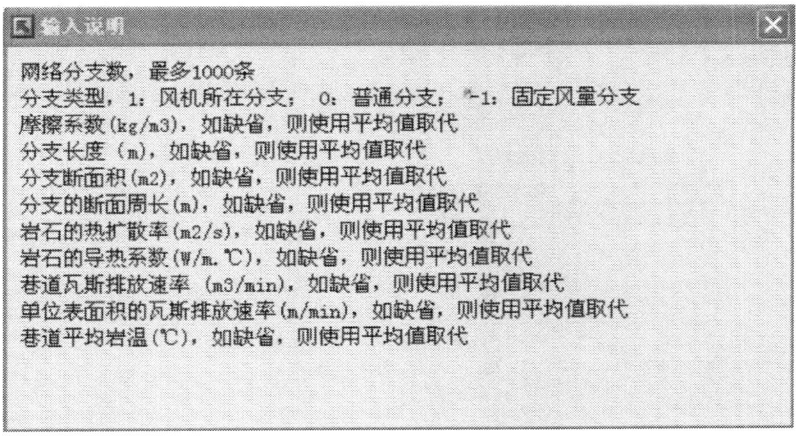

图2-23 输入说明

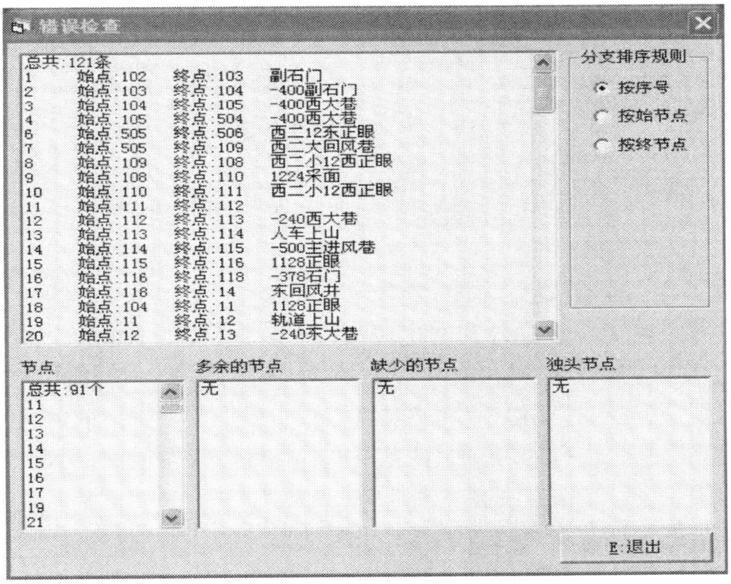

图2-24 分支、节点逻辑错误检查

159、150、230。在数据库中如果有多余的节点（即没有与任何巷道相连接的节点），则在多余的节点列表框中就会将其列出。缺少的接点列表框自动列出系统缺少的接点；独头节点列表框自动列出只与一条巷道相连的节点。

3）风网解算、火灾模拟

在系统菜单中选择【风网解算】或【火灾模拟】功能，系统可自动完成计算。如果计算过程存在错误，系统会给予提示。解算结束后，结果自动保存于数据库中，在【风网解算】或【火灾模拟】菜单下有各种结果的列表显示。网络解算原始计算结果可在【风网解算】或【火灾模拟】菜单下相应功能中查看，图2-25所示为一次通风解算的原始结果。

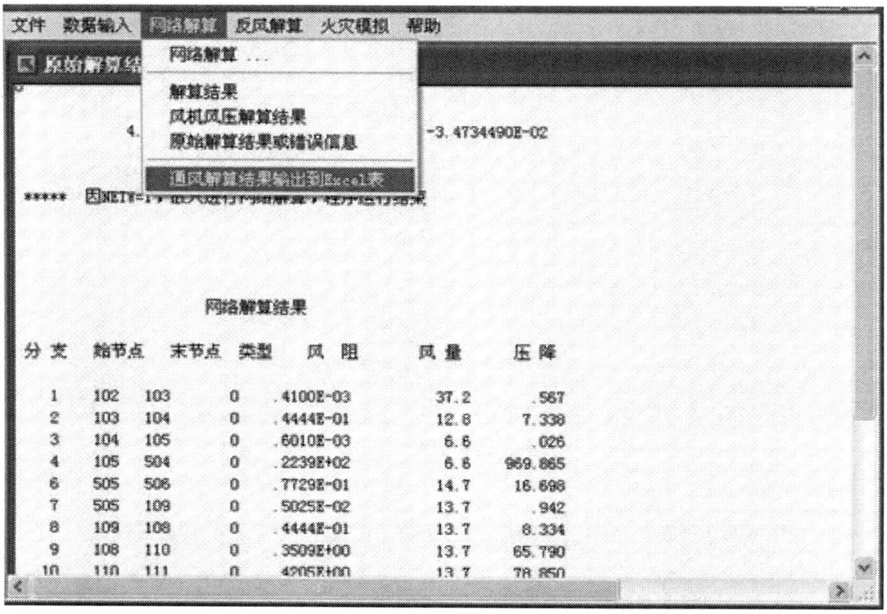

图 2-25　通风解算结果

第四节　通风管网系统优化设计

随着工业的发展，通风除尘、通风空调系统具有大型化、集中化的趋势。大型化的复杂工业通风除尘和通风空调系统存在两个突出问题，即能耗问题和风量不平衡问题。20 世纪 70 年代发展起来的工业通风和通风空调系统优化设计法，对降低系统能耗、减少系统总费用方面起到了积极的作用。传统的设计方法一般把求解费用最低问题和解决风平衡问题作为两个独立的问题进行处理，即首先根据目标函数求解最优参数，然后进行风量平衡调节。这样的优化设计方法，在减少费用方面取得了一定的效果，但存在风量平衡精度低的缺点，尤其是进行日益复杂的通风管网系统的设计时，风量不平衡问题更为突出。因此，把费用最低目标函数和系统风量平衡方程组成一个非线性的数学规划问题，使设计优化参数能同时满足目标函数和系统风量平衡条件，设计中不需进行风量平衡调节的计算。

一、通风管网系统优化设计的数学模型

1. 目标函数

目前，一般以系统使用年限（即系统寿命周期）内的总费用最低作为目标，如果不考虑初期投资的贷款利率和货币的时间价值，总费用 G 可表示为

$$G = G_a + t(G_b - G_c) \tag{2-66}$$

式中　G_a——系统的初期投资，元；

G_b——系统的年运行与维护费用，元/a；

G_c——系统的年废料回收费用，元/a；

t——系统的使用年限，a。

系统使用年限的取值：排含腐蚀性气体的系统，$t=5$ a；一般除尘系统，$t=10$ a；一般通风系统，$t=20$ a。

系统初期投资 G_a 包括管道费用 G_{a1}、风机费用 G_{a2} 和除尘器费用 G_{a3}；系统运行与维修费用 G_b 包括动力消耗费用 G_{b1} 和维修费用 G_{b2} 费用。根据费用是否随变量变化，可分为可变费用和不变费用，随变量变化而变化的费用称为可变费用，反之则为不变费用。对于通风除尘系统的优化设计，系统费用的变量是风管直径。显然，G_{a1}、G_{a2} 和 G_{b1} 均为可变费用；G_{a3} 和 G_c 为不变费用。所以，系统寿命周期总费用中的可变费用 G_v 为

$$G_v = G_{a1} + G_{a2} + tG_{b1} \tag{2-67}$$

$$G_{a1} = \sum A_i \pi D_i L_i \tag{2-68}$$

$$G_{a2} = a_1 + a_2 \sum N_i \tag{2-69}$$

$$G_{b1} = ab \sum N_i \tag{2-70}$$

式中 D_i——第 i 分支管道的管径，m；

L_i——第 i 分支管道的长度，m；

A_i——圆管单位面积的价格，元/m²；

N_i——第 i 分支管道分担的风机功率，kW；

a_1、a_2——风机的价格系数，由风机产品说明书统计求得，见表 2-1；

a——电价，元/(kW·h)；

b——风机的年运行小时，h。

表 2-1　4-72 Ⅰ 型风机的价格系数

风机的价格系数	传动方式		
	A	B	C
a_1	400	1500	4400
a_2	60	68	95

每分支管道分担的风机功率 N_i 为

$$N_i = \frac{H_i Q_i}{1000\eta} \tag{2-71}$$

式中 Q_i——第 i 分支管道的风量，m³/s；

η——风机的总效率，一般取 $\eta = 0.6 \sim 0.7$；

H_i——第 i 分支管道的通风阻力，Pa。

按阻力计算公式有

$$H_i = \left(\lambda \frac{L_i}{D_i} + \sum \xi\right)\frac{\rho v_i^2}{2} \tag{2-72}$$

式中 λ——风管的摩擦阻力系数；

ξ——风管的局部阻力系数；

ρ——风管中的空气密度，kg/m³；

v_i——第 i 分支风管的流速，m/s。

根据流速和流量的关系，式（2－72）可变换为

$$H_i = a_3\left(\lambda \frac{L_i}{D_i} + \sum \xi\right)\frac{Q_i^2}{D_i^4} \tag{2-73}$$

$$a_3 = \frac{8\rho}{\pi^2}$$

优化设计的实质，就是确定合适的变量 D_i 值，使可变费用 G_y 最低，即 $\min G_v$。由式（2－17）、式（2－47）～式（2－50）和式（2－52）即得目标函数为

$$\min G_v = \pi A_i \sum D_i L_i + a_1 + a_5 \sum \left(\lambda \frac{L_i}{D_i} + \sum \xi\right)\frac{Q_i^3}{D_i^4} \tag{2-74}$$

$$a_5 = a_4(a_2 + abt)$$

$$a_4 = \frac{a_3}{1000\eta}$$

2. 约束条件方程

系统的风流是按照风机特性和管网的阻力特性进行自然分配的，要使系统运行中的风量满足各抽风点预定的抽风量（即设计抽风量）的要求，亦即满足设计风量平衡的要求，目标函数即式（2－74）必须附加一定的约束条件，这个约束条件就是系统运行方程。

通过把工业通风中树状风管系统进行网络化处理，采用网络分析法得出系统的运行方程式为

$$\sum_{i=1}^{m} Q_i = 0 \tag{2-75}$$

$$\sum_{i=1}^{n_1} K_i Q_i |Q_i| - H_f = 0 \tag{2-76}$$

$$H_f = A + BQ + CQ^2 \tag{2-77}$$

式中　Q_i——第 i 分支风量，m^3/s；

m——节点的支路数；

n_1——独立回路的支路数；

K_i——第 i 支路的综合阻力系数，kg/m^7；

H_f——风机的风压，Pa；

A、B、C——风机风压曲线拟合方程的系数；

Q——风机的风量，m^3/s。

对于无风机的独立回路，式（2－76）中的 $H_f = 0$。

对于除尘系统，为了防止粉尘在管路内沉积和堵塞，管内流速必须满足最低流速的要求，因此，管道直径应满足以下要求：

$$D_i \leqslant \sqrt{\frac{4Q_i}{\pi V_m}} \tag{2-78}$$

式中　V_m——除尘管道最低设计风速。

对于一般通风系统，可不考虑式（2－78）的限制。

式（2－75）～式（2－78）为目标函数即式（2－74）的约束条件方程。

二、数模解算

需求解的未知优化参数有风机风压 H_f 和各分支的管径 D_i。综上所述，可将求解满足风量平衡且系统寿命周期可变费用最低的系统优化设计问题转化成求解下列数学规划问题：

$$\min G_v = \pi A_1 \sum D_i L_i + a_1 + a_5 \sum \left(\lambda \frac{L_i}{D_i} + \sum \xi \right) \frac{Q_i^3}{D_i^4}$$

$$\begin{cases} \sum K_i Q_i |Q_i| - H = 0 \\ \sum Q_i = 0 \\ H = A + BQ + CQ^2 \\ D_i \leqslant \sqrt{\dfrac{4Q_i}{\pi V_m}} \end{cases}$$

如果系统有 n 个分支，由上述数学规划可求得 $n+1$ 组解，比较这些组解的 G_v 值，其中最小的那组解即为最优解。

三、通风管网系统优化设计程序简介

上述数学规划问题的求解较复杂，用手算的方法很难解决，必须编制计算机解算程序，其主要程序流程如图 2－26 所示。

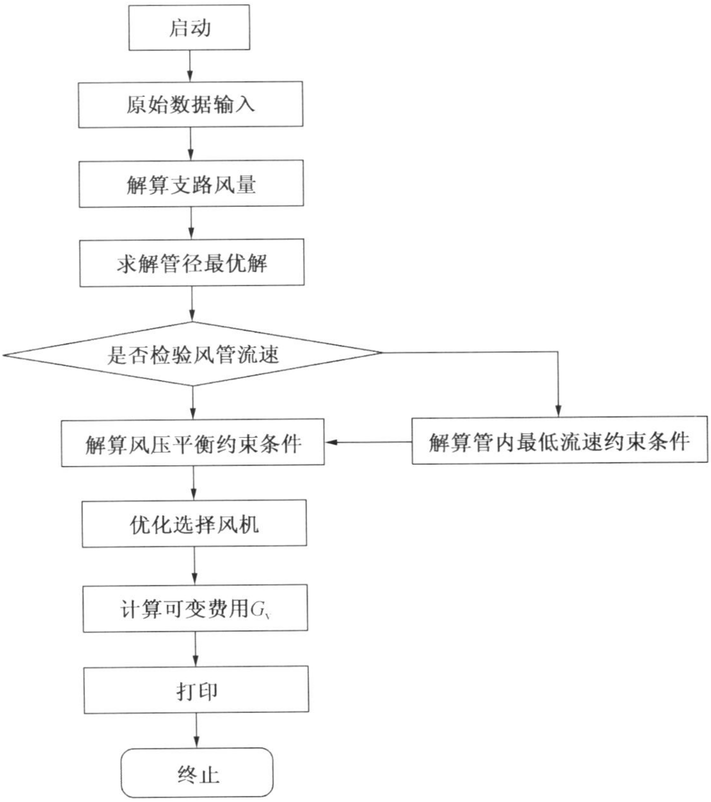

图 2－26　通风管网系统优化设计程序流程

第三章　AutoCAD 2008

第一节　AutoCAD 2008 绘图基础

一、AutoCAD 简介

AutoCAD 是由美国 Autodest 公司在 1982 年开发的运行于微机平台的计算机辅助设计软件，经过不断完善和 20 余次升级，已经成为应用最广泛的绘图工具之一，广泛应用于建筑、机械、电子、航天、气象纺织等多个领域。

二、AutoCAD 2008 启动

AutoCAD 2008 安装后会在桌面上出现一个图标，双击该图标即可启动 AutoCAD，或者选择【开始】\【程序】\【Autodesk】\【AutoCAD 2008 - Simplified Chinese】\【AutoCAD 2008】菜单项，如图 3-1 所示。

三、AutoCAD 2008 的工作界面

AutoCAD 2008 的工作界面如图 3-2 所示。

1. 标题栏

在界面的最上面是文件的标题栏，其中列有软件的名称和当前打开文件的文件名，最右侧是标准 Windows 程序的最小化、还原和关闭按钮。

2. 菜单栏

菜单栏位于标题栏的下方，AutoCAD 2008 包含有 11 个菜单：【文件】、【编辑】、【视图】、【插入】、【格式】、【工具】、【绘图】、【修改】、【标注】、【窗口】及【帮助】。这些菜单几乎包含了 AutoCAD 2008 所有的绘图命令。

3. 工具栏

在 AutoCAD 2008 软件中一共有 37 个工具栏，每个工具栏都是同一类常用命令的集合，使用时只需用鼠标单击相应的工具按钮就能执行相应的命令。

4. 绘图窗口

绘图窗口就是整个程序中间的空白区域，用户绘制的图形都将显示在这里。

5. 坐标系

AutoCAD 中有两个坐标系：一是被称为世界坐标系（WCS）的固定坐标系；二是被称为用户坐标系（UCS）的可移动坐标系。默认情况下，这两个在新图形中是重合的。

6. 十字光标

基本的光标如图 3-3a 所示，十字光标加小方框，这是没有任何命令的光标；而选择【绘图命令】后，会变成只剩下十字光标的图形，如图 3-3b 所示；若选择【修改命令】，

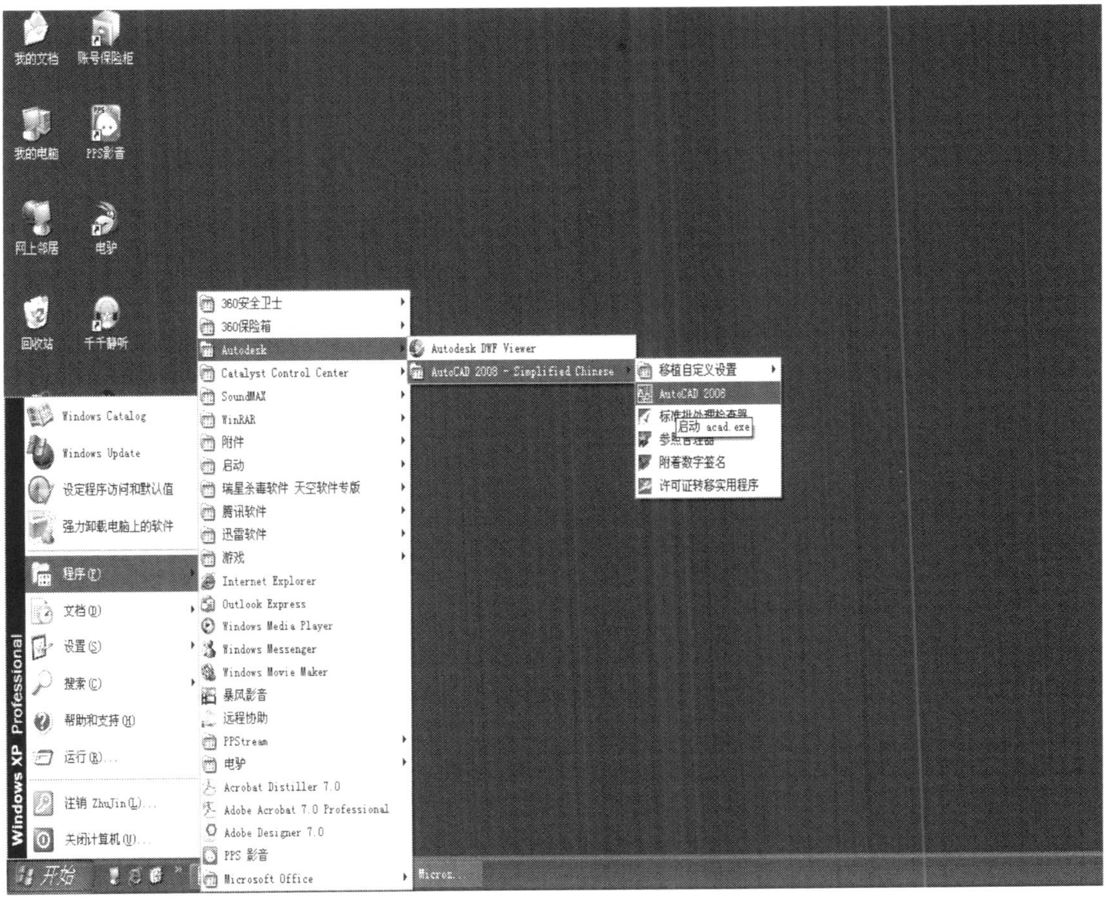

图 3-1　启动 AutoCAD 2008

则只剩下小方框，如图 3-3c 所示。

7. 命令窗口

命令窗口显示所选择的命令及操作提示等内容，建议用户一定要注意这里的变化，再执行操作。

8. 选项卡

在绘图窗口下有 3 个选项卡，分别是模型、布局 1 和布局 2，默认绘图方式处于模型选项卡的位置。

9. 状态栏

AutoCAD 的状态栏主要包括当前光标的坐标显示、捕捉、栅格、正交、极轴、对象捕捉、对象追踪、DUCS、DYN、线宽、模型开关等内容。

四、AutoCAD 2008 图形文件管理

1. 新建文件图形

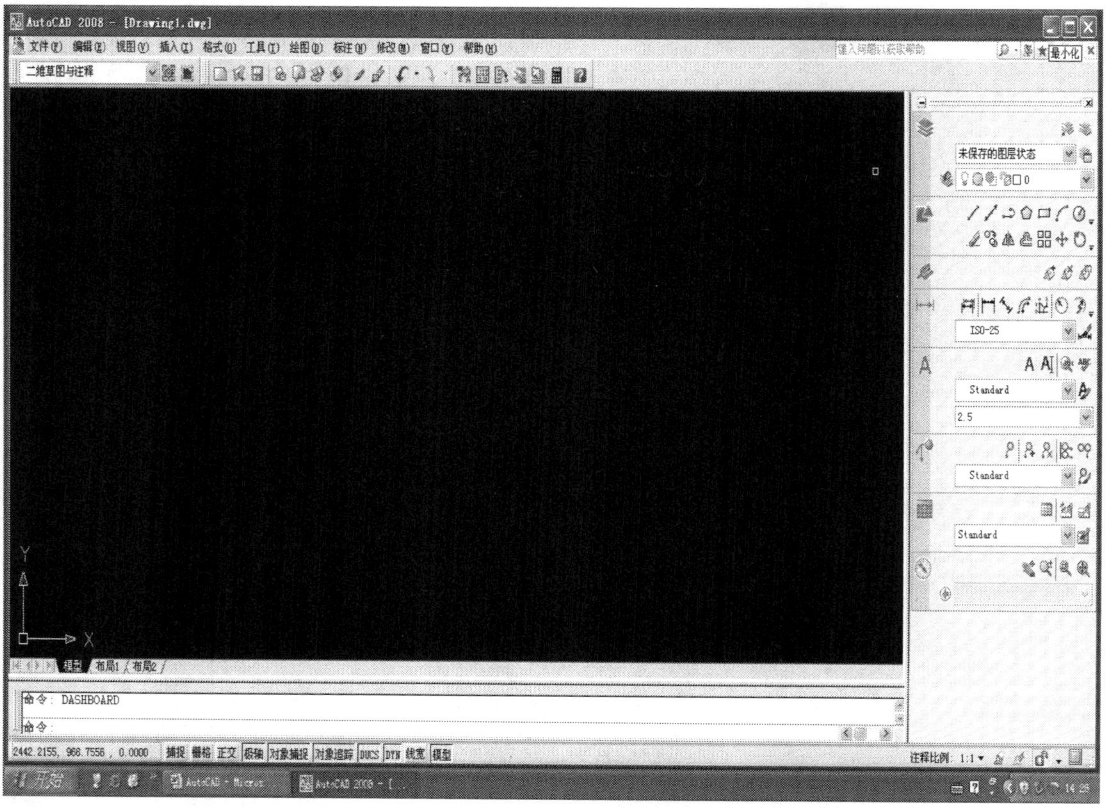

图 3-2　AutoCAD 2008 的工作界面

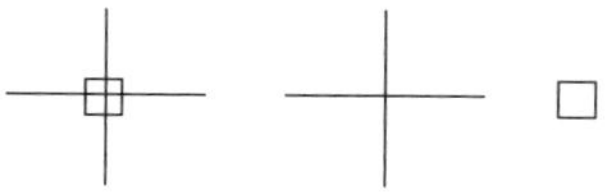

(a)　　(b)　　(c)

图 3-3　十字光标的不同形状

AutoCAD 2008 新建图形文件的方法有 4 种：

（1）单击【文件】\【新建】菜单项。

（2）单击标准工具栏中的【新建】按钮。

（3）在命令行中输入“new”，然后按下【Enter】键。

（4）按下【Ctrl + N】组合键。

进行上述操作后，系统将打开【选择样板】对话框，在【搜索】下拉列表中选择文件路径，在【名称】列表框中选择文件名称，在【预览】区域可以预览所选文件的样式，双击文件名或者选中文件再单击【打开】按钮右侧的下箭头按钮都可以创建一个新的图形文件。

2. 打开图形文件

单击标准工具栏的【打开】按钮激活命令，弹出【选择文件】对话框，如图 3-4 所示。任意选择其中的某一个后缀名是“. Dwg”的文件，单击【打开】按钮，便可打开 AutoCAD 文件。

如果一个文件非常大，打开和编辑都需要很多的时间，而打开后仅有很少的部分需要进行改动，此时便可使用局部打开功能。

图 3-4 【选择文件】对话框

局部打开步骤如下：选择要打开的文件，然后单击【打开】按钮旁边的下三角按钮。从弹出的下拉选项中选择【局部打开】选项，弹出【局部打开】对话框，如图 3-5 所示。

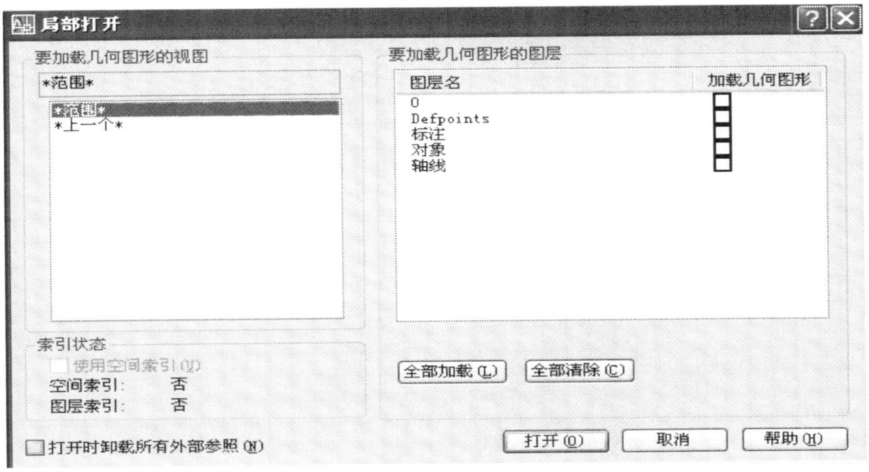

图 3-5 【局部打开】对话框

在“要加载几何图形的视图”中选择模型空间的视图，默认为“范围”；在“要加载几何图形的图层”选项区域选取想要打的图层复选框，最后再单击【打开】按钮，这个图形便被局部打开。局部打开图形后，使用 PARTIALOAD 命令可以打开【局部加载】对话框，在该对话框中可以有选择地将其他图形从视图、选定区域或图层中再加载到图形中。

注：可以使用快捷键【Ctrl + F6】或【Ctrl + Tab】在已打开的图形文件间切换。

3. 保存文件

保存文件的方法主要包括：

（1）单击标准工具栏的【保存】按钮。

（2）选择菜单【文件】\【保存】。

（3）命令行 save 或命令行 qsave。

（4）快捷键【Ctrl + S】。

五、调用 AutoCAD 2008 的帮助系统

激活 AutoCAD 2008 中的在线帮助系统的方法如下：

（1）在下拉菜单中选取【帮助】。

（2）直接按下键盘上的【F1】键也能激活在线帮助。

（3）在命令行中输入“help”或“?”，然后按回车键也可以激活。

六、绘图基础

（一）图形单位

在绘图之前先确定 AutoCAD 的度量单位，因为每个对象都是依据单位进行测量的，在一张图纸中一个图形单位的长度可能是 1 mm，而在另一张图纸中可能等于 1 in，对于角度也是一样，一个图形单位的角度可以代表 1°，也可以代表 1 rad。

在默认状态下，AutoCAD 将一个图形单位的长度作为 1 mm，角度作为 1°。也可以进行重新设置。

（1）下拉菜单法。打开【格式】\【单位】，如图 3－6 所示，可以对类型、精度作相应的设置。

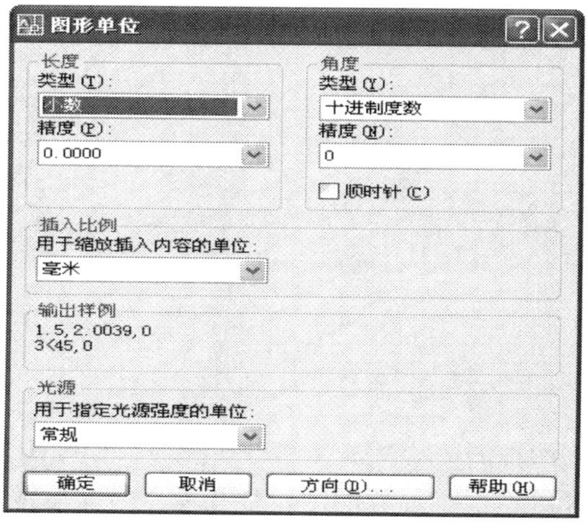

图 3－6 【图形单位】对话框

在默认下，角度一栏中“顺时针”前的复选框为“清空状态”，表示角度以逆时针方向为正，顺时针方向为负。如果选中的话，则相反。

（2）也可以输入命令“Units”来设置。

（二）图形界限

在绘图前，需要先设定图纸的大小，图纸的范围可通过设置图形界限来设置。图纸的界限由左下方的点和右上方的点来决定。

（1）下拉菜单法：打开【格式】\【图形界限】，在“命令提示行”就会出现相应的命令。

（2）也可输入命令“Limits”来设置。

注：命令行中的 ON 和 OFF 键用来控制界限检查的开关，界限检查默认关闭状态。

当检查图形界限功能处于开启状态，当输入的点超出图形界限，提示行会提示：超出图形界限。

（三）确定坐标系

1. 世界坐标系（WCS）和用户坐标系（UCS）

世界坐标系和用户坐标系如图 3－7 和图 3－8 所示。

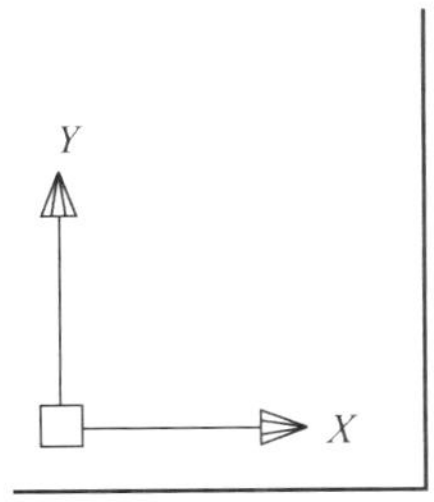

图 3－7　世界坐标系

图 3－8　用户坐标系

2. 直角坐标系和极坐标系

1）直角坐标系

直角坐标系也称笛卡儿坐标系，由直角坐标系中点的 X、Y、Z 坐标值构成，以坐标原点（0，0，0）为基点定位输入，坐标格式：X，Y，Z。

2）极坐标系

极坐标由极坐标系中点到坐标系原点的距离和这两点与 *X* 轴正向夹角组成。坐标格式：距离<角度。

3. 绝对坐标和相对坐标

1）绝对坐标

绝对坐标以原点（0，0，0）为基点定位所有点，坐标格式：x，y。

2）相对坐标

相对坐标是相对于前一点的偏移量。相对直角坐标的格式：@x，y。相对极坐标的格式：@距离<角度。

第二节 创 建 对 象

一幅图形中可以分解成若干图形元素，如点、直线、圆、圆弧及椭圆等。

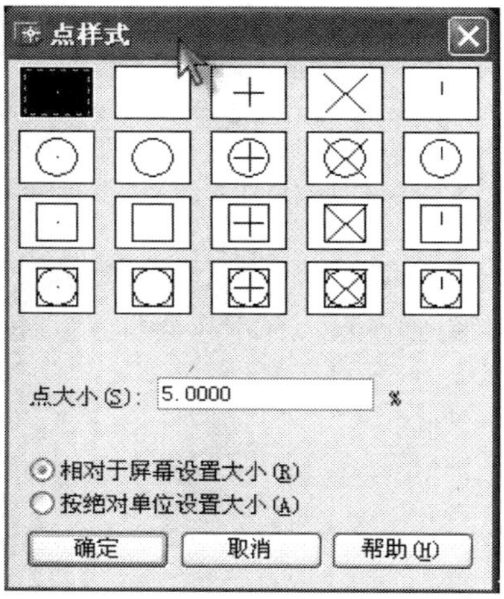

图3－9 【点样式】对话框图

一、创建点对象

（一）设置点的样式

（1）下拉菜单法：打开【格式】\【点样式】对话框，如图3－9所示。

（2）也可用“Point”命令。

注：默认状态下，点的大小为5%（相对于屏幕设置尺寸的大小）。选择“相对屏幕设置尺寸”表示的是该点标注与屏幕尺寸的百分比，此时点的大小不随图形的缩放而改变；选择“用绝对单位设置尺寸”，表示确定的是该点的绝对尺寸。

（二）点的绘制

（1）选择【绘图】工具栏上的【点】工具按钮 ，可绘制单点，也可绘制多点，如图3－10所示，如果想结束点的绘制，可以按【Esc】键。

（2）下拉菜单法：打开【绘图】\【点】\【单点（多点）】。

（3）也可输入命令“Point”。

（三）绘制等分点

1. 定数等分

可以将目标实体按指定的数目作长度相等的划分，并在实体等分点处放置标记（图3－11）。

下拉菜单法：打开【绘图】\【点】\【定数等分】，也可输入命令“Divide”。

注：①被等分的实体并不是真的被分割成若干个小的实体，只是在等分点处用点或块做了一些标记。

②只有直线、圆、圆弧和多段线才能被等分，用光标指点方式选取。

③当用块作等分标记时，该块只能是当前图形文件中自己定义的块。

2. 定长等分

测量实体，并按指定的长度间隔设置分点标记（图3－12）。

下拉菜单法：打开【绘图】\【点】\【定长等分】，也可输入命令“measure”。

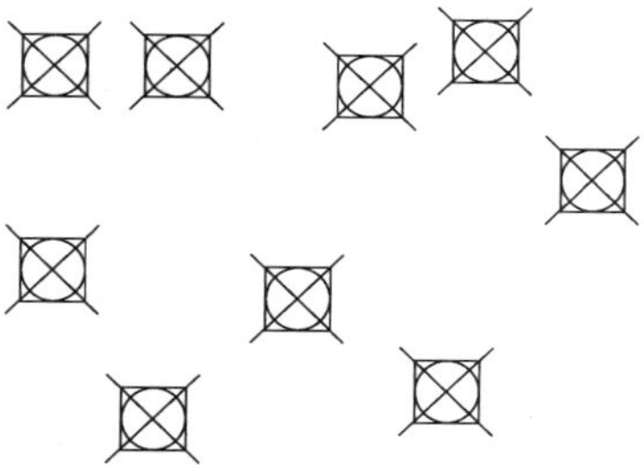
图3－10 绘制的点

二、创建直线

线条是组成图形的基本元素，不论多么复杂的图形，总是由不同的线段、点、圆弧、尺寸及文字标注所组成。线条的样式各式各样，如直线、射线、曲线、多段线等，除形式不同之外，线条还可以有不同的颜色、线宽、线型等。

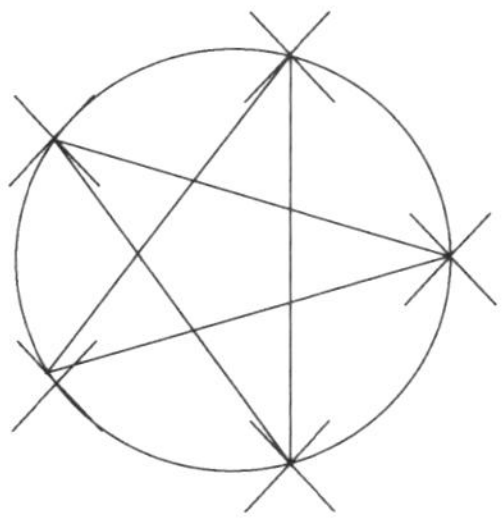

图 3－11　定数等分绘制五角图

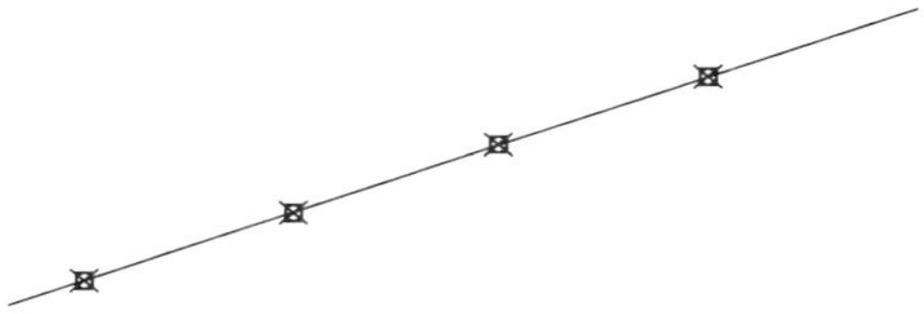

图 3－12　定长等分直线

（一）简单直线

调用【直线】命令的方法有 3 种：

(1) 单击【绘图】\【直线】菜单项。

(2) 单击【绘图】工具栏中的【直线】按钮。

(3) 在命令行输入“line”，然后按下【Enter】键。

进行上述操作，用户可以按照命令行的提示在绘图区域进行直线的绘图。例如，现需要绘制一条长度为 75 的水平线段（图 3－13），可进行如下操作：

单击【绘图】工具栏上的【直线】工具按钮；

“命令/提示行”的提示为“指定第一点：”，单击屏幕绘图区内的任意一点；

“命令/提示行”的提示为“指定下一点或［放弃（U）］：”输入@75，0 后回车；

“命令/提示行”的提示为“指定下一点或［放弃（U）］：”，按【Enter】键结束绘制。

如果绘制如图 3－14 的直线（与水平线有夹角），可使用极坐标或相对极坐标。

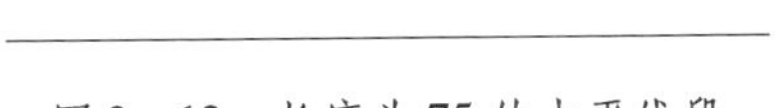

图 3－13　长度为 75 的水平线段

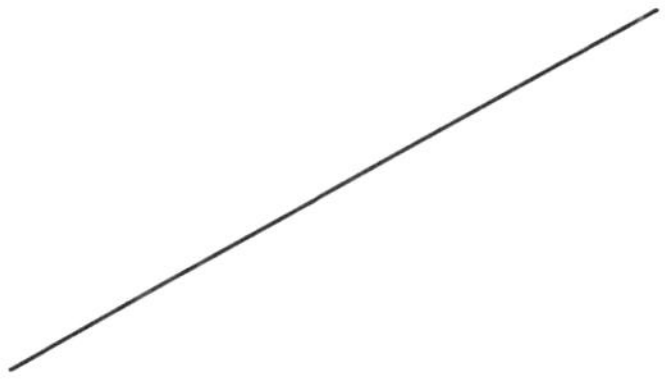

图 3－14　长度为 75 与水平方向成 30°角的线段

（二）创建单向射线

射线是一个只有起始点并延伸到无穷远的直线如图 3－15 所示。

调用【射线】命令的方法有 2 种。

(1) 下拉菜单法：打开【绘图】\【射线】。

(2) 在命令行输入命令“ray”，然后按下【Enter】键。

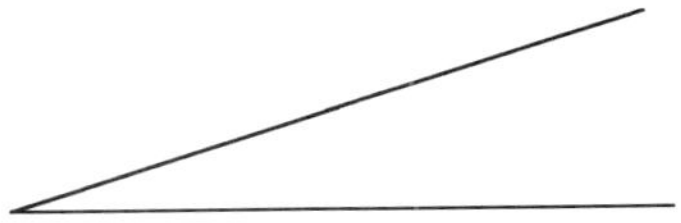

图 3－15　经过指定点的两条射线

（三）创建构造线

构造线是一个没有始点和终点的无限长的直线，通常被用作辅助绘图线。

调用【构造线】命令的方法有3种。

（1）下拉菜单法：打开【绘图】\【构造线】菜单项。

（2）在命令行输入命令“xline”，然后按下【Enter】键。

（3）在【绘图】工具栏中选择【构造线】按钮。

注：水平（H）/垂直（V）/角度（A）/二等分（B）/偏移（O）/

其中：水平，即构造出通过某点并平行于当前用户坐标系X轴的直线；

垂直，即构造出通过某点并平行于当前用户坐标系Y轴的直线；

角度，即构造出与X轴正向成一定角度的直线；

二等分，即绘制条平分某一个指定角的直线；

偏移，即用偏移量来确定与选定直线平行的直线。

（四）创建、修改多段线

所谓多段线可以简单地理解成由相连的直线段或圆弧序列所组成，如图3-16所示。

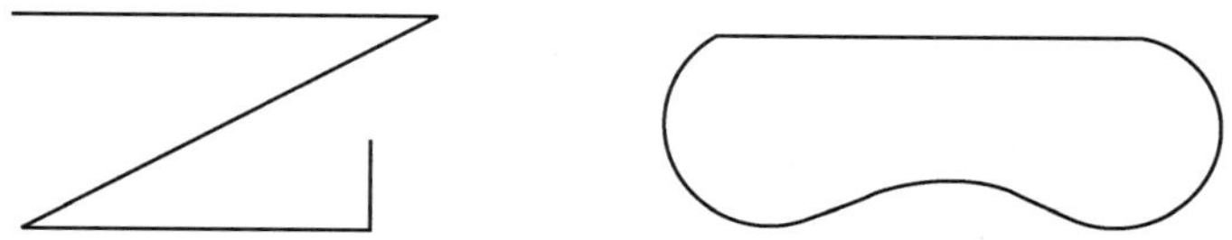

(a)由直线组成的多段线　　(b)由直线和圆弧组成的多段线

图3-16　多段线

特点：一是不论多段线含有多少条直线段或圆弧，整体上仍是作为一个对象；二是多段线是有宽度的线条，可以是等宽度的线条，也可以是宽度变化的线条。

1. 调用【多段线】命令的方法

（1）下拉菜单法：打开【绘图】\【多段线】菜单项。

（2）在命令行输入命令“pline”，然后按下【Enter】键。

（3）在【绘图】工具栏中选择【多段线】按钮。

2. 修改多线段

（1）改变多段线的宽度，如图3-17所示。

(a)修改工具栏　　(b)修改线宽后的多线段

图3-17　改变多线段的宽度

（2）将多段线转变成拟合曲线。拟合曲线是指通过指定端点的曲线，如图3-18所示。

(a) 未拟合之前的多段线　　(b) 拟合之后所形成的曲线

图 3－18　拟合多段线成曲线

（五）创建多线

多线可以简单地理解成是一种多重平行线，可包含 16 条平行线，每一条平行线都称为元素，这些元素是通过指定距多线初始位置的偏移量来确定位置的。

1. 创建多线样式

创建多线样式的作用是控制多线中直线元素的数目、颜色、线型、线宽及每个元素与多线起点之间的偏移量。

（1）打开【格式】\【多线样式】对话框，如图 3－19 所示。

（2）单击【新建】，打开对话框，设置样式名，单击【继续】。

（3）在弹出的对话框中设置填充、偏移距离等，完成后单击【确定】，如图 3－20 所示。

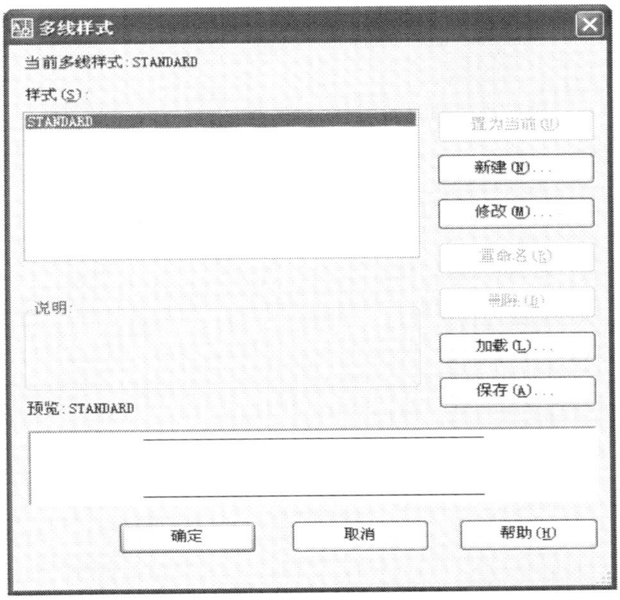

图 3－19　【多线样式】对话框

2. 绘制多线（图 3－21）

调用【多线】命令的方法有 2 种。

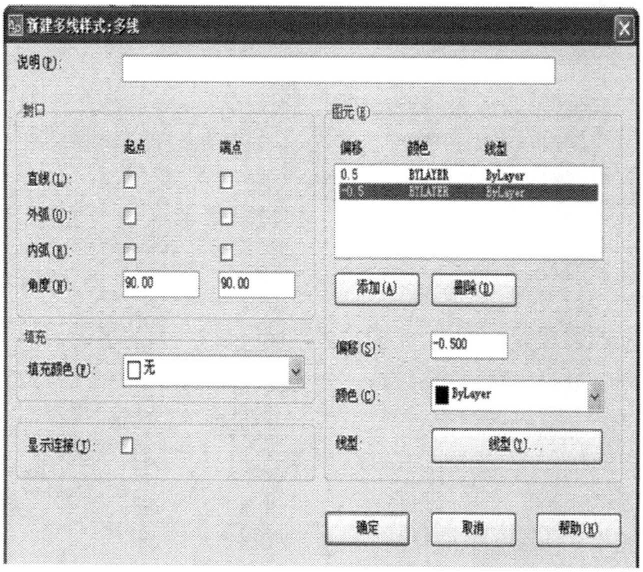

图 3－20　【新建多线样式】对话框

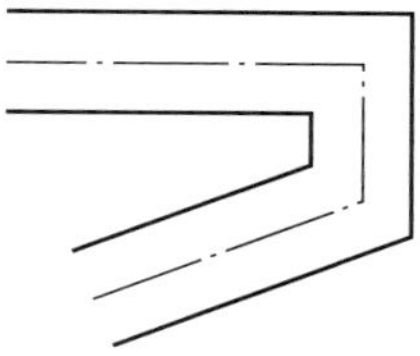

图 3－21　绘制的多线图形

（1）下拉菜单法：打开【绘图】\【多线】菜单项。

（2）在命令行输入命令“mline”，然后按下【Enter】键。

3. 编辑多线

编辑多线需要打开【多线编辑工具】对话框，如图 3－22 所示。打开对话框的方法有 2 种。

（1）下拉菜单法：打开【修改】\【对象】\【多线】。

（2）在命令行输入“mledit”，然后按下【Enter】键。

（六）创建样条曲线

样条曲线可以简单地理解成经过一系列给定点的光滑曲线，如图 3－23 所示。调用【样条曲线】命令的方法有 3 种。

（1）下拉菜单法：打开【绘图】\【样条曲线】菜单项。

（2）在命令行输入命令“spline”，然后按下【Enter】键。

（3）在【绘图】工具栏中选择【样条曲线】按钮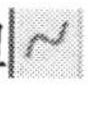。

（七）修订云线

如图 3－24 所示，修订云线是一种显示为云的形状的多段线，由连续的圆弧组成，主要使用在对象标记方面。

调用【修订云线】命令的方法有 3 种。

（1）下拉菜单法：打开【绘图】\【修订云线】菜单项。

（2）在命令行输入命令“revcloud”，然后按下【Enter】键。

（3）在【绘图】工具栏中选择【修订云线】按钮。

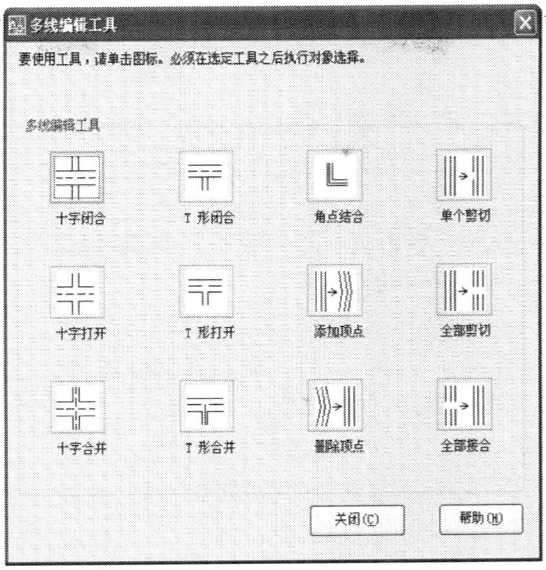

图 3－22　【多线编辑工具】对话框

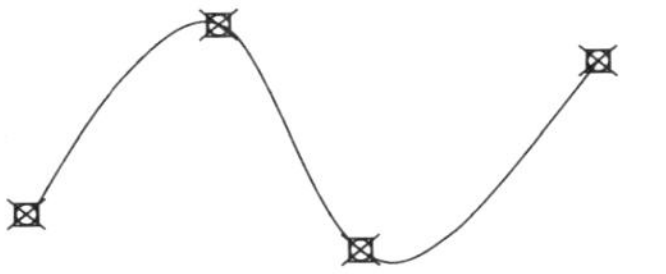

图 3－23　绘制的样条曲线

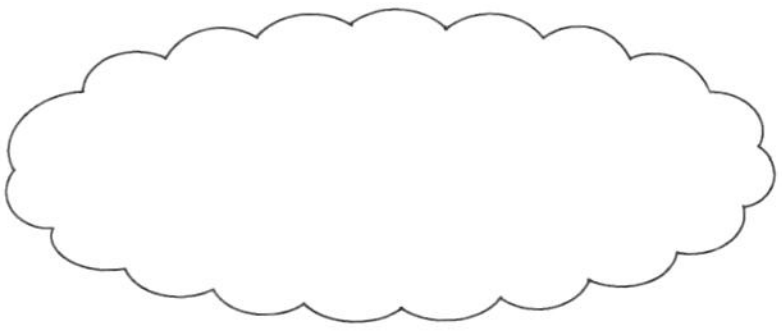

图 3－24　修订云线

三、创建多边形

（一）创建矩形

在绘制矩形时，只需要确定 4 个顶点中的任意 2 个对角顶点就可唯一地确定矩形，如图 3－25 所示。

调用【矩形】命令的方法有 3 种。

（1）下拉菜单法：打开【绘图】\【矩形】菜单项。

（2）在命令行输入命令“rectang”，然后按下【Enter】键。

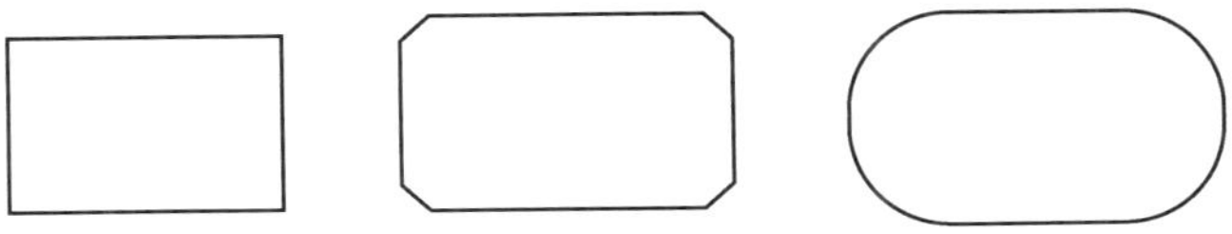

(a) 矩形　　(b) 含倒角的矩形　　(c) 含圆角的矩形

图 3－25　矩形的类型

（3）在【绘图】工具栏中选择【矩形】按钮。

例如，绘制一个长度为60、高度为40的矩形：

①单击【矩形】工具按钮；

②单击绘图区域中任意一点，则该点将成为矩形一个顶点；

③输入@50，45回车，确定对角顶点。

（二）创建正多边形

正多边形即每条边的长度相等，且所有相邻边所形成的夹角均相等。

1. 调用【正多边形】命令的方法

（1）下拉菜单法：打开【绘图】\【正多边形】菜单项。

（2）在命令行输入命令“polygon”，然后按下【Enter】键。

（3）在【绘图】工具栏中选择【正多边形】按钮。

2. 绘制正多边形的方法

（1）单边法。先定出正多边形任意一条边的两个端点，基数后由AutoCAD按逆时针方向绘制出整个正多边形。

（2）圆内接法。先给出正多边形的边数，然后确定正多边形的中心，也就是外接圆的圆心，最后给出正多边形外接圆半径或外接圆圆周所经过的一个点来绘制出正多边形，如图3-26a所示。

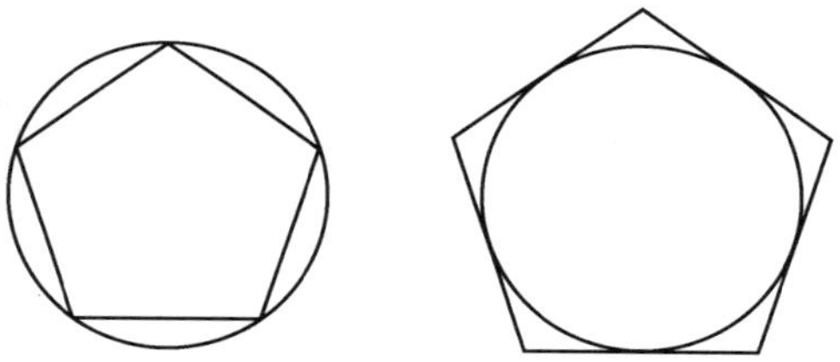

(a) 圆内接法　　(b) 圆外切法

图3-26　正多边形绘制方法

（3）圆外切法。先给出正多边形的边数，然后确定正多边形的中心，最后给出正多边形内切圆半径或内切圆圆周所经过的一个点来绘制出正多边形，如图3-26b所示。

四、创建圆类对象

（一）创建圆

圆是组成图形时最常用到的对象之一，在实际绘图中经常要绘制圆。

1. 调用【圆】命令的方法

（1）下拉菜单法：打开【绘图】\【圆】\【圆心、半径（R）】菜单项。在子菜单中有6个选项可以绘制圆，用户可根据需要选择其中比较方便的一种。

（2）在命令行输入命令“circle”，然后按下【Enter】键。

（3）在【绘图】工具栏中选择【圆】按钮。

2. 绘制圆的方法

圆有很多不同的绘制方法，以下主要介绍6种。

（1）圆心半径法。单击确定圆心的位置，输入圆的半径，如图3-27a所示。

（2）圆心直径法（D）。单击确定圆心的位置，输入“d”然后按下【Enter】键，再给出圆的直径，如图3-27b所示。

（3）两点法（2P）。单击输入“2p”然后按下【Enter】键，在任意指定两点，即可画出以两点为直径的圆，如图 3－27c 所示。

(4) 三点法（3P）。单击 输入“3p”然后按下【Enter】键，利用所给出的圆周上的三点来唯一地确定一个圆，如图 3－27d 所示。

(5) 相切、相切、半径法（T）。在已经给出了两条直线（或两个圆，或直线和圆，或圆弧等）和圆半径的情况下，唯一地确定出一个圆与已给出的两条直线（或两个圆，或直线和圆，或圆弧等）相切且圆的半径为所给定的半径值，如图 3－27e 所示。

(6) 三个切点法。在已经给出了三条直线（或圆或圆弧或它们的组合等）的情况下，就可以唯一地确定一个与已给出的三条直线（或圆或圆弧或它们的组合等）相切的圆，如图 3－27f 所示。

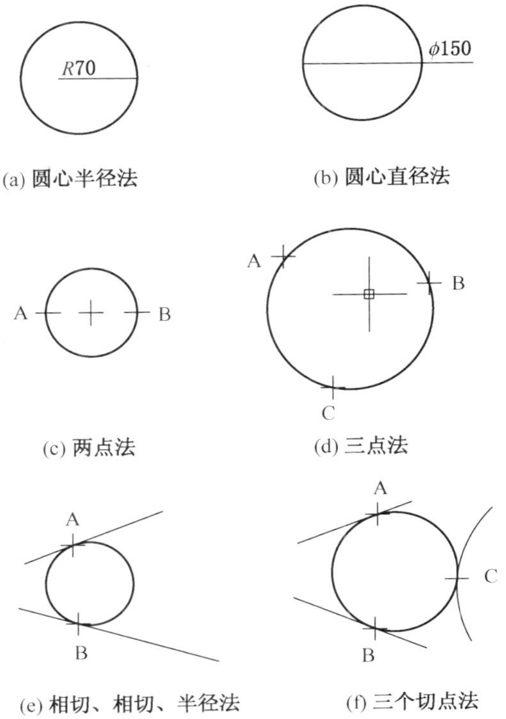

图 3－27　绘制圆的方法

（二）创建圆弧

可以将圆弧简单地理解成圆周上的一部分，它在绘图中用得也比较多。

1. 调用【圆弧】命令的方法

(1) 下拉菜单法：打开【绘图】\【圆弧】菜单项。

(2) 在命令行输入命令“arc”，然后按下【Enter】键，系统默认使用“三点”的方法绘制圆弧。

(3) 在【绘图】工具栏中选择【圆弧】按钮，系统默认使用“三点”的方法绘制圆弧。

2. 绘制圆弧的方法

绘制圆弧的方法很多，以下主要介绍 4 种：

(1) 三点法画圆弧。利用圆弧的起点、圆弧中的任意一点及圆弧的端点来唯一地绘制出一个圆弧，如图 3－28a 所示。

(2) 起点、圆心、角度法。利用圆弧的起点、圆心并给出圆弧的角度来唯一地绘制出一个圆弧，如图 3－28b 所示。

(3) 起点、端点、半径法。利用圆弧的起点、端点并给出圆弧的半径来唯一地绘制出一个圆弧，如图 3－28c 所示。

(4) 圆心、起点、端点法。利用圆弧的圆心、起点和端点来唯一地绘制出一个圆弧，如图 3－28d 所示。

注：1. 需要注意圆弧的方向，默认状态下，圆弧是从起点处沿逆时针方向画出的。

2. 当使用角度输入时，正值输入时，其圆弧沿与系统设置一致的方向，负值输入时，其圆弧沿与系统设置相反的方向。

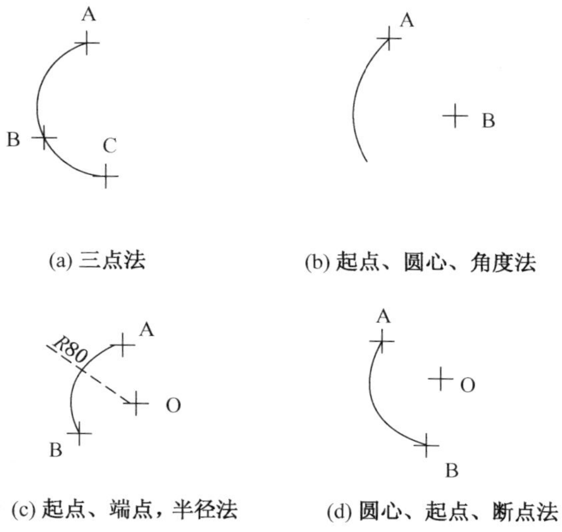

图 3－28　绘制圆弧的方法

（三）创建椭圆

1. 调用【椭圆】命令的方法

（1）下拉菜单法：打开【绘图】\【椭圆】\【中心点】菜单项。系统默认使用“轴、端点”的方法绘制椭圆。

（2）在命令行输入命令“ellipse”，然后按下【Enter】键。

（3）在【绘图】工具栏中选择【椭圆】按钮。

2. 绘制椭圆的方法

（1）轴、端点法。先确定椭圆的两条轴中的任意一条轴的两个端点的位置，然后再给出另一条半轴的长度，如图 3－29a 所示。

（2）中心点法。先确定椭圆中心的位置，然后再给出椭圆的一条轴的一个端点，再给出另一条半轴的长度，如图 3－29b 所示。

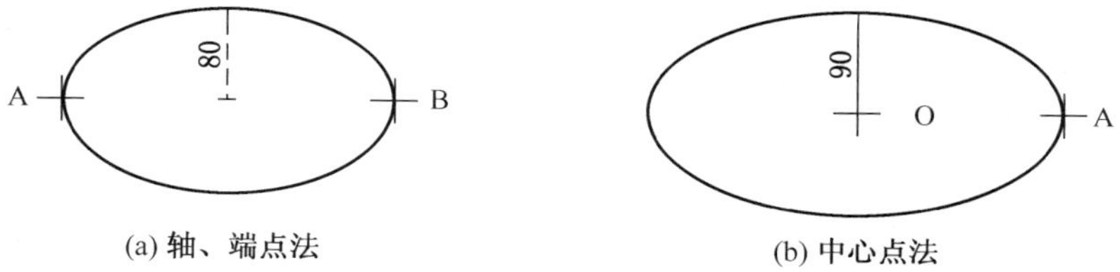

图 3－29　绘制椭圆的方法

（四）创建椭圆弧

如图 3－30 所示，椭圆弧是椭圆的一部分，不是封闭的图形。调用【椭圆弧】命令的方法有 3 种。

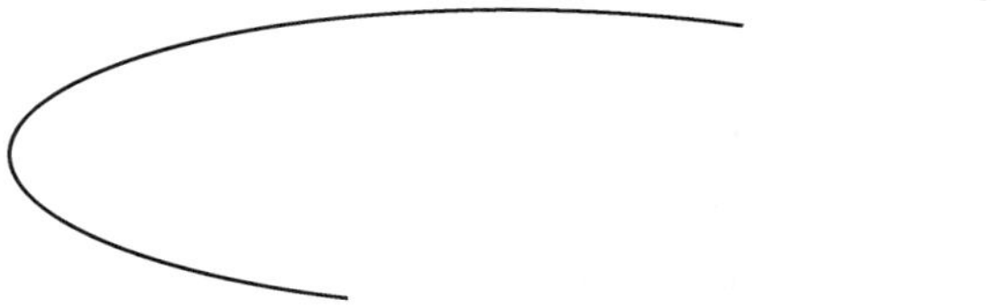

图 3－30　椭圆弧

（1）下拉菜单法：打开【绘图】\【椭圆】\【圆弧】菜单项。

（2）在命令行输入命令“ellipse”，然后按下【Enter】键。

（3）在【绘图】工具栏中选择【椭圆弧】按钮。

第三节 基本编辑命令

一、选择对象

1. 设置选择模式

提供两种对象编辑方法：一种是先发出命令，然后再选取要编辑的对象；另一种是先选取要编辑的对象，再选取相应的命令。

（1）选择模式：

①“先选择后执行”复选框。在默认状态下该项是选中的，但部分编辑命令不可以在该模式下使用，如图案填充、打断、倒角、等分、延伸、倒圆角等。

②用【shift】键添加到选择集。在默认状态下，未使用此选项。当选择该项时，在选择一系列对象时，必须先按下【shift】键，再选择，否则最后选择的对象将取代以前选择的对象。

③按住并拖动。默认下是关闭的。

（2）拾取框大小：控制拾取框的显示尺寸。

（3）夹点：在对象被选中后，其上将显示夹点，即一些小方块。

2. 对象的选择方法

（1）拾取单个对象：只需将拾取框放在需要选择的对象处，并单击鼠标左键，对象即被选中，并以虚线高亮度显示。

（2）窗口选择（W）：指定两个角点来定义此矩形区域。

如果使用 W 进行窗口选择，指定第一角点时，十字光标可以点在某个对象上，而不影响窗口的选择；直接使用拾取框进行窗口选择，那么指定第一角点时，拾取框必须在屏幕上的空白处点击，否则将会拾取单个对象。

（3）交叉窗口（C）：可以选取那些部分或完全位于窗口内、与窗口相交或者与窗口接触的对象（选定窗口内的对象和与窗口相交的对象均以虚线高亮度显示形式出现）。

（4）框选择（BOX）：包含窗口选择和交叉选择。

如果在第一角点的右边拾取第二角点，那么就采用窗口选择；如果在第一角点的左边拾取第二角点，则采用交叉窗口选择。也可直接进行框选择。

（5）全部选择（ALL）：选取当前视图中不在已锁定或已冻结层中的所有对象，而不需要在屏幕上进行任何拾取操作。

（6）栅栏选择（F）：与栅栏线相交的对象被选择。可以通过键入 U 来取消不合适的点。

（7）多边形窗口选择（Wpolygon）。

（8）多边形交叉窗口选择（Cpolygon）。

3. 修改选择集

（1）取消已选对象（Remove）：输入命令 R，用拾取框选择要删除的对象即可。

（2）添加选择对象（Add）：使用该命令可将系统由 Remove 模式转回到正常模式，从而可向选择集中添加对象。

（3）对象循环选择：在拾取时按下【Ctrl】键，每拾取一次，拾取框中的几个对象之一就会醒目显示，如果是所需要的，那松开【Ctrl】键，然后回车即可。

二、复制对象（Copy）

调用【复制】命令的方法有4种：

（1）在命令行输入命令“copy”（co 或 cp），然后按下【Enter】键。

（2）单击【修改】\【复制】菜单项。

（3）单击【修改】工具栏中的【复制】按钮，如图3-31所示。

（4）选择要复制的对象，然后在绘图区域单击鼠标右键，在弹出的快捷菜单中选择【复制选择】菜单项。

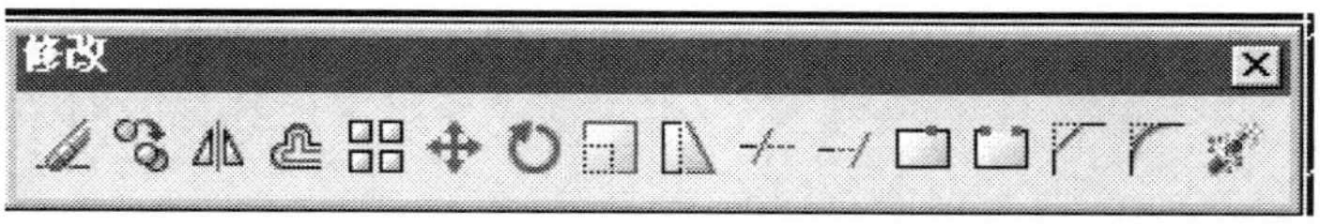

图3-31 【修改】工具栏

（一）单一复制

1. 位移法复制

输入的位移值由两个值所组成，中间用逗号隔开，可以用直角坐标或极坐标的方式来表示。

2. 指定位置法复制

通过指定的两个点来确定所复制出的对象相对于原来对象的方向和距离。

（二）多次复制

对所选择的对象进行多次复制。

命令提示行的提示为“指定基点或位移”，或者［重复（M）］：输入“M”回车。

（三）偏移（Offset）

被复制的新对象上的点与原对象上对应的点均保持相等的距离。

1. 调用【复制】命令的方法

（1）在命令行输入命令“offset”，然后按下【Enter】键。

（2）单击【修改】\【偏移】菜单项。

（3）单击【修改】工具栏中的【偏移】按钮。

2. 执行偏移命令的过程

（1）激活【偏移】命令。

（2）用鼠标指定偏移距离或输入一个偏移值。

（3）选择要偏移的对象，在要偏移的对象的一侧指定点。

（4）选择另一个偏移对象或结束命令。

（四）镜像（Mirror）

镜像可以简单地理解成照镜子，用所指定的两点定义的镜像轴线来创建对象的对称图形。一般用于对称图形的绘制，如图 3-32 所示。

调用【镜像】命令的方法有 3 种。

（1）下拉菜单法：打开【修改】\【镜像】菜单项。

（2）在命令行输入命令“mirror”，然后按下【Enter】键。

（3）单击【修改】工具栏中选择【镜像】按钮。

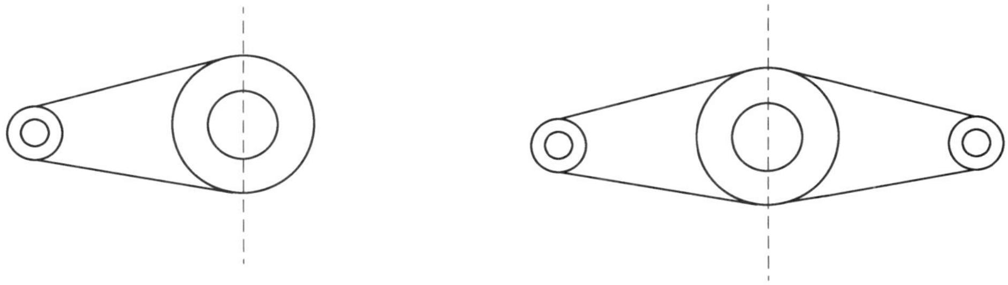

(a) 未镜像前的图形　　(b) 镜像且不删除源对象之后的图形

图 3-32　镜像前后的图形

注：如果被选中的对象含有文字，在默认状态下创建含有文字对象的镜像时，包括文字在内的对象仍然按照轴对称规则进行，但是文字并不被按对称规则反转或倒置。

若系统变量 MIRRTEXT 的值为 0，则文本作可读镜像；若值为 1，则文本作完全镜像，如图 3-33 所示。

(a) MIRRTEXT=0　　(b) MIRRTEXT=1

图 3-33　可读镜像与完全镜像

（五）阵列（Array）

将某一对象一次复制多个，并使其呈矩形或环形排列。使用阵列命令复制的新对象与原始对象具有相同的层、颜色和线形。

1. 调用【阵列】命令的方法

（1）下拉菜单法：打开【修改】\【阵列】菜单项。

（2）在命令行输入命令“array”，然后按下【Enter】键。

（3）单击【修改】工具栏中选择【阵列】按钮。

进行上述操作后，系统打开【阵列】对话框，如图 3-34 所示。

2.【阵列】对话框

（1）矩形阵列。按垂直和水平方向复制对象，也可以只在水平方向或垂直方向上复制，如图 3-35a 所示。

①所指定的行、列个数中包含了要复制的原对象。

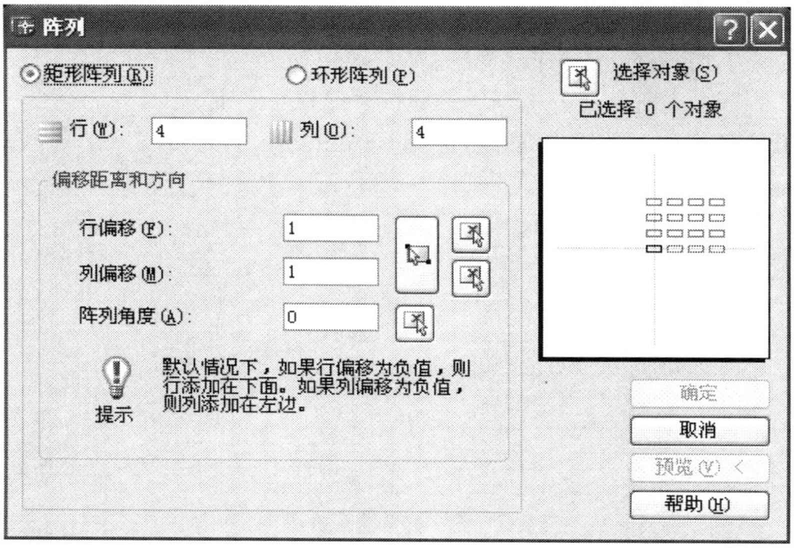

图 3－34　【阵列】对话框

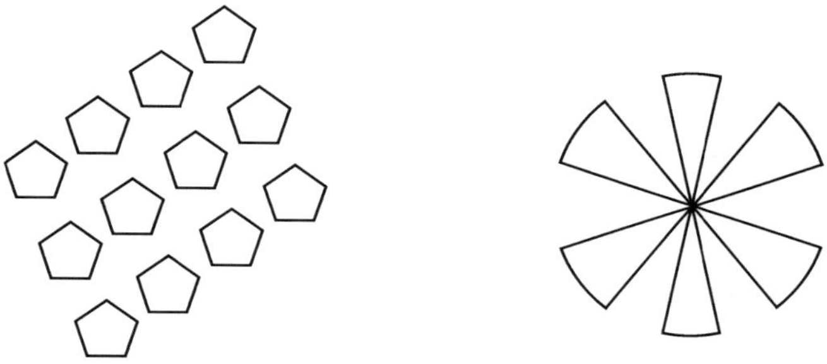

(a) 矩形阵列　　(b) 环形阵列

图 3－35　阵列类型

②行和列的间距并不是对象之间的距离，而是从对象中心到另一个对象中心的距离。

③指定行和列距离时，既可以在键盘输入，也可以在图上拾取一段距离，正值表示将对象向上和向右复制；负值表示向下和向左扩展。

（2）环形阵列。将对象围绕某个指定的中心点复制。复制的数目包含原对象。

三、移动对象

（一）移动对象（move）

可以将一个或多个对象按指定的方向和距离移动位置。

1. 调用【移动】命令的方法

（1）在命令行输入命令“move”，然后按下【Enter】键。

（2）单击【修改】\【移动】菜单项。

（3）单击【修改】工具栏中的【移动】按钮。

2. 执行移动命令的方法

（1）位移法。输入一个位移矢量，该位移矢量决定了被选取对象的移动距离和方向。

命令提示行提示为“指定基点或位移”，输入位移矢量（例如：100，50），如图 3－36 所示。

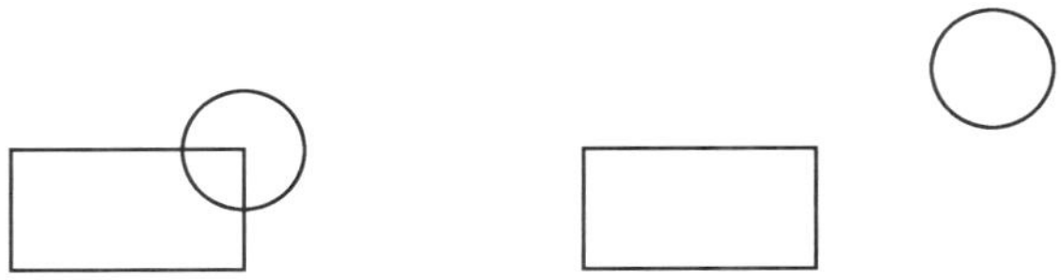

(a) 未移动之前　　(b) 移动位移 100，50后的图形

图 3－36　移动前后的图形

（2）指定位置法。通过指定两个点来确定被选取对象的移动方向和移动距离，通常将指定的第一个点称为基点。

（二）旋转对象（rotate）

将指定的对象围绕指定的点旋转指定的角度。

1. 调用【旋转】命令的方法

（1）在命令行输入命令“rotate”，然后按下【Enter】键。

（2）单击【修改】\【旋转】菜单项。

（3）单击【修改】工具栏中的【旋转】按钮。

2. 执行旋转命令的方法

（1）指定旋转角旋转对象。当确切知道对象相对于当前角度需要旋转的相对角度时，可以通过指定该旋转角旋转对象。当旋转角为正值时，使对象按逆时针方向旋转；反之按顺时针方向旋转，如图 3－37 所示。

(a) 原角度　　(b) 旋转后结果

图 3－37　旋转前后的图形

（2）通过拖动旋转对象。在屏幕上移动光标拾取合适的点，来确定旋转的角度。

（3）使用参照角旋转对象。指定需要旋转对象的起始角度和终止角度来进行旋转。

注：1. 起始角度和终止角度均是绝对值。

2. 也可以通过指定起始角方向上的两个点及终止角方向上的一个点来进行对象旋转。

四、调整对象大小

（一）修剪对象（trim）

绘图中经常需要修剪图形，将超出的部分去掉，以便使图形精确相交。

1. 调用【修剪】命令的方法

（1）在命令行输入命令“trim”，然后按下【Enter】键。

（2）单击【修改】\【修剪】菜单项。

（3）单击【修改】工具栏中的【修剪】按钮。

2. 修剪的分类

对于修剪操作，主要掌握两个要点：一是修剪边界的确定；二是被修剪的对象的确定。

（1）修剪相交对象。如图 3－38 所示。

（2）修剪到延伸交点。延伸交点是指两个对象虽然在图面上不相交，但如果将其中的一个或两个对象延伸则可以相交而得到的点。如图 3－39 所示。

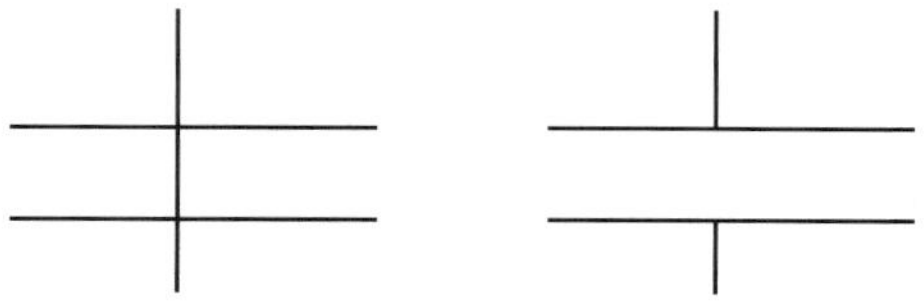

(a) 原图　(b) 修剪结果

图 3－38　修剪相交对象

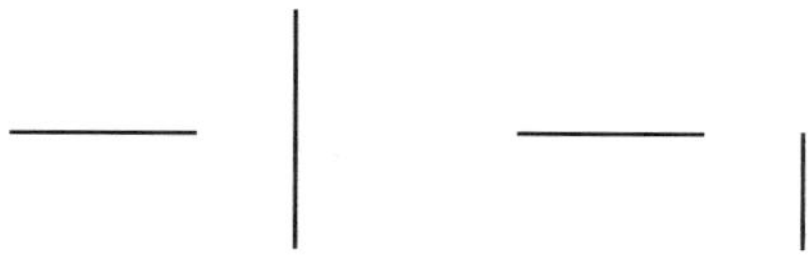

(a) 原图　(b) 修剪结果

图 3－39　修剪到延伸交点

（二）延伸对象（extend）

将某一对象延伸到指定的延伸边界处，可延伸的对象必须是有端点的对象，如直线、射线、多段线、圆弧等。

1. 调用【延伸】命令的方法

（1）在命令行输入命令“extend”，然后按下【Enter】键。

（2）单击【修改】\【延伸】菜单项。

（3）单击【修改】工具栏中的【延伸】按钮。

2. 延伸操作的类型

（1）一般对象的延伸，如图 3－40 所示。在大多数情况下，对于常用的延伸操作，只需通过鼠标确定延伸边界和被延伸对象后就可以进行延伸操作了。

（2）延伸到隐含边界，如图 3－41 所示。隐含边界与隐含交点相似。

（三）拉伸对象（stretch）

可以将所选的对象向指定的方向按指定的长度拉长或缩短如图 3－42 所示。调用【拉伸】命令时，有 3 种方法。

（1）在命令行输入命令“stretch”，然后按下【Enter】键。

（2）单击【修改】\【拉伸】菜单项。

（3）单击【修改】工具栏中的【拉伸】按钮。

项。

(a) 延伸前　　　　(b) 延伸后

图 3－40　一般对象的延伸

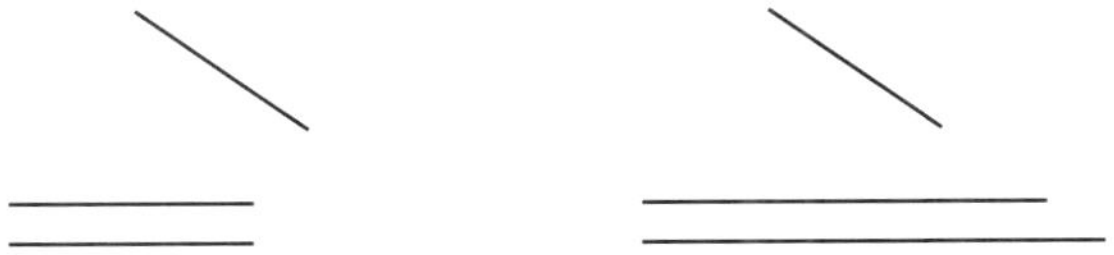

(a) 原图　　　　(b) 延伸后

图 3－41　延伸到隐含边界

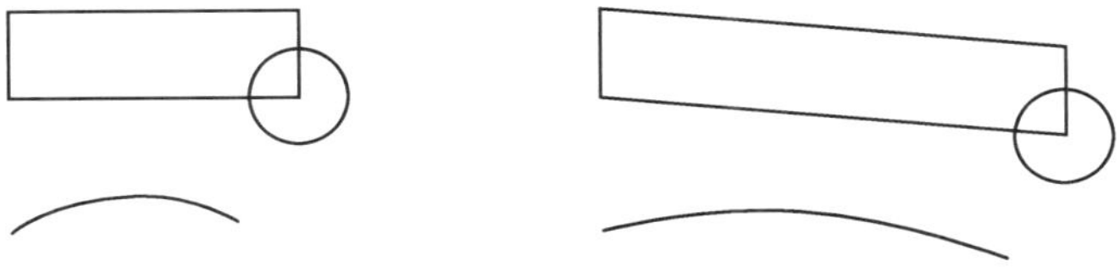

(a) 原图　　　　(b) 拉伸后

图 3－42　拉伸前后的图形

拉伸对象的选择方式只能是交叉窗口或是多边形交叉窗口。

五、比例缩放（scale）

将对象按一定的比例缩放，如图 3－43 所示。调用【缩放】命令的方法有 3 种。

（1）在命令行输入命令“scale”，然后按下【Enter】键。

（2）单击【修改】\【缩放】菜单项。

（3）单击【修改】工具栏中的【缩放】按钮。

比例缩放真正改变了图形的大小，与 zoom 命令不同。

(a) 原图　　　　(b) 比例缩放后

图 3－43　缩放前后的图形

六、对象边角处理

对于边角的处理主要有倒圆角和倒角两种。

1. 倒圆角（fillet）

通过一个指定半径的圆弧来光滑地连接两个对象。

（1）直线间倒圆角，如图3－44所示。

(a) 原图　　(b) 修剪模式结果

图3－44　直线间倒圆角

（2）圆、圆弧、直线之间进行倒圆角，如图3－45所示。

(a) 原图　　(b) 圆、圆弧、直线之间倒圆角结果

图3－45　圆、圆弧、直线之间倒圆角

（3）平行线之间倒圆角。在对平行线倒圆角时，所产生的圆弧直径为两条平行线之间的距离，此时，指定的当前圆角半径被忽略，如图3－46所示。

(a) 原图　　(b) 平行线之间倒圆角结果

图3－46　平行线之间倒圆角

2. 倒角（chamfer）

可以简单地理解成对两条直线在其交点处加上一条短的直线边，如图3－47所示。

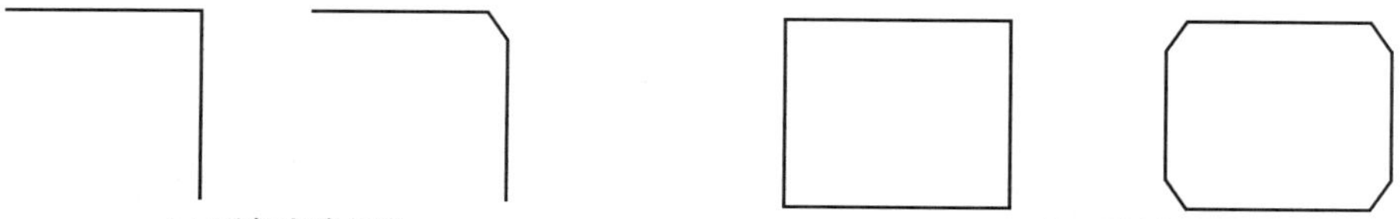

(a) 两条直线倒角　　(b) 矩形倒角

图3－47　倒角

七、对象的分解与删除

1. 分解对象（explode）

像多段线、块等对象都是一个整体，如果对其某一对象进行编辑，普通的编辑命令无法完成，将这些整体的对象分解，使之变成单独的对象就可以进行编辑修改了。

2. 打断对象（break）

可以将对象指定的两点间的部分删除，或将一个对象切断成两个具有同一端点的对象，如图3-48所示。

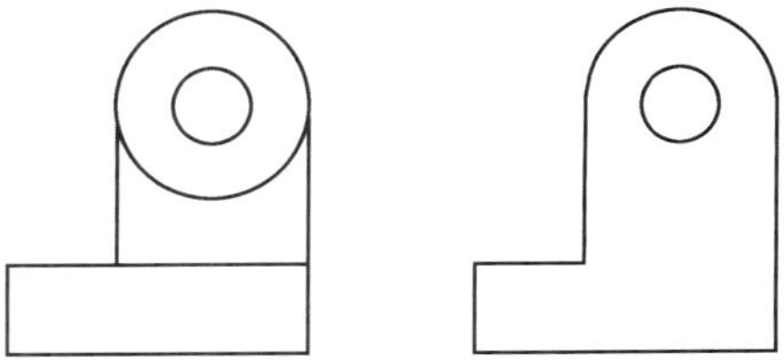

(a) 原图　　(b) 打断后

图3-48　打断对象

（1）在选择要切断的对象时，系统默认拾取点为第一断点。

（2）如果选择的第二个断点不在对象上，系统将在对象上选取与它距离最近的点作为新的第二个点。

（3）在指定第二断点时，如果与第一断点相同，则只将选择对象在断点处分成两段，而不删除任何部分。也可以输入相对坐标“@0，0”来指定它与第一断点相同。

（4）将圆打断时，系统会按逆时针方向删除两点间的圆弧段，将圆修剪为圆弧。

3. 合并对象（join）

调用【合并】命令的方法有3种：

（1）在命令行输入命令“join”，然后按下【Enter】键。

（2）单击【修改】\【合并】菜单项。

（3）单击【修改】工具栏中的【合并】按钮。

如图3-49所示为合并前后的图形。

合并圆弧及椭圆弧是要注意两段弧线必须在同一个圆上或椭圆上；合并直线时，两条直线必须在同一直线上，不能有夹角。

4. 夹点功能

夹点是一些实心的小方框，是一种编辑图形的方法。在启用夹点的情况下选定对象，所选对象的关键点上将出现夹点。单击夹点，该夹点就处于选中状态，如图3-50所示。单击鼠标右键，在弹出的快捷菜单中选择命令或利用鼠标和空格键就可以实现对象的快速拉伸、移动、旋转、缩放和镜像等操作。使用空格键可以在这些操作之间进行转换。

(a) 原图　　(b) 合并后

图3-49　合并对象

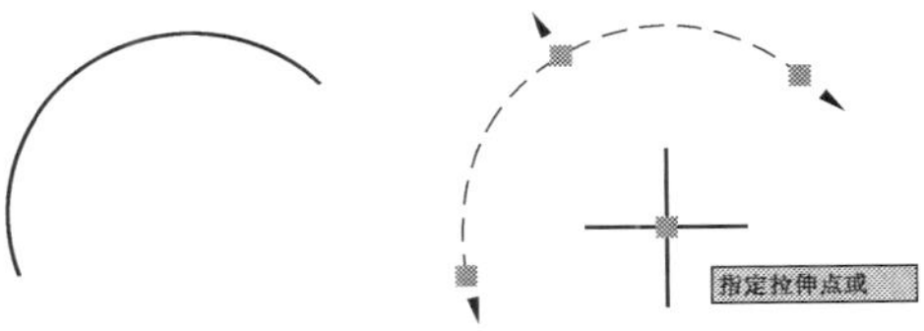

(a) 原图　　(b) 启用后

图3-50　启用夹点

5. 删除对象（erase）

选择要删除的对象，直接按删除键。

6. 撤销绘图命令（undo）

在绘图中难免会有错误的操作，使用undo可撤销其操作。

八、创建和编辑图案填充

1. 图案填充命令（bhatch）

激活图案填充命令后，弹出【图案填充和渐变色】对话框（图3－51）对图案进行填充。

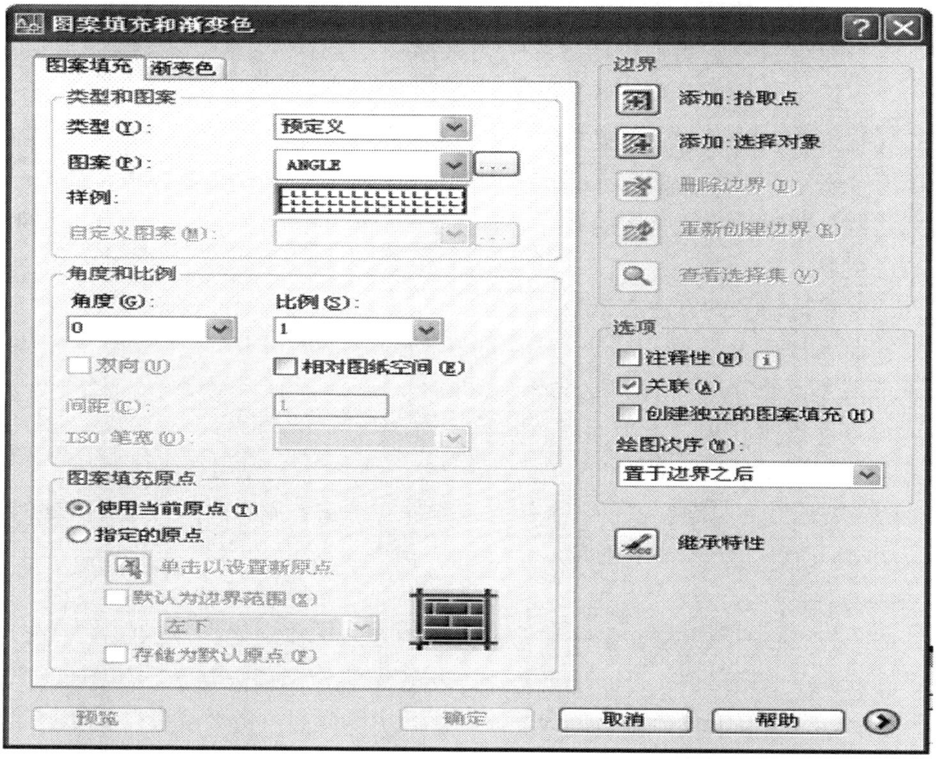

图3－51 【图案填充和渐变色】对话框

2. 孤岛检测

孤岛是指位于选定填充域内，但不进行图案填充的区域。在缺省情况下，系统可自动检测孤岛，并将其排除在图案填充区之外。

（1）【普通】样式为间隔填充。

（2）【外部】样式填充最外层区域。

（3）【忽略】样式将整个对象做一个区域填充。

3. 编辑填充图案

调用【图案填充编辑】对话框（图3－52）的方法有3种：

（1）在命令行输入命令“hatchedit”，然后按下【Enter】键。

（2）单击【修改】\【对象】\【图案填充】菜单项。

（3）双击要编辑的图案填充对象。

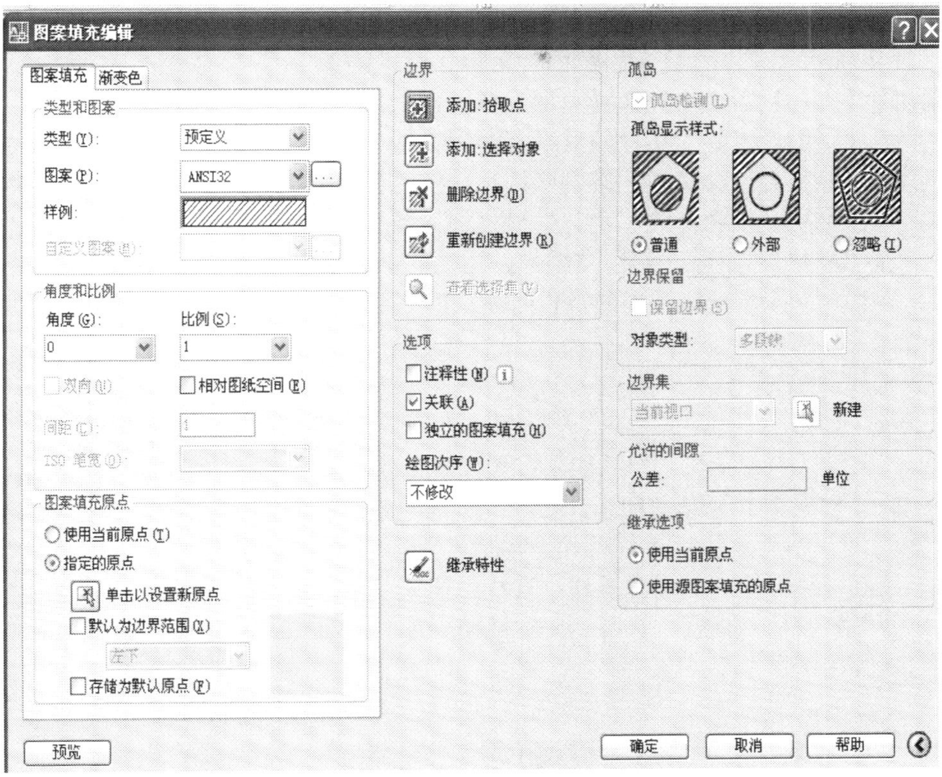

图 3－52 【图案填充编辑】对话框

第四节 辅助绘图工具

一、利用栅格、捕捉和正交辅助定位点

1. 栅格（Grid）

栅格是均匀的，是等间距地分布在图形界限之间的一系列有规则的虚拟点，是一种位置参考图标，有定位功能。

栅格间距不要太小，否则将导致图形模糊及屏幕重画太慢，甚至无法显示栅格；不一定限制使用正方的栅格，有时纵横比例不是 1∶1 的栅格可能更有用。

2. 捕捉（Snap）

捕捉模式用于限制十字光标，使其按照用户定义的间距移动。当捕捉模式打开时，光标似乎附着或捕捉到不可见的栅格。捕捉模式有助于使用箭头键或定点设备来精确地定位点。

1）捕捉类型

（1）栅格捕捉。光标只能在栅格方向上精确移动。

（2）极轴捕捉。光标可在极轴方向精确移动。

2）捕捉样式

指定“栅格捕捉”的样式为标准捕捉或等轴测捕捉。

3）打开捕捉模式并设置捕捉间距的步骤

（1）从【工具】菜单中选择【草图设置】。

（2）在【草图设置】对话框的【捕捉和栅格】选项卡上，选择“启用捕捉”。

（3）在“捕捉类型和样式”下，确认已选择“栅格捕捉”和“矩形捕捉”。

（4）在“捕捉类型和样式”中，选择“栅格捕捉”。

（5）在“栅格 X 间距”框中，以单位形式输入水平捕捉间距值。

（6）要指定和水平间距相同的垂直间距，请按【Enter】键。否则，请在“栅格 Y 间距”框中输入新距离。

（7）选择“确定”。

3. 正交

打开正交模式，意味着用户只能画水平或垂直线。

注：按【F8】键打开或关闭正交模式。

4. 利用【草图设置】对话框设置栅格和捕捉

可以使用【Ddrmodes】命令或通过选取下拉菜单【工具】\【草图设置】来显示对话框。可以利用该对话框查看、修改、显示栅格、捕捉、正交、极轴追踪和其他工作模式，如图 3－53 所示。

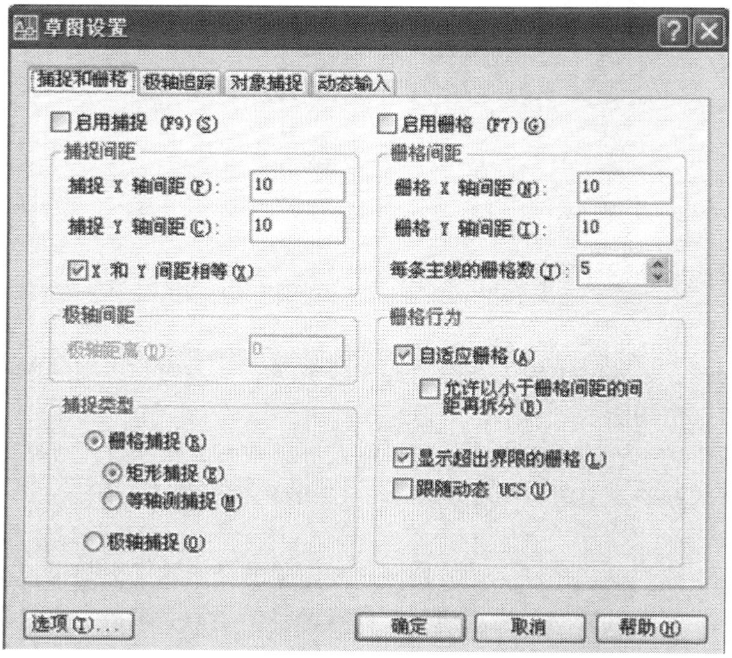

图 3－53 【草图设置】对话框

二、捕捉对象上的几何点

1. 对象捕捉概述

对象捕捉将指定点限制在现有对象的确切位置上，如中点或交点。使用对象捕捉可以迅速定位对象上的精确位置，而不必知道坐标或绘制构造线。

2. 设置对象捕捉点

选择【工具】\【草图设置】对话框里的【对象捕捉】选项卡。

启用【对象捕捉】的方法：

（1）单击状态栏中的【对象捕捉】。

（2）在工具栏上右击鼠标，可以弹出一个屏幕菜单，显示出所有工具栏的列表，选择【对象捕捉】，则显示出【对象捕捉】工具栏，如图3－54所示。

图3－54 【对象捕捉】工具栏

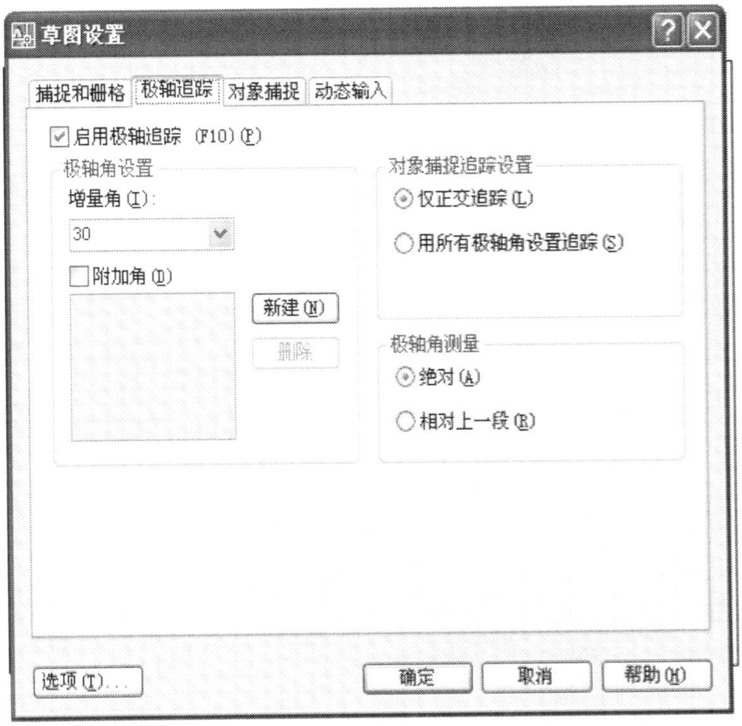

图3－55 【极轴追踪】选项卡

（3）按住【Shift】键，同时右击鼠标，弹出一个屏幕快捷菜单，然后选择需要的捕捉点。

三、对象追踪

在执行绘图命令时会在绘图区显示一条临时辅助线帮助绘制图形。

1. 极轴追踪

使用极轴追踪可以在执行绘图或修改命令时，按指定的极轴角度和极轴距离选取点。

右击状态栏的【极轴】按钮，在弹出的快捷菜单中选择【设置】菜单项，打开【草图设置】对话框，切换到【极轴追踪】选项卡，如图3－55所示。在各个组合框中设置，完成后单击【确定】按钮。

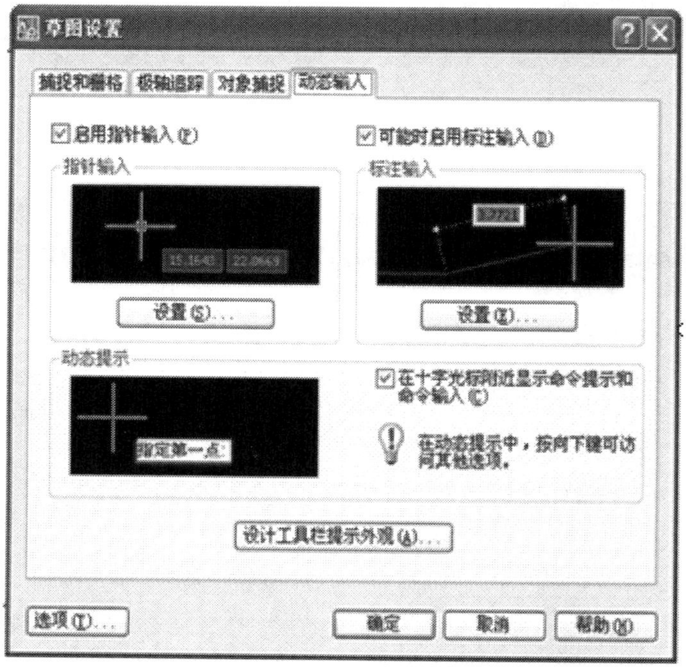

图3－56 【动态输入】对话框

2. 对象捕捉追踪

对象捕捉追踪可以产生基于对象捕捉点的辅助线，沿着对象捕捉点的追逐路径进行追踪。使用时，系统会自动地捕捉到对象捕捉中的特殊点进行追踪。

四、动态输入

使用【动态输入】功能可以直接动态地在绘图区域输入将绘图形的各种参数。

调用【动态输入】命令的方法有3种：

（1）在命令行输入命令“dsettings”，然后按下【Enter】键。

（2）单击【工具】\【草图设置】菜单项。

（3）在状态栏辅助功能任一按钮上单击鼠标右键，在弹出的快捷菜单中选择【设置】菜单项。

进行上述操作后，打开【草图设置】对话框，切换到【动态输入】选项卡，如图3－56所示。

五、属性查询

在AutoCAD中提供图形对象的属性计算和查询功能，如距离、面积、周长、点坐标等，不包括文字信息、系统时间等。

选择【工具】\【查询】或【查询】工具栏，如图3－57所示。

图3－57　【查询】对话框

第五节　线型、线宽、颜色和图层

一、线型（linetype）

【线型管理器】对话框如图3－58所示。

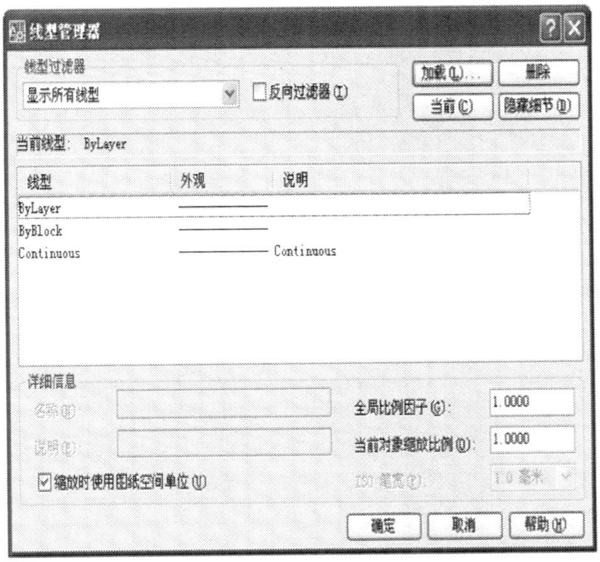

图3－58　【线型管理器】对话框

1. 加载线型

（1）线型过滤器主要用于加载用户设定过滤条件的线型，并显示在列表框中。

（2）【加载】按钮。当用户需要使用列表框之外的线型时，可加载新的线型。

（3）【当前】按钮。用来将列表框中选中的线型设置为当前线型。

2. 线型比例

系统除提供实线线型之外，还提供了大量的非连续线型，且受图形尺寸的影响。

（1）改变全局线型比例因子（Ltscale）。影响所有已存在的对象及以后要绘制的新对象。

（2）改变特定对象线型比例因子（Celtscale）。用户对不同的对象可以使用不同的线型比例因子。

（3）修改已有对象的线型比例因子（Change）。选择该对象后，在命令行修改该变量。

二、线宽（lweight）

【线宽设置】对话框如图 3－59 所示。

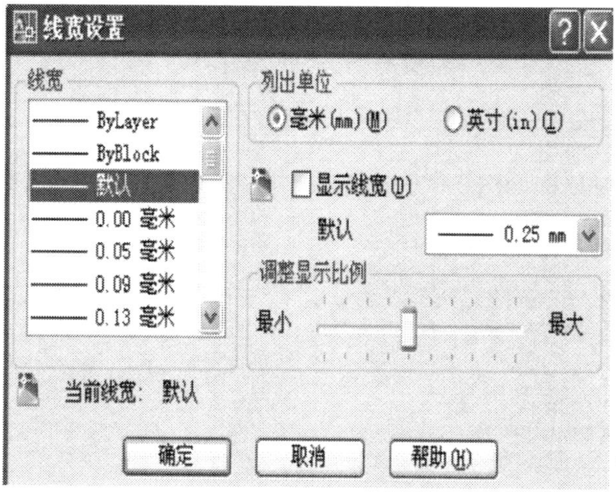

图 3－59　【线宽设置】对话框

（1）“列出单位”。“列出单位”用来设置线宽的单位，有“毫米（mm）”和“英寸（in）”两种单位可供选择。

（2）“显示线宽”。“显示线宽”用来设置是否按照实际线宽来显示图形。

（3）“调整显示比例”。通过滑块来调整线宽设置的显示比例。

三、颜色（colour）

颜色可用来区分各种不同图形对象的类别，在同一个图形中，不同的图形对象可以有不同的颜色。【选择颜色】对话框如图 3－60 所示。

四、图层及其管理

与手工绘图有所不同，在 AutoCAD 中引入了图层的概念，这也是用 AutoCAD 代替手工绘图的优点之一。

可以这样简单地理解图层：每一个图层是一张透明的图纸，如将图框放置在某一个图层上，将外形图放置在某个图层上，将尺寸标注放置在另一个图层上，然后将这些不同的图层重叠在一块就成为一张完整的图纸。

1. 图层的创建与使用

当用户开始使用软件时，它会自动建立一个图层，该图层命名为 0，默认状态下 0 图层的线型为连续线，颜色为白色。

可用以下两种方法创建和使用图层。

（1）在状态栏处右击鼠标，选择【图层】和【对象特性】，如图 3－61 所示。

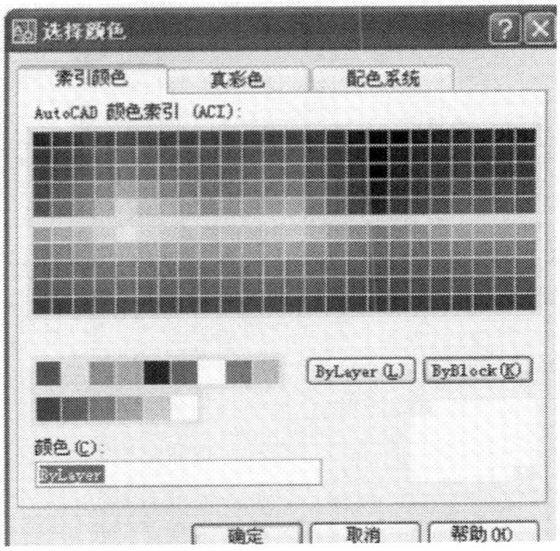

图 3－60　【选择颜色】对话框

图 3－61　【图层】和【对象特性】工具栏

（2）选择【格式】\【图层】菜单项，打开【图层特性管理器】对话框，如图 3－62 所示。

“打开/关闭”：当图层打开时，该图层可见并可在其上面画图；对于关闭的图层，位于该图层上的内容不可见，但仍可定义为当前图层，也可在该图层绘制新对象。

“冻结/解冻”：冻结的图层不可见且不能在其上绘制对象或修改原有的对象，对已解冻的图层不能定义为当前层。

“锁定/解锁”：通常情况下，图层是解锁的。如果锁定了某个图层，用户将不能在该图层上编辑已有对象，但仍可以将该层定义为当前层，在该层上的对象仍可看到，并能在该层上绘制新的对象，也能捕捉到原有的对象。

2. 选取图层组

当用户制作的图形中具有大量的图层时，用户可以使用“图层特性管理器”中的“命名图层过滤器”。如果要命名图层过滤器，可单击“命名图层过滤器”右侧的过滤器选项按钮，如图 3－63 所示。

在其下方提供了过滤图层的多种方式：

（1）通过状态来过滤图层。可通过图层的开/关、冻结/解冻等状态来过滤。

（2）用图层名来过滤图层。可以使有共同特征的层名显示在图层列表框中。

（3）通过颜色和线型过滤图层。

（4）过滤器通配符。可以使用通配符“?”、“＊”。

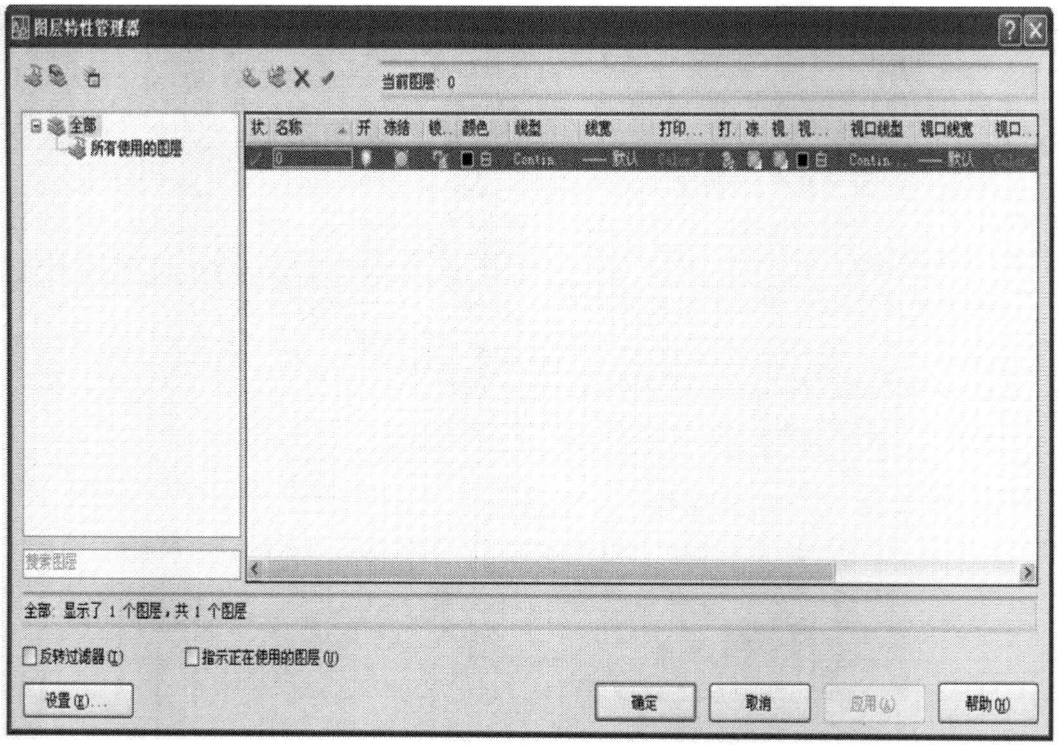

图 3－62　【图层特性管理器】对话框

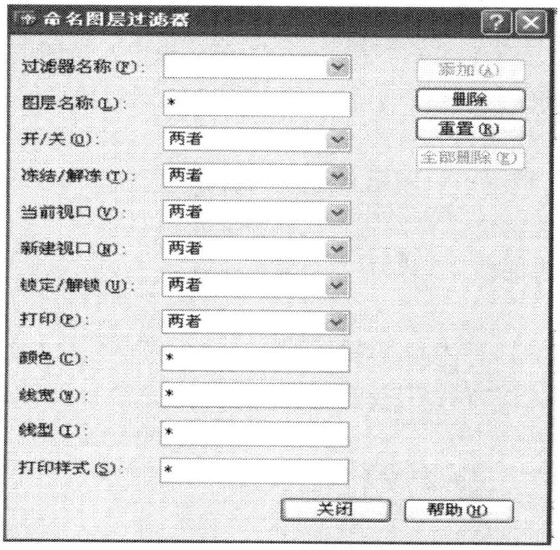

图 3－63　【命名图层过滤器】对话框

第六节 块和外部参照

一、块的基本操作

块是由多个不相同的对象组合起来所形成的单个对象。使用块可以提高绘图效率，可以利用块来建立常用的符号、部件、标准件的标准库，然后将同样的块多次插入到图形中，并可按不同的比例来调用块。

1. 定义块（Block）

选择【绘图】\【块】\【创建】，如图 3－64 所示。

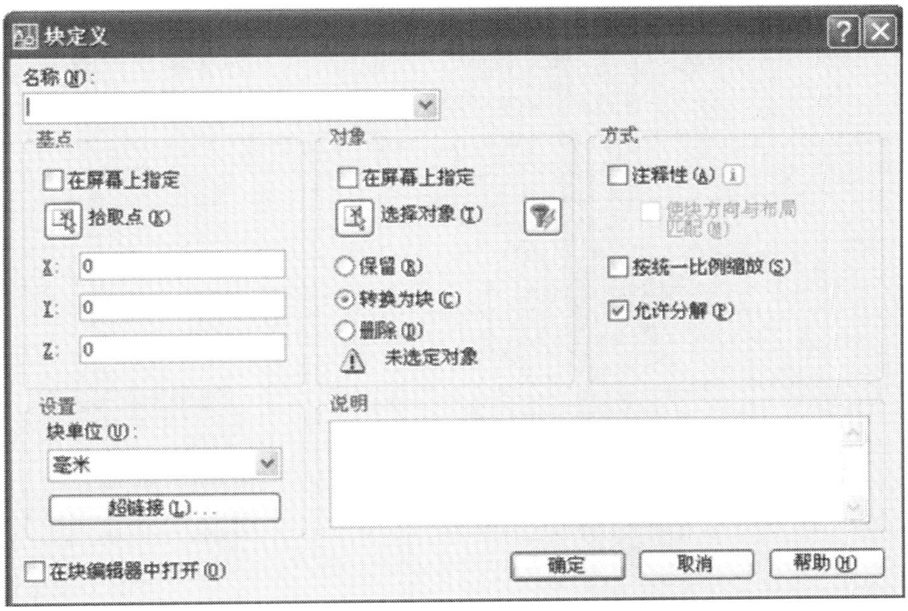

图 3－64 【块定义】对话框

1）“基点”

“基点”用于设置块的插入基点。一般取图形的中心点。

2）“对象”

“基点”用于设置组成块的图形对象，可以连续选择组成块的对象。

（1）“保留”用来设置创建块后在绘图区上保留创建块的各个对象。

（2）“转换为块”用来设置将创建块的各个对象保留下来，并将它们转换成块。

（3）“删除”用来设置创建块后，删除用于创建块的各个对象。

3）“预览图标”

选择前者则不显示预览图标；选择后者，将在右边显示块的缩略图。

2. 保存块（Wblock）

（1）“源”用来指定组成图块的图形对象。

（2）“块”用来设置将已创建的块保存为文件。

（3）“整个图形”用来将当前图形的全部对象作为块保存到文件。

（4）“对象”。点击这个按钮，其下方的“基点”栏和“对象”栏则变为可用。可以通过这两栏单独选择对象作为块的组成部分保存到文件。

【写块】对话框如图 3-65 所示。

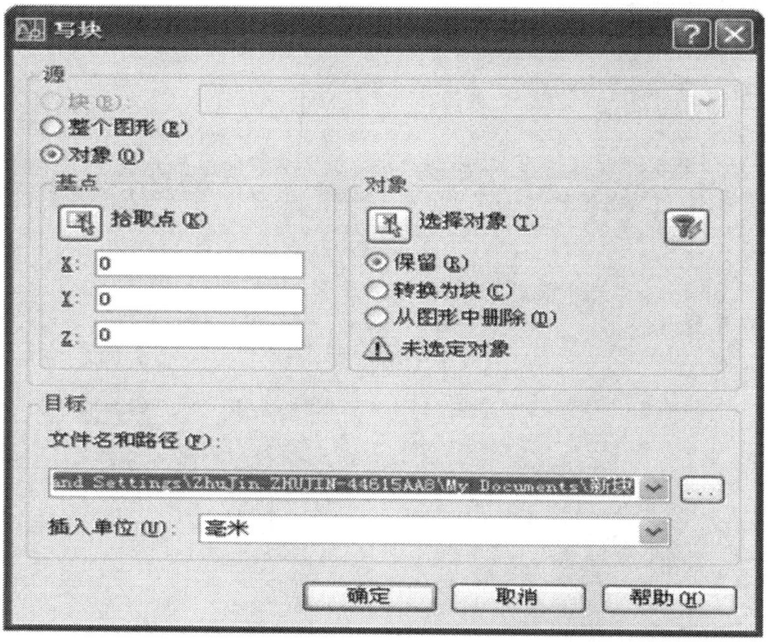

图 3-65 【写块】对话框

3. 插入块（Insert）

将已定义好的块插入图形中。【插入】对话框如图 3-66 所示。

（1）“缩放比例”用来设置块的插入比例。如果选择“统一比例”，那么此时 X、Y、Z 3 个方向上的比例值相同。

（2）“旋转”用来指定块插入时的旋转角度。如果选择“在屏幕上指定”，则可手工旋转来确定角度。

（3）“分解”用来设置在块插入后是否将该块分解成组成它的各个对象。

二、块的结构及其编辑

1. 块的结构

（1）“随层”（Bylayer）。如果颜色和线型设置为“随层”，当被插入块的图中有同名层时，块中各对象的颜色和线型均被图中同名层的颜色和线型所代替；如果被插入块的图

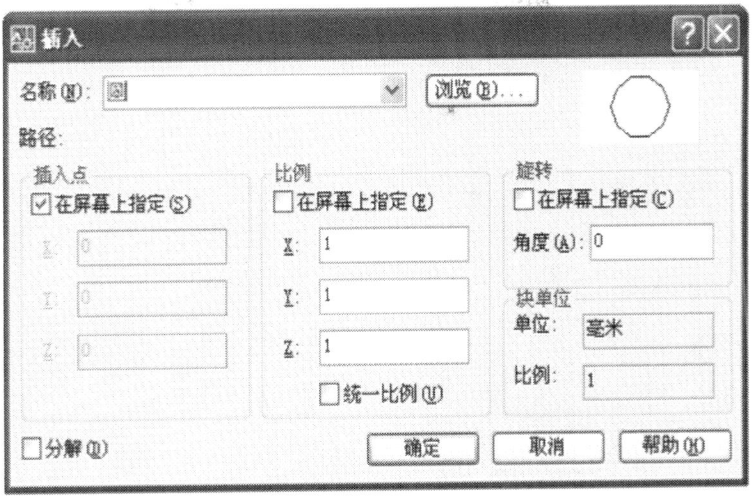

图 3-66 【插入】对话框

中没有同名层，则不管当前层设置如何，块的颜色和线型总是保持原层的设置，并为当前图形新增相应层。

(2)“随块”(Byblock)。如果块中对象颜色和线型特性被设置为“随块”，则这些对象在它们被插入前没有确定的颜色线型，插入后如果当前层中没有同名层，则块中对象的颜色和线型均采用当前层的颜色和线型。

(3)“线型”(Linetype) 和“颜色”(Color)。如果不想让块的线型和颜色随着插入而改变，可以使用“线型”和“颜色”两个命令定义。

(4) 0 图层上的块的特殊性：0 图层上的块无论被插入到哪一层，其颜色和线型特性都不改变。

2. 块的编辑

(1) 可以直接使用的命令：删除、复制、移动、旋转、缩放、镜像、阵列、分解等。

(2) 不能使用的命令：修剪、延伸、偏移、拉伸、打断、圆角、倒角、拉长等命令。

三、块的属性

1. 块属性的定义

【块属性定义】对话框如图 3-67 所示。

(1) 标记。每一个属性定义都含有一个标记，主要用来描述文字大小、方式和旋转角度。

(2) 提示。在插入带有属性的块时，当属性值不为常量或未被定义时，提示用户输入属性值的文字。

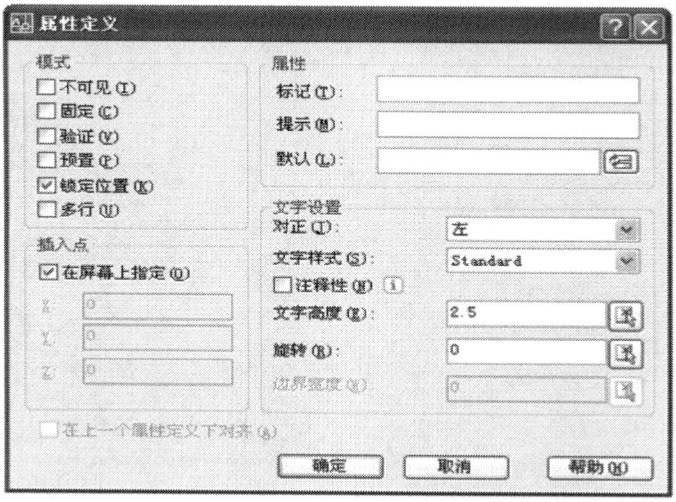

图 3－67 【块属性定义】对话框

（3）属性值。包含该属性的块被插入到图形中的时候在屏幕上显示出来的那部分文字。

2. 块属性定义的修改

只能在创建块之前进行修改标记、提示、属性值。

3. 块属性管理器（图 3－68）

（1）“编辑”可以修改默认属性值，还可以修改标记、提示、除“固定”之外的属性模式。

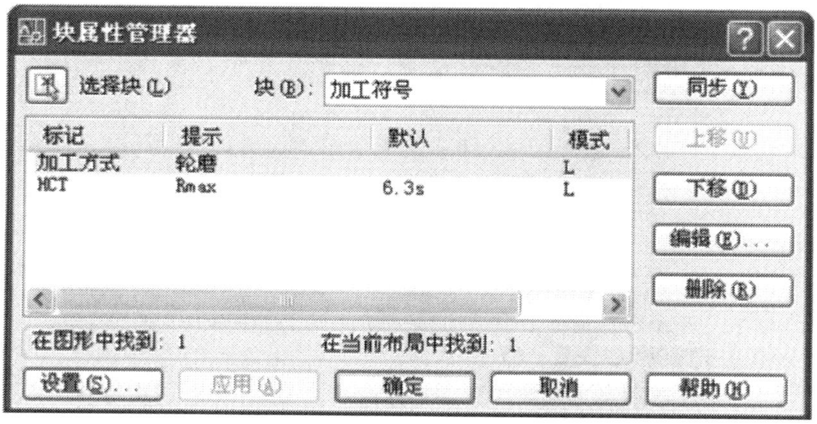

图 3－68 【块属性管理器】对话框

（2）“同步”用来设置将块与属性的变化同步。

（3）“设置”：【块属性设置】对话框如图 3－69 所示。

①在列表中显示了块属性的各种特性。除了“标记”必选外，其他项为自由选项。

②“将修改应用到现有参照”。选择“将修改应用到现有参照”将会在属性改变的同时更新整个块；反之，只有当块增加了新的元素时使这些新元素与改变后的属性相同，而不会更新整个块。默认状态下是选中的。

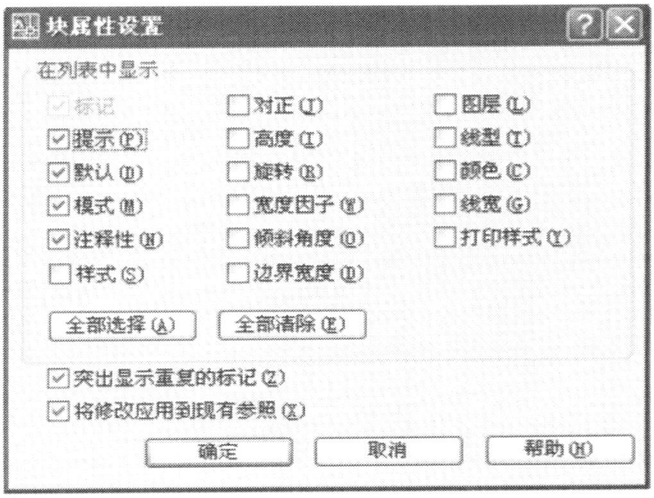

图 3－69　【块属性设置】对话框

四、外部参照

系统可以将一个图形和另一个图形结合起来提高效率，通常有两种方法：块和外部参照。块的特点是作为当前图形的一部分插入到图形中，而外部参照是把图形链接到当前图形中，而它自身不会成为当前图形的一部分。

1. 选择外部参照（Xattach）

选择一个文件作为参照文件后，出现【外部参照】对话框，如图 3－70 所示。

（1）“参照类型”用来设置外部参照的类型。

“附着型”在嵌套参照中是显示出来的，而“覆盖型”在嵌套参照中不显示。

（2）“比例”用来设置参照图形的插入比例。

2. 外部参照管理器（Xref）

【外部参照管理器】对话框如图 3－71 所示。

（1）“附着”可以理解成是外部参照的嵌套。

（2）要从图形中彻底删除 DWG 参照（外部参照），需要拆离它们而不是删除。

（3）把外部参照绑定到图形上可使外部参照成为图形中的固有部分，不再是外部参照文件。

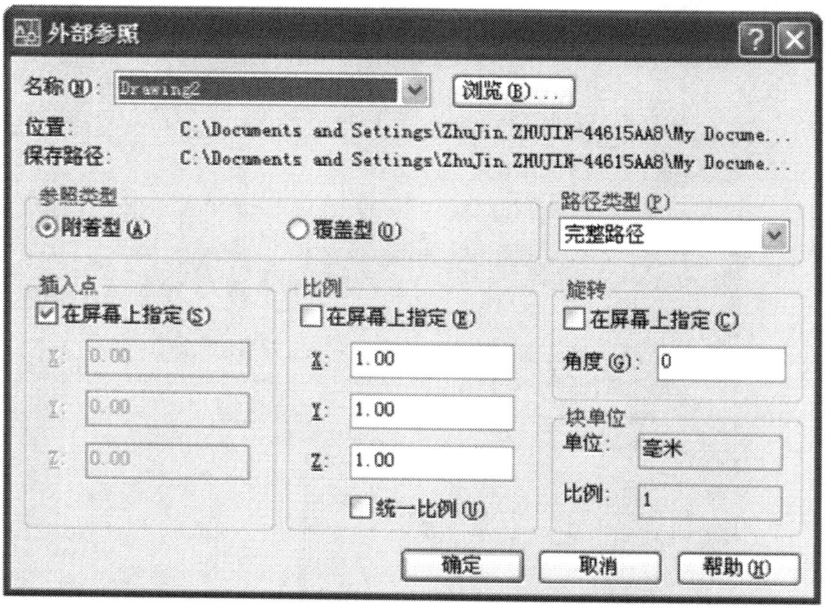

图 3－70 【外部参照】对话框

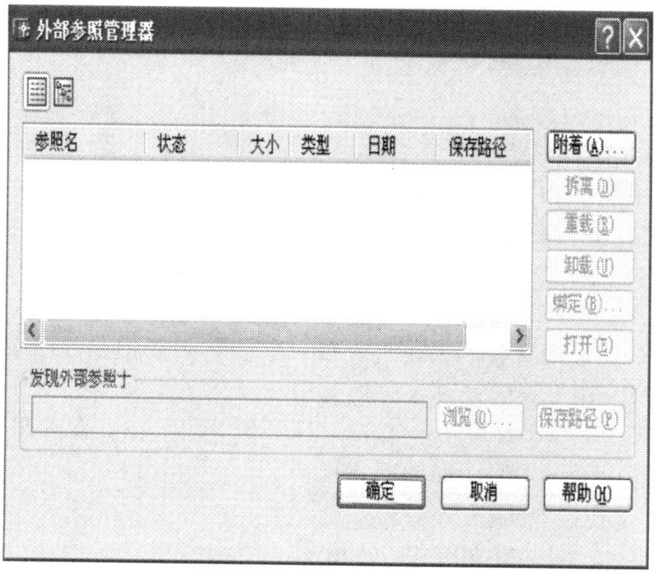

图 3－71 【外部参照管理器】对话框

第七节　文字注释与尺寸标注

一、创建和编辑文字样式

【文字样式】对话框如图 3－72 所示。

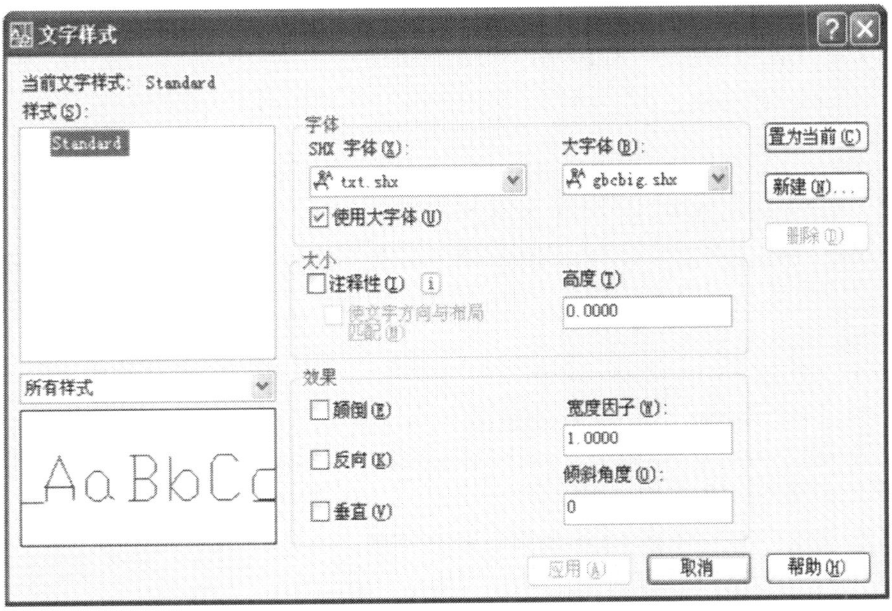

图 3－72　【文字样式】对话框

(1) 使用“大字体”复选框：用于选择大字体文件。
(2)“效果”：
①“颠倒”用来将字体颠倒过来。
②“反向”用来将字符串倒序排列。
③“垂直”用来将字符串按照从上到下的格式排列。
④“宽度比例”用来决定字符的宽度。
⑤“倾斜角度”用来决定字符串的倾斜程度。

二、文字的输入与编辑

1. 单行文字的输入

输入命令“Text”，在命令提示栏显示，如图 3－73 所示。

1)“指定文字起点”

用于确定文字行基线的起始位置（即基线左点）。

命令: text
当前文字样式: Standard 当前文字高度: 20.0000
指定文字的起点或 [对正(J)/样式(S)]:

图 3－73　单行输入文字

2）“对正”

用于确定所标注文字的各种排列方式。

（1）对齐（A）：确定所标注的文字行基线的第一个端点和第二个端点。标注文字均匀地分布在指定的两个点之间，且字符高度和宽度由所指定的两个点之间的距离和字符的多少决定。

（2）调整（F）：确定起点和终点位置，字符高度为用户指定的值，字符的宽度由所指定的两个点之间的距离与字符的多少决定。

（3）中心（C）：指定一个点，把该点作为所标注文字行的中点。

3）“样式”

可以确定或更改文字样式。

4）单行文字输入的几点说明

（1）常用的控制码：①%%o，控制是否加上划线；②%%u：控制是否加下划线；③%%d：绘制度符号（°）；④%%p：绘制正/负公差符号（±）；⑤%%c：绘制圆直径标注符号（）；⑥%%%：绘制百分号（%）。

（2）标注完一行后，如果再执行单行输入命令，上一次标注的文字会以高亮度的方式显示，此时若在“指定文字起始点或【对正】/【样式】”的提示下直接回车，那么系统会根据上一行文字的排列方式另起一行进行标注。

（3）Text 命令也可输入若干行文字。当输入完一行字后，直接回车，提示行会再次出现“输入文字”。

（4）标注文字时，不论采用哪种文字排列方式，最初屏幕上的文字都是临时按左对齐的方式排列，结束命令后，会按指定的排列方式重新生成。

2. 多行文字的输入（图 3－74）

指定第一角点:
指定对角点或 [高度(H)/对正(J)/行距(L)/旋转(R)/样式(S)/宽度(W)]

图 3－74　多行输入文字

1）“指定对角点”

指定对角点后，会以这两个指定点为顶点形成一个矩形区域。第一点作为文字行的起始点。

2）行距

（1）最小间距是指自动根据行中的最高字符调整行的间距。

（2）精确是指对于所有的行都采用相同的指定的行间距。

三、表格的创建与编辑

表格是在行和列中包含数据的对象，可以利用表格工具做一些简单的系统分析。

1. 创建表格样式

创建表格对象时，首先要创建一个空表格，然后在表格的单元格中添加内容。在创建空表格之前要进行表格样式的设置。

激活表格样式命令的方法如下，如图 3－75 所示。

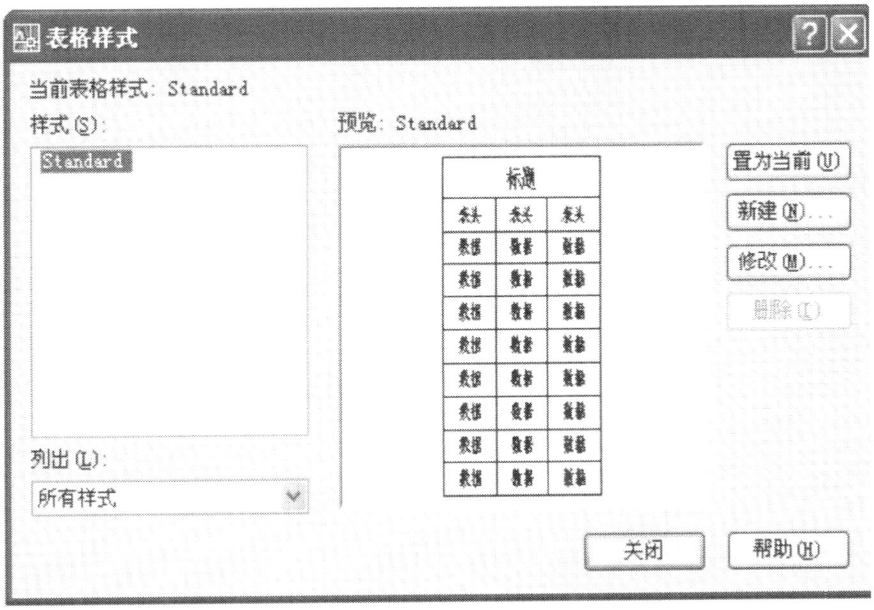

图 3－75 【表格样式】对话框

选择【样式】工具栏\【表格样式】按钮；

命令行：tablestyle（ts），然后按下回车键。

2. 插入表格

激活表格命令的方式如图 3－76 所示。

选择【绘图】工具栏\ 【表格】按钮；

命令行：table，然后按下回车键。

3. 编辑表格

编辑表格可设置单元格的高度和宽度，也可以合并和拆分单元格。

利用【特性】选项板对表格进行编辑，如图 3－77 所示。

四、字段的使用

字段可以理解为可以自动更新的文字。调用字段的方法如下：

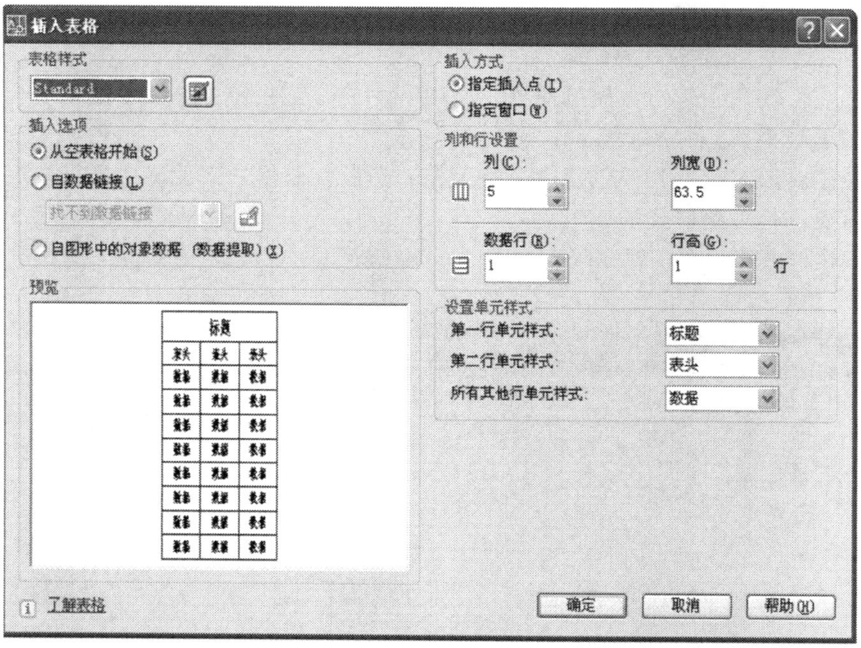

图 3－76　【插入表格】对话框

在编辑文字或表格单元的右键菜单中选择【插入字段】。

命令行：field，然后按下回车键。

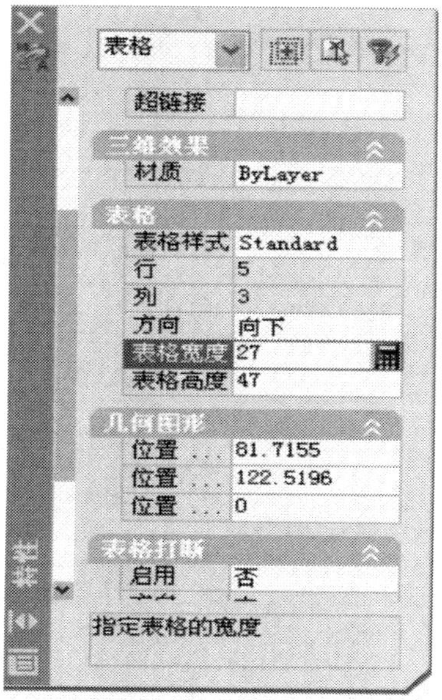

图 3－77　特性对话框

五、尺寸标注

1. 尺寸标注要素

尺寸标注要素如图 3－78 所示。

（1）尺寸界线共有两条，其作用是指明所量尺寸的起点和终点。

（2）尺寸线仅 1 条，其作用是指明尺寸文字的标注位置。

（3）尺寸箭头共有 2 个，位于尺寸线的两端且与尺寸界线相交。

（4）尺寸文字的作用是表示出尺寸的大小或标注其他的说明性文字。

进行尺寸标注的方法有两种：一是【标注】菜单；二是使用【标注】工具栏，如图 3－79 所示。

2. 尺寸标注类型

（1）线性标注可以简单地理解成标注出两点之间的水平尺寸或者垂直尺寸，如图 3－80 所示。

(2) 对齐标注可以简单地理解成标注出两点之间的直线尺寸，如图 3－81 所示。

(3) 半径标注标注出圆或圆弧的半径，如图 3－82 所示。

(4) 直径标注标注出圆或者圆弧的直径，如图 3－83 所示。

注：圆或圆弧的直径是系统自动测量出来的，如果要使尺寸标注上的文字为另外的值或其他文字，则在命令提示为“指定尺寸线位置或【多行文字（M）】\【文字（T）】\【角度（A）】]”时，选择【文字（T）】回车。

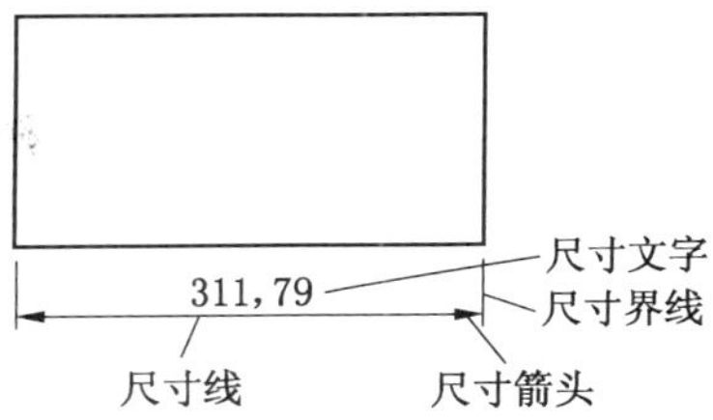

图 3－78　尺寸标注要素

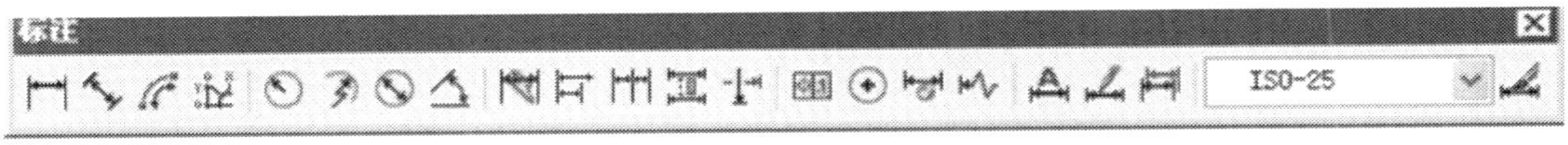

图 3－79　【标注】工具栏

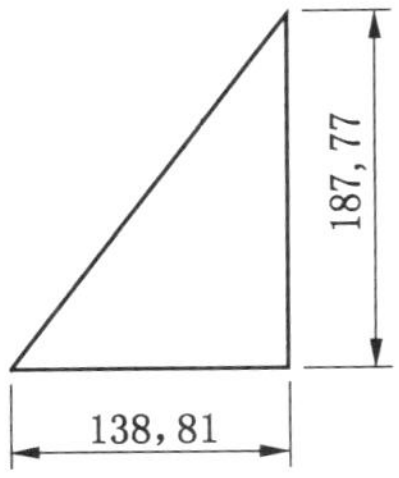

图 3－80　线性标注

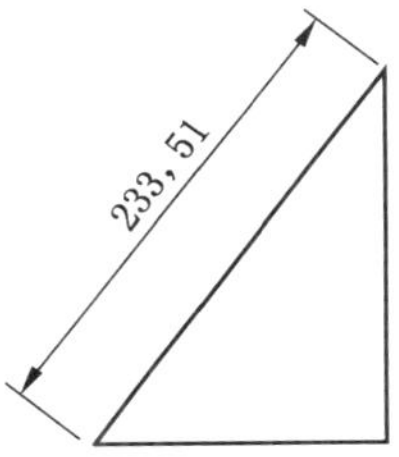

图 3－81　对齐标注

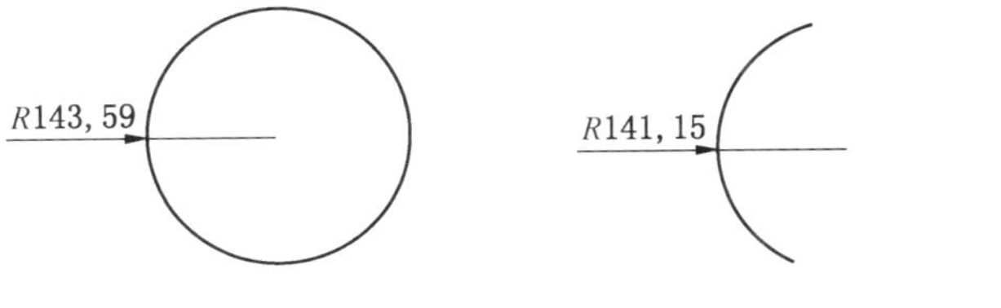

(a) 标注完半径后的圆　　(b) 标注完半径后的圆弧

图 3－82　半径标注

(5) 角度标注。测量并标注圆弧的角度、两条直线间的角度或者是三点间的角度，如图 3－84 所示。

(6) 弧长标注可以标注出圆弧沿着弧线方向的长度而不是弦长，如图 3－85 所示。

(7) 折弯标注。折弯是由于实际测量值的尺寸过大而作的简略表示方式。折弯标注分为折弯半径标注和折弯线性标注，如图 3－86 所示。

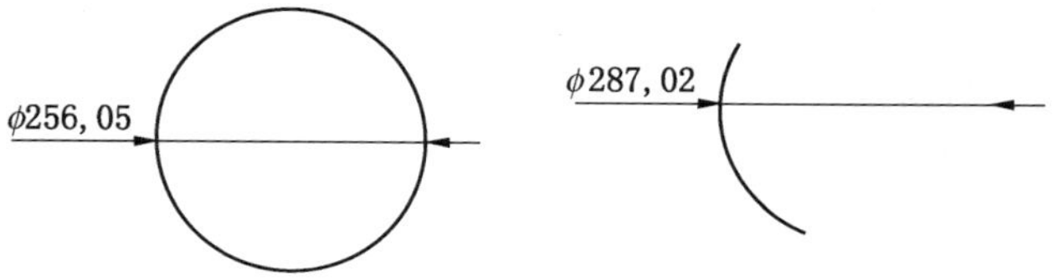

(a) 标注完直径后的圆　　(b) 标注完直径后的圆弧

图 3－83　直径标注

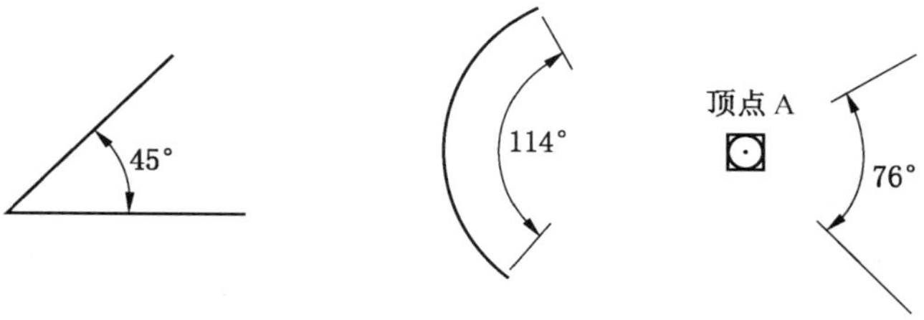

(a) 两条直线间的角度标注　(b) 圆弧的角度标注　(c) 三点间的角度标注

图 3－84　角度标注

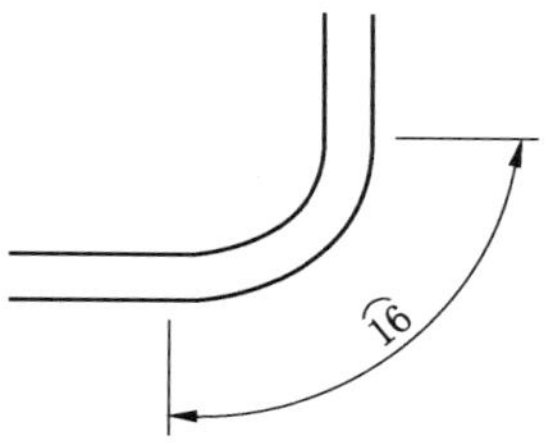

图 3－85　弧长标注

（8）基线标注是绘制基于同一条尺寸界线的一系列相关尺寸标注，如图 3－87 所示。

基线标注不但适用于线性尺寸，也同样适用于角度标注，如图 3－88 所示。

（9）连续标注。连续标注与基线标注相类似，不同的是基线标注是基于同一个标注起始点来标注，而连续标注则是将尺寸的第二个尺寸界线作为下一个标注的起始点。连续标注不但适用于线性标注，也同样适用于角度标注，如图 3－89、图 3－90 所示。

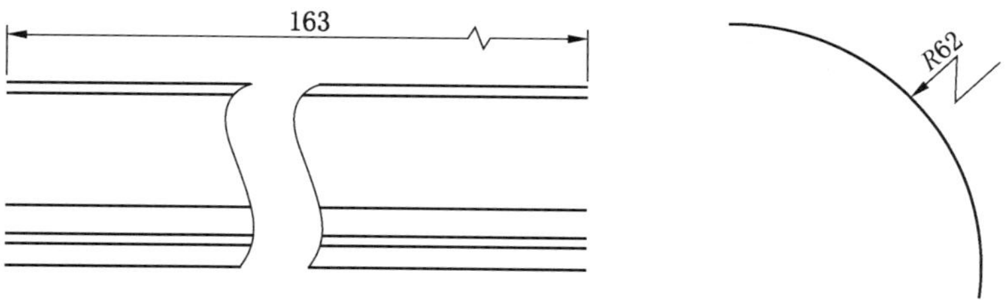

(a) 折弯线性标注　　(b) 折弯半径标注

图 3－86　折弯标注

（10）快速标注。使用【快速标注】命令可以一次标注多个对象，如图 3－91 所示。

（11）多重引线标注（leader）用引线来标注倒角、装配图的零件编号或是一些文字注释，如图 3－92 至图 3－94 所示。

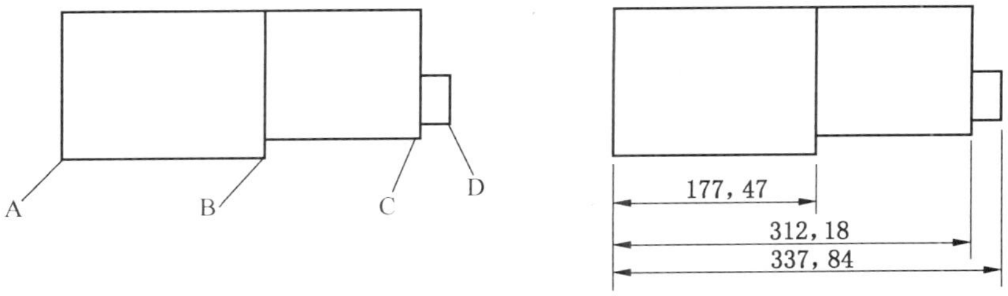

(a) 未标注前的图形　　(b) 标注好所有尺寸后的图形

图 3－87　基线标注

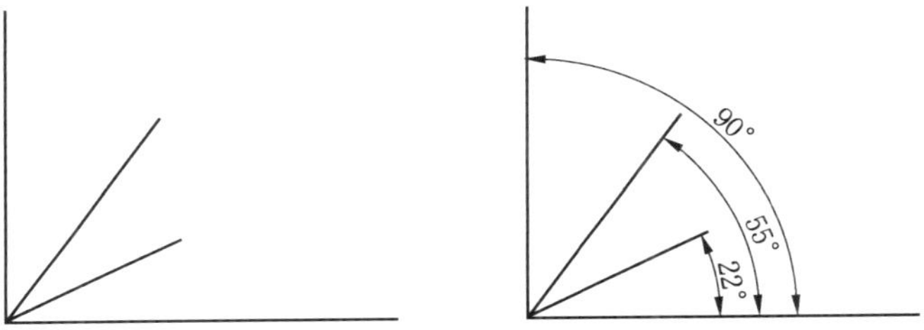

(a) 未标注前的图形　　(b) 标注好尺寸后的图形

图 3－88　角度的基线标注

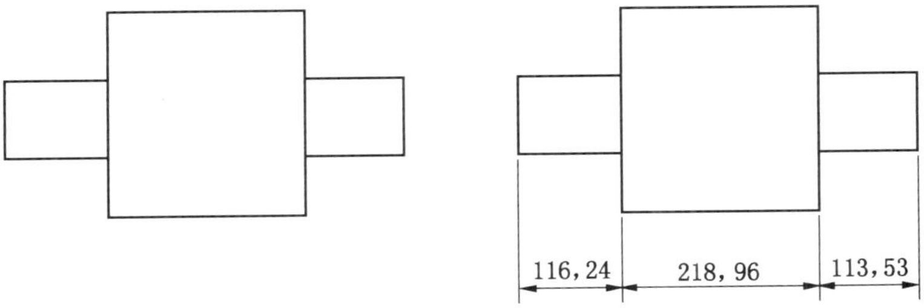

(a) 未标注前的图形　　(b) 线性标注后的图形

图 3－89　线性连续标注

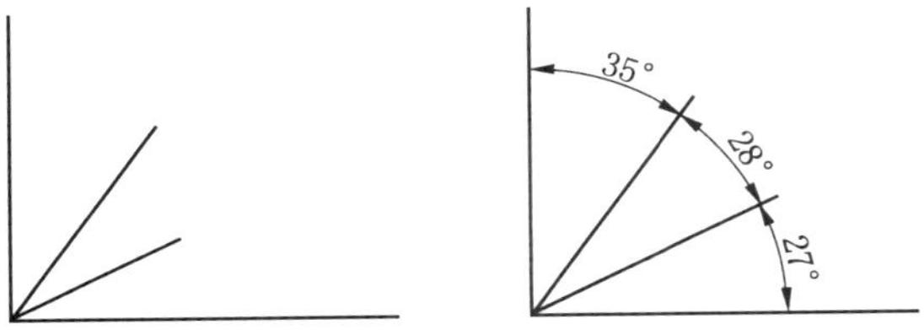

(a) 未标注前的图形　　(b) 角度标注后的图形

图 3－90　角度连续标注

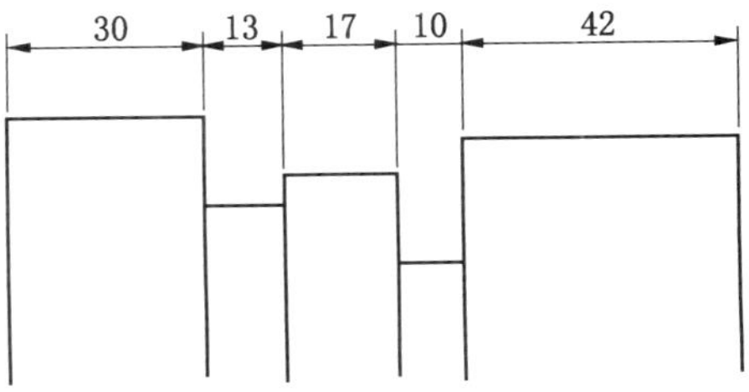

图 3－91　快速标注

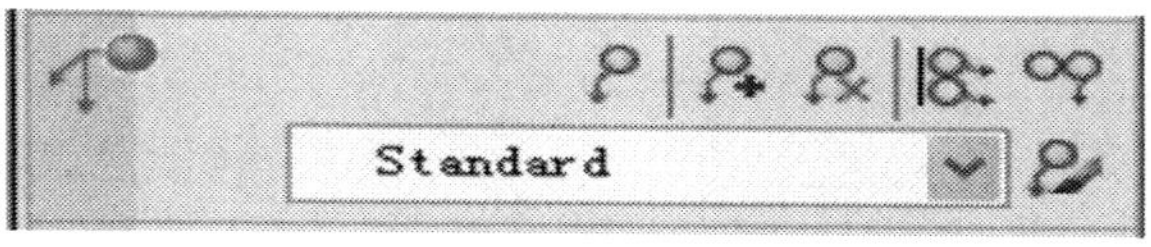

图3－92 【多重引线】控制台

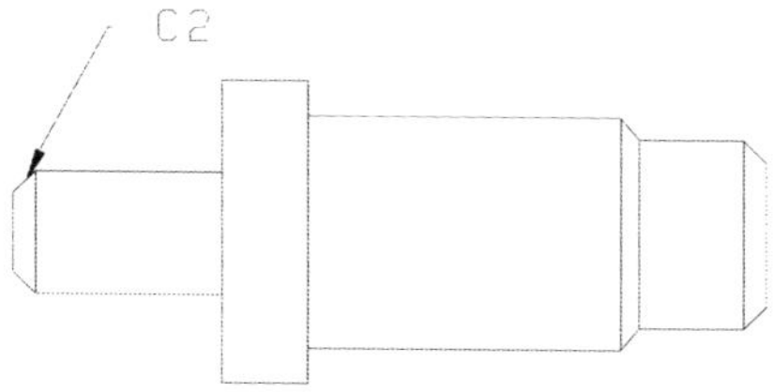

图3－93 多重引线标注

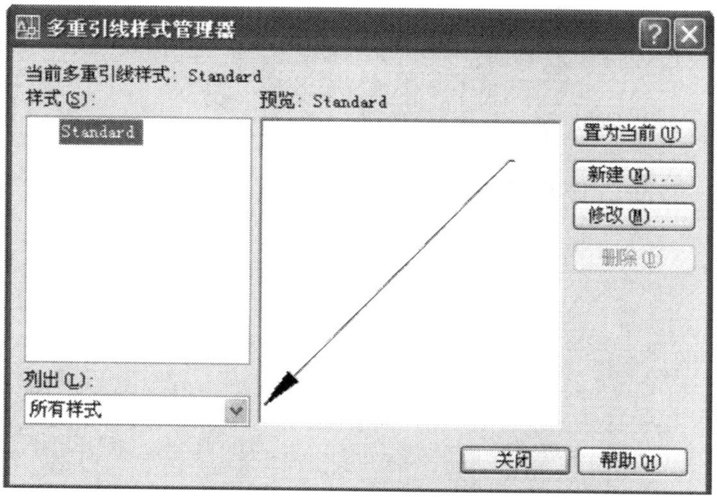

图3－94 【多重引线样式管理器】对话框

六、设置尺寸标注样式

（一）尺寸标注样式管理器

打开【标注】\【样式】，如图3－95所示。

（1）“置为当前”用于将某一标注样式作为当前的标注样式。

（2）“新建”用于新建一个标注样式。

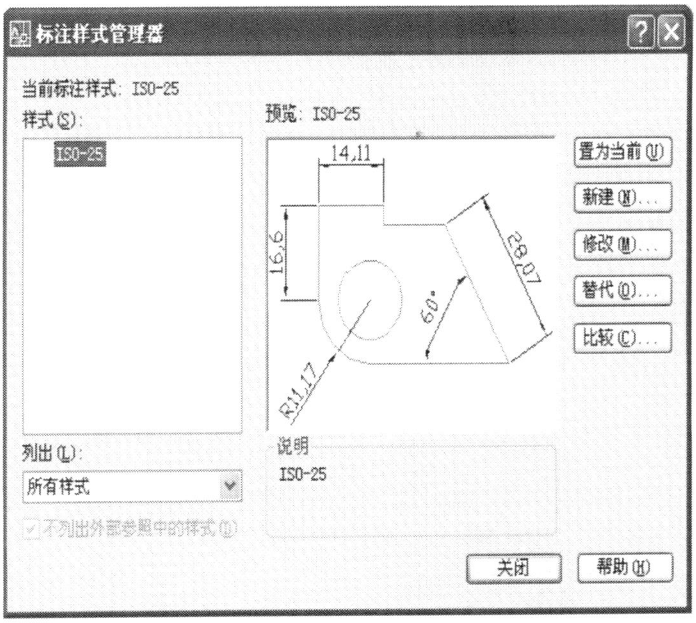

图 3－95 【标注样式管理器】对话框

(3)“修改”用于对已有的标注样式作修改。

(4) 替代：用于对已有的标注样式做一些暂时的修改（不会直接被保存）。

(5) 比较：用于将两种已有标注样式作比较。

(二) 尺寸标注样式设置对话框

1. “线”（图 3－96）

(1) 基线间距用来指定进行基线标注时两条上下相邻的尺寸线之间的距离。

(2) 超出尺寸线用于控制尺寸界线超出尺寸线的长度。

(3) 起点偏移量用于控制尺寸界线与其起始点之间的距离。

如图 3－97 所示，通过图的形式来注解基线间距、超出尺寸线、起点偏移量。

2. “符号和箭头”（图 3－98）

(1)“箭头”：设置箭头的特性，控制标注箭头的外观。

(2)“圆心标记”：控制直径标注和半径标注的圆心标记和中心线的外观。

3. “文字”（图 3－99）

(1)“文字高度”：如果在“文字样式”中未设置高度，则在此设置文字高度。

(2)“文字位置”：控制尺寸文字的放置位置，分为垂直（此下拉表用于控制尺寸文字相对于尺寸线的垂直位置）和水平（此下拉表用于控制尺寸文字相对于尺寸线的水平位置）。

(3)“从尺寸线偏移”：控制尺寸文字与尺寸线之间的距离。

(4)“文字对齐”：控制尺寸文字的放置方向，包括水平（表示尺寸文字水平放置）、

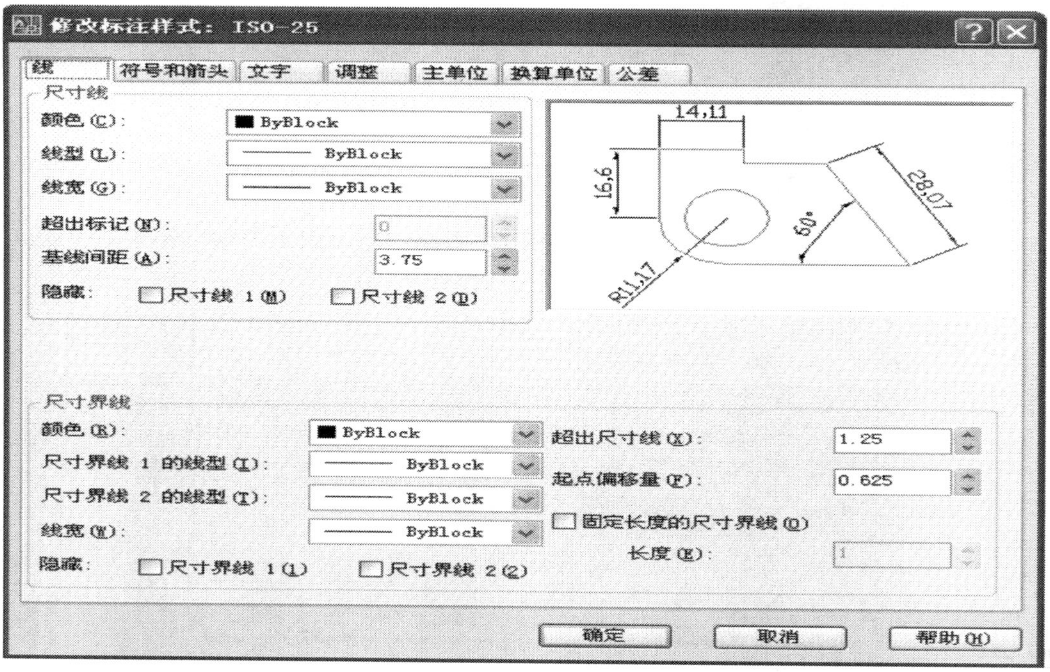

图 3－96　【修改标注样式】对话框

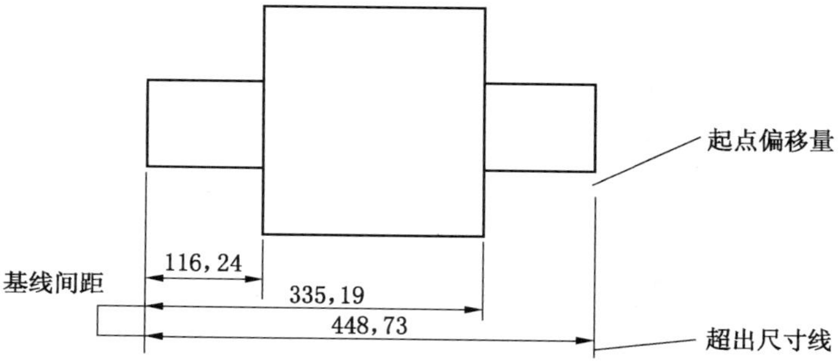

图 3－97　标注图解

与尺寸线对齐（表示尺寸文字总是与尺寸线平行放置）和 ISO 标准（表示当尺寸文字在两条尺寸界线之间时，尺寸文字的放置方向与尺寸线平行；当尺寸文字在两条尺寸界线外时，尺寸文字水平放置）。

4. “调整”（图 3－100）

（1）“调整选项”：可以通过两条尺寸界线之间的距离来决定是否将尺寸文字或尺寸箭头放在尺寸界线的外面。

（2）“文字位置”：控制尺寸文字相对于尺寸线的放置位置。

5. “主单位”（图 3－101）

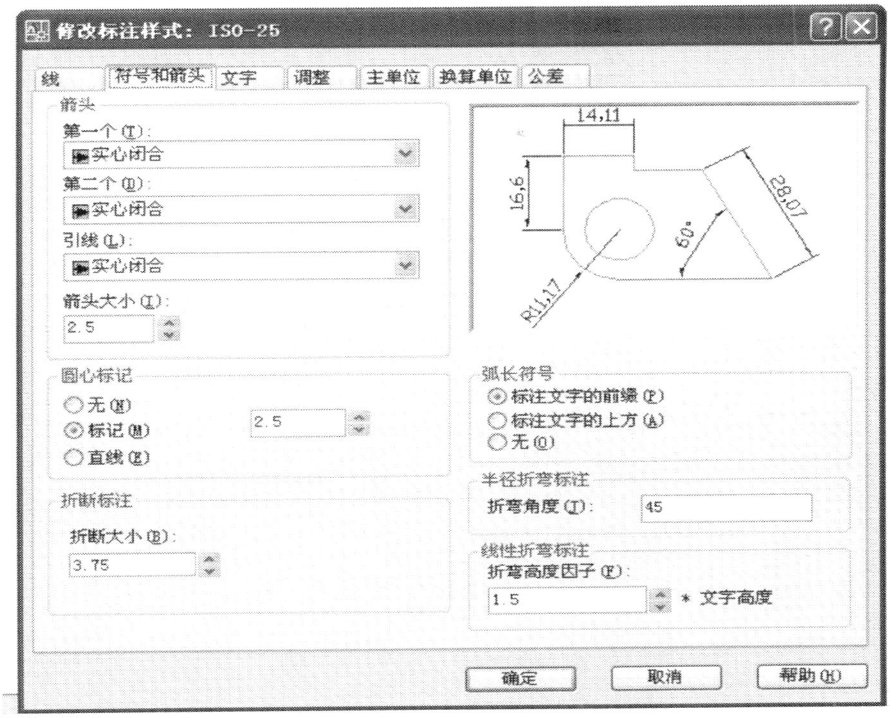

图 3-98 【符号和箭头】对话框

“消零”：“前导”是将十进制中所有小于 1 的数的小数点前面的 0 省略掉，如 0.650 变成 .650；“后续”是将十进制数的末尾的 0 省略掉，如 10.6500 变成 10.65。

6. “公差”

“公差”是指加工或装配所允许的最大误差，如图 3-102 所示。

“方式”：“对称”是指为标注测量值加上和减去相同的值；“极限偏差”是指为标注测量值加上和减去不同的值；“极限尺寸”是指将加上和减去的偏差合并到标注测量值中，将较大的数值显示在较小值的上方；如图 3-103 所示。

（三）编辑标注（图 3-104）

单击【标注】工具栏上的【编辑标注】工具按钮 。

“命令提示行”提示为“输入标注编辑类型【默认（H）】\【新建（N）】\【旋转（R）】\【倾斜（O）】”

（四）编辑标注文字（图 3-105）

单击【标注】工具栏上的【编辑标注文字】工具按钮 。

“命令提示行”提示为“指定标注文字的新位置或【左（L）】\【右（R）】\【中心（C）】\【默认（H）】\【角度（A）】”。

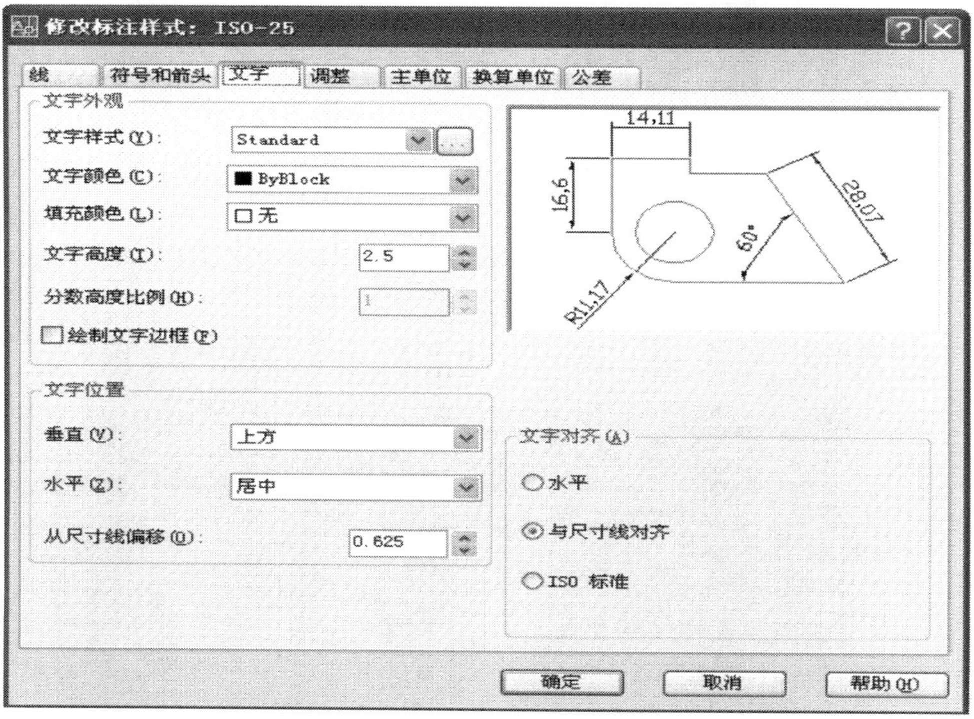

图 3－99　【文字】对话框

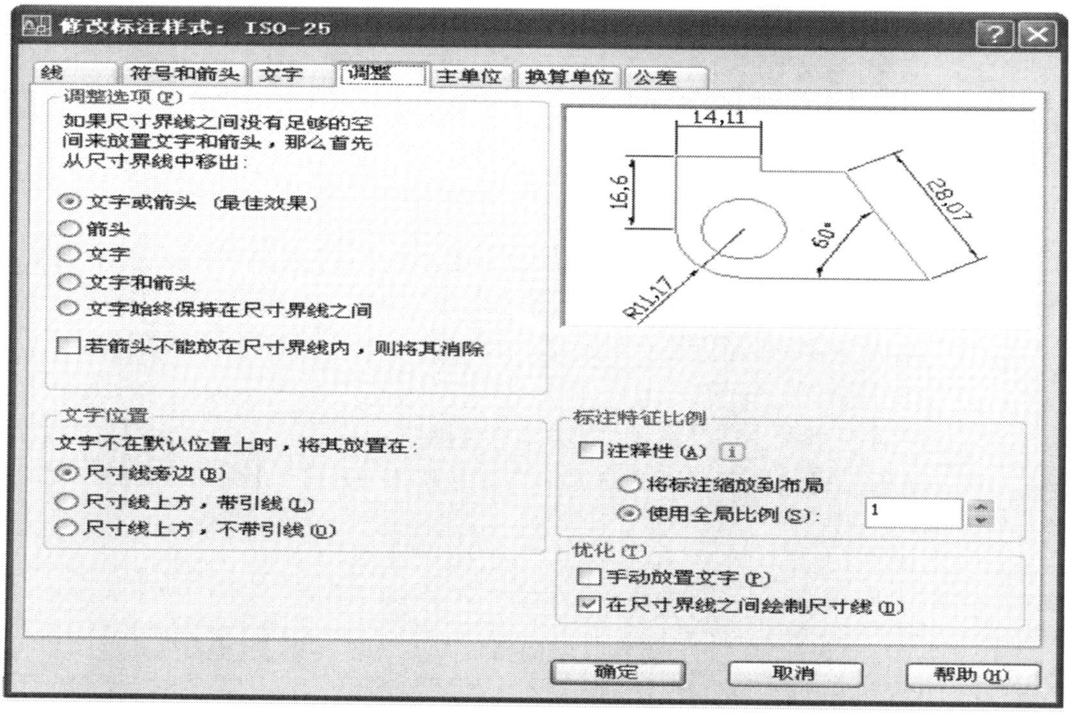

图 3－100　【调整】对话框

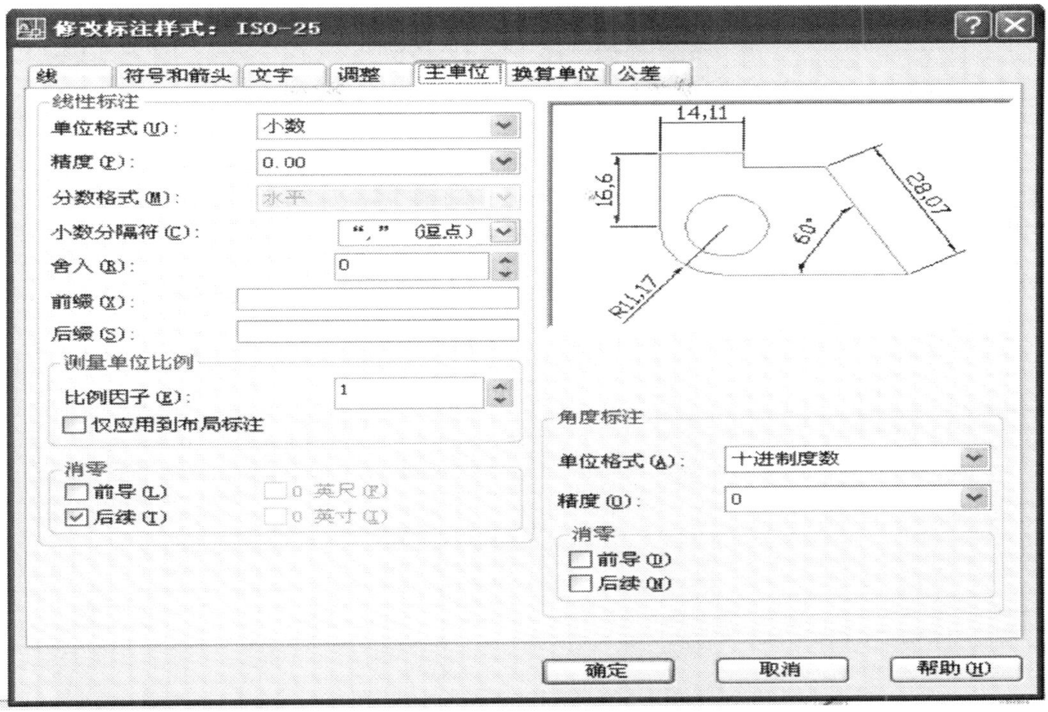

图 3－101　【主单位】对话框

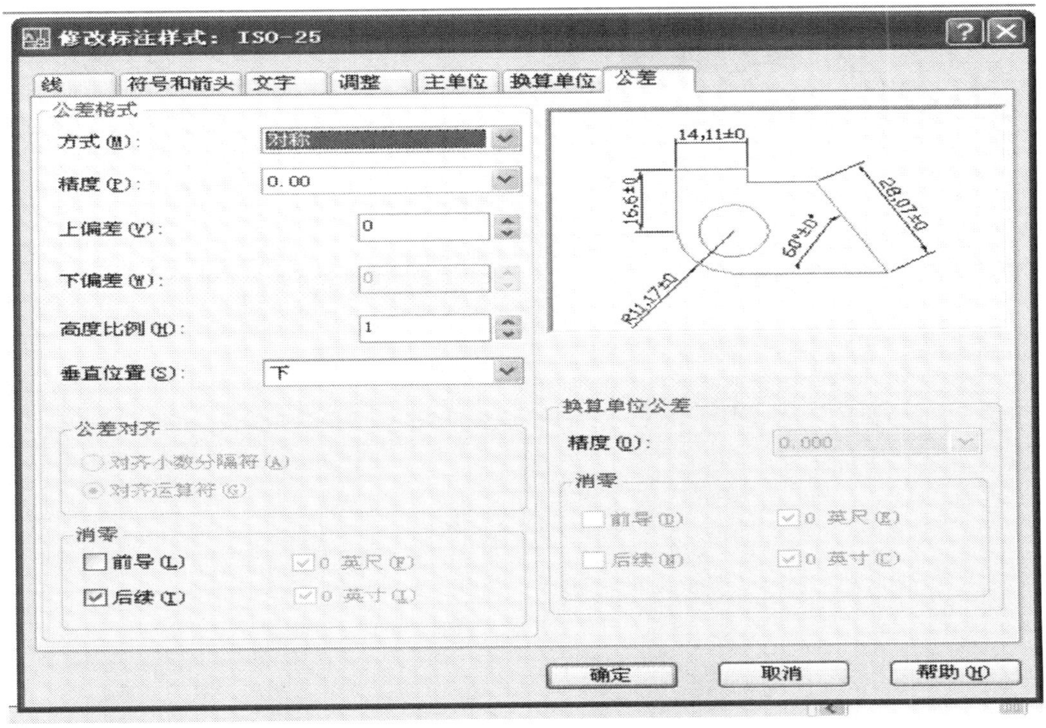

图 3－102　【公差】对话框

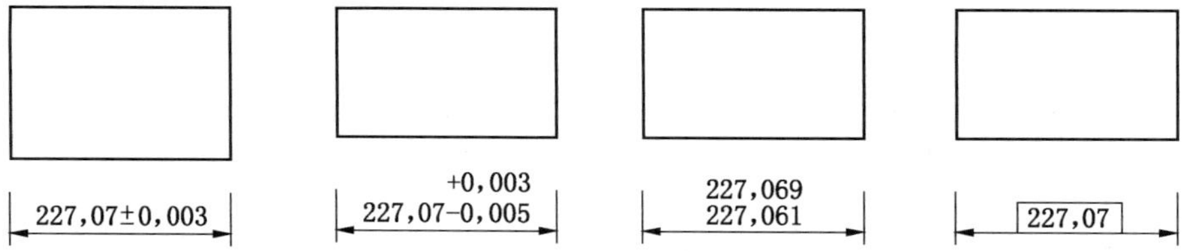

(a) 对称公差　(b) 极限偏差　(c) 极限尺寸　(d) 基本尺寸

图 3－103　【公差格式】\【方式】

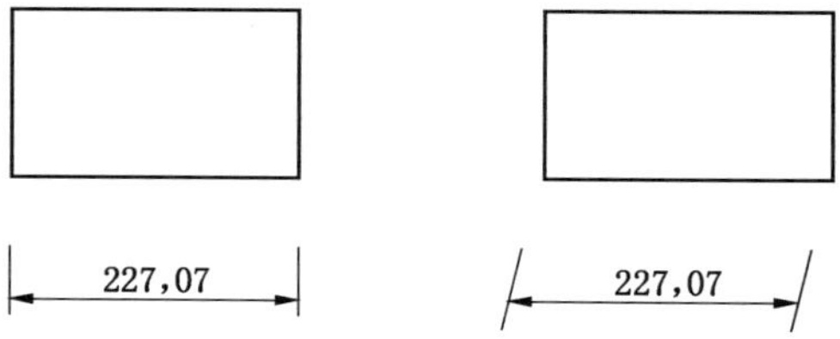

(a) 未编辑的图形　(b) 编辑后的图形 (倾斜75°)

图 3－104　编辑标注

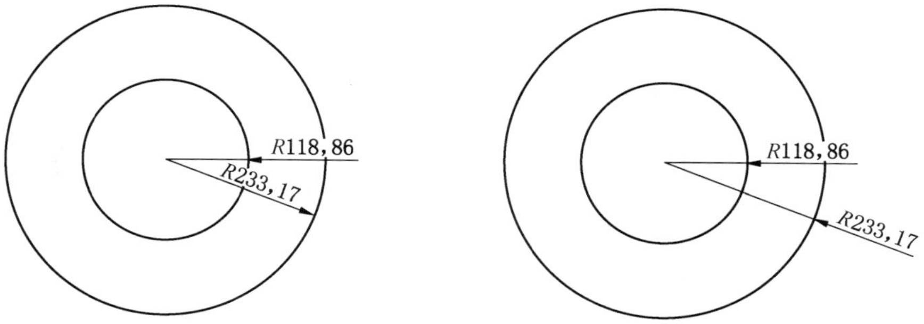

(a) 未编辑标注文字前　(b) 编辑标注文字后

图 3－105　编辑标注文字

第四章　矿井瓦斯涌出量预测

第一节　矿井瓦斯的概念、性质及危害

广义的矿井瓦斯是指井下有害气体的总称。一般包括四类来源：一是在煤层与围岩内赋存并能涌入矿井的气体；二是矿井生产过程中生成的气体，如爆破时产生的炮烟等；三是井下空气与煤、岩、矿物、支架和其他材料之间的化学或生物化学反应生成的气体等；四是放射性物质蜕变过程生成的或地下水放出的放射性惰性气体。这些不同成因的气体，具有不同的组成成分和性质，在数量上差别也很大。煤矿大部分瓦斯来源于煤层，而煤层中的瓦斯一般以甲烷为主，它是威胁矿工、矿井安全的主要危险因素，所以，在煤矿狭义的矿井瓦斯是指甲烷。

甲烷是无色、无味、无嗅、可以燃烧或爆炸的气体。它对人呼吸的影响与氮相似，可以使人窒息。甲烷分子直径为 0.41 nm，其扩散速度是空气的 1.34 倍，能很快扩散到巷道空间。甲烷密度为 0.716 kg/m^3，为空气密度的 0.554 倍。甲烷在巷道断面内的分布取决于该巷道有无瓦斯涌出源，在自然条件下，甲烷在空气中表现强扩散性，它一经与空气均匀混合，就不会因其相对密度较空气小而上浮、积聚。因此，当无瓦斯涌出时，巷道断面内甲烷的浓度是均匀分布的；当有瓦斯涌出时，甲烷浓度则呈不均匀分布。甲烷的化学性质不活泼，微溶于水。

如果瓦斯在空气中的含量大，会降低空气中的氧含量，人员呼吸后会因缺氧而窒息。如果空气中瓦斯浓度在 5% ~16% 之间，氧含量浓度超过 12%，遇到高温热源则会发生瓦斯爆炸。

第二节　瓦斯涌出量及主要影响因素

在矿井下，因瓦斯浓度超标引起的窒息、燃烧或爆炸，原因往往在于停风或瓦斯涌出量突然增加。通常，风量的控制比较容易，而瓦斯涌出量受多种因素的影响，它们之间的关系是非线性的，需要深入研究。

一、瓦斯涌出量

瓦斯涌出量指在矿井建设和生产过程中从煤或岩石内涌出的瓦斯量。其表达方式有两种：绝对瓦斯涌出量，是指在单位时间内涌出的瓦斯量，单位为 m^3/min 或 m^3/d；相对（吨煤）瓦斯涌出量，是指平均日产 1 t 煤同期所涌出的瓦斯量，单位为 m^3/t。

瓦斯涌出形式是指瓦斯涌出在时间与空间上的分布形式，它可分为普通涌出与特殊涌出。普通涌出是指在时间与空间上比较均匀、普遍发生的不间断涌出，它决定了矿井的瓦斯平衡与风量分配；特殊涌出是指在时间与空间上突然、集中发生，涌出量很不均匀的间

断涌出。后者包括瓦斯喷出和煤与瓦斯突出。

掘进巷道的瓦斯涌出包括3个部分：巷道壁、迎头煤壁和采落煤炭的瓦斯涌出。采煤工作面的瓦斯涌出包括本煤层涌出（煤壁和采落煤炭）和受采动影响的邻近层与围岩瓦斯涌出。

二、影响瓦斯涌出量的主要因素

（一）自然因素

1. 煤层和围岩的瓦斯含量

煤层和围岩的瓦斯含量是影响瓦斯涌出量大小的决定性因素，煤的瓦斯含量与相对瓦斯涌出量虽然表达单位相同，但是其物理意义却不同，而且在数量上也不相等，这是因为瓦斯涌出量不仅包括来自采出煤炭所涌出的瓦斯，而且还包括矿井内一切煤层、岩层涌出的瓦斯，尽管采出煤的残余瓦斯含量随煤运至地面而未涌入矿井，但是后一来源的量更大，所以相对瓦斯涌出量比开采层的瓦斯含量大。例如，淮南谢二矿，开采C_{13}煤层的相对瓦斯涌出量为其含量的1.58～1.73倍。由此可见，煤层的瓦斯含量越高，其相对瓦斯涌出量也越大。

2. 开采深度

在瓦斯风化带内开采的矿井，相对瓦斯涌出量与深度无关，在甲烷带内开采的矿井，随着开采深度的增加，相对瓦斯涌出量增高。在深部开采时，邻近层与围岩所涌出的量比开采层增加得快，因此，深部矿井更应该注意邻近层与围岩瓦斯涌出。

3. 地面大气压力变化

受地面大气压力变化的影响，工作面后部采空区与老采空区的瓦斯涌出量随着上升或下降，而掘进巷道与掘进区几乎不受影响。每个矿井应掌握本矿瓦斯涌出量随大气压力变化的规律，以防止瓦斯事故的发生。

（二）开采技术因素

开采技术因素主要包括开采顺序与回采方法、回采速度与产量、落煤工艺与基本顶来压步距、通风压力与采空区密闭质量和采场通风系统等。

1. 开采顺序与回采方法

首先开采的煤层（或分层），其相对瓦斯涌出量增大，而后开采的煤层（或分层），其涌出量减少。

采出率低的回采方法，相对瓦斯涌出量增大。垮落式顶板控制方法比充填式造成更大范围的围岩破坏与卸压，邻近层瓦斯涌出的分量增大。因此，前者的相对涌出量也比后者的相对涌出量高。水采水运的采煤方法比旱采的相对瓦斯涌出量降低，这是因为湿煤残余瓦斯含量增大。

2. 回采速度与产量

当回采速度不高时，绝对瓦斯涌出量与回采速度（日推进速度）或产量成正比，即相对瓦斯涌出量保持常数；当回采速度较高时，相对瓦斯涌出量中开采层涌出分量与邻近层涌出分量都相对减小，即相对瓦斯涌出量有所降低。因此，绝对瓦斯涌出量随回采速度或产量的增加而增高，但是，它低于线性增加量。在高瓦斯综采工作面的实测结果表明，快采必须快运，可明显地减少瓦斯涌出。

3. 落煤工艺与基本顶来压步距

落煤工艺与基本顶来压步距对瓦斯涌出量的峰值与波动即瓦斯涌出不均匀系数有显著影响，不仅影响绝对瓦斯涌出量，而且在一定程度上影响相对瓦斯涌出量，采用浅截深的连续落煤工艺和缩短基本顶来压步距都能显著减少瓦斯涌出不均匀系数。据统计，同正常平均瓦斯涌出相比，风镐落煤时瓦斯涌出增大到1.1～1.3倍；爆破时瓦斯涌出量增大到1.4～2.0倍；采煤机采煤时瓦斯涌出量增大到1.3～1.6倍；水枪落煤时瓦斯涌出量增加到2～4倍。

4. 通风压力与采空区封闭质量

通风压力与采空区密闭质量都对采空区的瓦斯涌出有一定的影响。通风压力小，采空区密闭质量好，则可减小采空区瓦斯涌出不均匀系数及涌出量，这对老矿井具有重要意义。

5. 采场通风系统

根据进、回风巷是在煤体内还是在采空区内进行维护，可把采场通风系统划分为4种基本类型："进回皆煤"型、"进回皆空"型、"进煤回空"型与"进空回煤"型。不论哪种类型，从开采层涌出的瓦斯几乎都是进入采场的，而邻近层与围岩涌出的瓦斯可能是一部分进入采场，也可能是全部进入采场。此外由于采空区瓦斯被风流带走的难易程度的不同，4种类型的瓦斯涌出量会有很大差别，当邻近层瓦斯涌出量大时尤甚。

第三节　瓦斯涌出量预测

一、瓦斯涌出量预测研究简介

我国在瓦斯涌出量预测方面的研究尤以煤炭科学研究总院沈阳研究院（以下简称沈阳院）最为突出，从20世纪50年代初就开始进行这方面的研究，1953年首次在辽源矿务局中央竖井应用矿山统计法计算煤层瓦斯含量梯度，1959年首次在淮南矿务局谢家集二矿应用矿山统计法预测深部矿井瓦斯涌出量；1959—1964年先后完成了抚顺煤田、北票台吉矿、峰峰煤田、南桐等矿区矿井深部瓦斯涌出量预测工作。此后，矿山统计法在全国瓦斯矿井得到了广泛应用。

沈阳院在"七五"期间又开展了矿井瓦斯涌出量预测方法的研究，提出了矿井瓦斯涌出量分源预测方法。"八五"期间在分源预测基础上，提出了构造单元分源预测法，首次建立了全国统一的矿井瓦斯涌出量预测方法，将预测精度提高到85%以上。"九五"期间进一步研究了高产高效采煤工作面和综掘工作面的瓦斯涌出规律，进一步完善了矿井瓦斯涌出量预测方法。"十五"期间进行了瓦斯涌出动态监测技术，建立了掘进工作面瓦斯涌出量预测模型并研制了瓦斯涌出动态监测装备。随着现代科技的迅速发展，特别是数学方法和计算机技术的发展，原有的预测方法和应用范围得到了拓展，出现了一些新的预测方法，如瓦斯地质数学模型法、速度预测法、灰色系统理论预测法及神经网络预测法等，但这些方法还在探索阶段，没有达到实用阶段。

在国外，很多研究人员也从不同侧面对矿井瓦斯涌出预测做了大量研究，如采掘过程中的工作面瓦斯涌出预测等。

二、统计预测法

统计预测法是国内外有关矿井长期以来普遍采用的矿井瓦斯涌出量预测方法，该方法的基本原理是根据矿井已采区域历年测定的相对瓦斯涌出量及相应的开采深度，采用数理统计方法建立两者之间的线性或非线性回归方程，并通过检验，确认回归方程有意义后，用于对深部或条件相同矿井未采区域的瓦斯涌出量作出预测。而通常采用的瓦斯涌出量梯度实际上是瓦斯涌出量对开采深度的回归方程的回归系数。

一般情况下，统计预测法主要用于生产矿井深部水平或开采技术条件、地质条件相同或类似的邻近矿井的瓦斯涌出量预测。此外，也可根据已采工作面的相对瓦斯涌出量及相应的开采深度之间的统计规律，进行瓦斯涌出量预测。近年来，国内外有些研究人员还通过建立瓦斯涌出量与煤层瓦斯含量之间的回归关系式，预测新区的瓦斯涌出量；还有一些研究人员采用多元统计分析中的数量化理论，建立预测瓦斯涌出量的多变量数学模型，预测未采区的瓦斯涌出量，以期提高瓦斯涌出量的预测精度。

统计预测法是指根据矿井以往生产中获得的大量的相对瓦斯涌出量与开采深度的数据，按统计规律预测深部水平瓦斯涌出量的方法。这里介绍比较常用的两种方法。

1. 简易统计法

简易统计法一般包括两方面的主要内容。首先核实矿井历年生产过程中积累的实际相对瓦斯涌出量，按其对应的开采深度形成相对瓦斯涌出量与开采深度统计分析资料计算出相对瓦斯涌出量梯度值。在此基础上根据瓦斯涌出量梯度，外推至预测深部区域，计算出深部待采煤层的相对瓦斯涌出量。

简易统计法计算瓦斯涌出量的公式如下：

$$H=\frac{\sum T_iH_i}{\sum T_i} \tag{4-1}$$

$$q_{CH_4}=\frac{Q_{CH_4}}{\sum T_i} \tag{4-2}$$

式中 H_i——统计期内第 i 采煤区段的开采深度，m；

T_i——统计期内第 i 采煤区段的采煤量，t；

H——统计期内矿井产煤的加权平均开采深度，m；

q_{CH_4}——统计期内的相对瓦斯涌出量，m^3/t；

Q_{CH_4}——统计期内各采煤区段瓦斯涌出量与抽放瓦斯量的总和，m^3。

在地质条件正常、采煤技术条件相近似的条件下，在甲烷带内相对瓦斯涌出量与开采深度呈近似线性关系，该直线斜率称为瓦斯涌出量梯度。若已知生产水平的瓦斯涌出量梯度，则可按下式预测深部水平相对瓦斯涌出量：

$$q_{CH_4}=q_0+\alpha(H_1-H_0) \tag{4-3}$$

式中 q_0——甲烷带上边界的相对瓦斯涌出量，2～3 m^3/t；

H_0——甲烷带上边界的深度，m；

H_1——预测瓦斯量处的深度，m；

α——瓦斯涌出量梯度，$(m^3/t)/m$。

2. 线性回归法

线性回归法的计算步骤和物理模型基础与简易统计法相同，只是确定瓦斯涌出量梯度的方法不同，表达瓦斯涌出量与深度的关系在形式上也有区别。线性回归法是一种应用广泛、理论性较强的定量预测方法，它是数理统计中应用最为广泛的一种方法。它的基本思路是分析预测对象与有关因素的相互联系，用适当的回归预测模型即回归方程表达出来，然后再根据数学模型来预测其未来状态。在统计学中，确定回归方程的方法通常采用最小二乘法。相对瓦斯涌出量的预测值为

$$q_{CH_4} = aH + b \tag{4-4}$$

式中 a——线性回归系数，即相对瓦斯涌出量梯度（m^3/t)/m；

b——线性回归常数，m^3/t；

H——深度，m。

在煤炭生产中，瓦斯涌出量的大小受煤层、地质等自然因素，以及采掘等技术因素的综合影响。因此影响瓦斯涌出量的因素众多，如煤层和岩层的瓦斯含量、煤层的物理化学特性、开采规模、回采顺序、落煤方式、通风系统、地面大气压、风压和风量的变化等。显然瓦斯涌出量与这些众多的影响因素之间存在着高度非线性关系。因此，利用最小二乘法等数理统计的回归分析方法来建立瓦斯涌出量模型，普遍存在难以得到准确模型等不足。但矿山统计法仅需要瓦斯涌出量的历史数据，因而使用简单、方便。在使用矿山统计法时，要求预测矿井的煤层开采技术条件等因素与历史数据相同或类似。如果待预测煤层的自然和技术条件不满足上述要求，瓦斯涌出量的预测值与实际值会严重偏离。

统计预测法适用于以下几种情况生产矿井的延深水平：生产矿井开采水平的新区，与生产矿井邻近的新矿井；至少应积累两个开采水平的瓦斯涌出量资料；应具备的开采技术条件：煤层开采顺序、采煤方法与顶板控制、地质构造、煤层赋存、煤质等应与生产区相同或类似；外推范围限定在垂深不得超过100～200 m，倾斜方向不超过600 m。当开采条件或地质条件发生改变时，即使在同一矿井，也不能对深部区域进行预测。

所需资料包括：矿井采掘设计说明书（开拓、开采系统图，采掘比，采掘接替计划，采煤方法，通风方式，煤层开采顺序，配采关系，掘进巷道断面，煤巷平均掘进速度，矿井、采区、采煤工作面及掘进工作面产量）；历年瓦斯等级鉴定及通风报表（邻近矿井和本矿井已采水平、采区（盘区）及采掘工作面瓦斯涌出测定结果）。

统计预测法预测瓦斯涌出量时，存在以下局限性：

（1）此法只适用于甲烷带以下已回采了一个水平的矿井，而且外推深度不得超过大，煤层倾角和瓦斯涌出量梯度值越小，外推深度也应越小，否则误差可能很大。

（2）积累的瓦斯涌出量资料，至少要有1年以上，而且积累的资料愈多，精度愈高，已采水平或区域的瓦斯地质情况和开采技术条件与新设计水平或区域愈相似，预测的可靠性也愈高。否则，应根据有关资料进行相应的修正，或按相似程度进行分区预测。

三、煤层瓦斯含量法

煤层瓦斯含量法即按照煤层瓦斯含量与采后煤炭的残余瓦斯含量计算相对瓦斯涌出量。

1. 单一煤层开采时

单一煤层开采时，相对瓦斯涌出量为

$$q_e=(1+n)(X-X_1)+Z(X-X_2)+\left(K+\frac{m_1\gamma_1}{m\gamma}\right)(X-X_3) \tag{4-5}$$

式中 q_e——相对瓦斯涌出量，m^3/t；

n——围岩涌出瓦斯量与回采煤层瓦斯涌出量的比例系数，无实测数据时，对于全部垮落法控制顶板可取 0.2，局部填充法可取 0.15，全部填充法可取 0.1；

m_1、m——残余分层和回采分层的厚度，m；

γ_1、γ——残余分层和回采分层煤的密度，t/m^3；

Z——煤柱煤量占回采煤量的比例系数；

K——采空区残留浮煤占回采煤量的比例系数；

X——开采层原始瓦斯含量，m^3/t；

X_1——运出采区的煤中残留瓦斯含量，m^3/t；

X_2——煤柱残留瓦斯含量，m^3/t；

X_3——采空区残留浮煤的残余瓦斯含量，m^3/t。

2. 开采有邻近层的煤层时

开采有邻近层的煤层时，相对瓦斯涌出量为

$$q_e=(1+n')(X-X_1)+Z(X-X_2)+\left(K+\frac{m_1\gamma_1}{m\gamma}\right)(X-X_3)\sum_{i=1}^{n}q_{ei} \tag{4-6}$$

式中 n'——向开采层采空区涌出瓦斯的邻近层数目；

q_{ei}——第 i 邻近层向开采层采空区涌出的相对瓦斯含量，m^3/t。

煤层瓦斯含量与开采层相同时，q_{ei}的计算式为

$$q_{ei}=\frac{m_i}{m}(X-X_1)\left(1-\frac{h_i}{h_j}\right) \tag{4-7}$$

式中 m_i——第 i 邻近层的厚度，m；

h_i——第 i 邻近层距开采层的法向距离，m；

h_j——邻近层向开采层采空区涌出瓦斯的极限距离，与层间岩石性质，顶板控制方法，以及煤层厚度、倾角等有关，m。

四、分源预测法

分源预测法预测矿井瓦斯涌出量是以煤层瓦斯含量、煤层开采技术条件为基础，根据各基本瓦斯涌出源的瓦斯涌出规律计算采煤工作面、掘进工作面、采区及矿井瓦斯涌出量。含瓦斯煤层在开采时，受采掘作业的影响，煤层及围岩中的瓦斯赋存平衡状态即遭到破坏，破坏区内煤层、围岩中的瓦斯将涌入井下巷道。井下涌出瓦斯的地点即为瓦斯涌出源。瓦斯涌出源的多少、各涌出源涌出瓦斯量的大小直接决定着矿井瓦斯涌出量的大小。

这种方法既考虑了影响瓦斯涌出量大小的主要因素（煤层瓦斯含量），又考虑了与煤层相关的一些地质自然因素和开采技术因素。在地质自然因素方面，国内外一些学者提出的预测公式中反映了煤层开采厚度、相邻煤层厚度、邻近层至开采层的层间距、煤层倾角等因素。许多瓦斯含量计算法都考虑了煤层的开采方法、顶板控制方法、采出率、分层开

采的层数和顺序等一些开采技术因素。由于瓦斯含量计算法以煤层瓦斯含量作为预测的基础，因而煤层瓦斯含量测定值的可靠性和含量点的分布及密度影响着预测的准确度。一般在进行瓦斯涌出量预测前，根据已知的瓦斯含量点绘制煤层瓦斯含量等值线，计算预测区域内煤层瓦斯含量。如果预测区域内只有少量的瓦斯含量测定点，或者煤层的瓦斯含量分析不够准确，那么以瓦斯含量为基础进行的瓦斯涌出量预测工作将难以保证准确性。

1. 开采层瓦斯涌出量

对于一次采全高的采煤工作面：

$$q_1 = k_1 k_2 k_3 \frac{m}{M}(X_0 - X_c) \tag{4-8}$$

对于厚煤层分层开采的采煤工作面：

$$q_1' = k_1 k_2 k_3 k_{fi} \frac{m}{M}(X_0 - X_c) \tag{4-9}$$

$$k_3 = \frac{L - 2h}{L} \tag{4-10}$$

式中 q_1——开采层瓦斯涌出量，m^3/t；

k_1——围岩瓦斯涌出系数，矿井顶板控制方式为全部垮落法控制顶板时，取 $k_1 = 1.2$；

k_2——工作面丢煤瓦斯涌出系数，其值为工作面采出率的倒数；

k_3——准备巷道预排瓦斯对工作面煤体瓦斯涌出影响系数；

L——采煤工作面长度，m；

h——巷道瓦斯预排等值宽度，m；

m——开采层厚度，m；

M——工作面采高，m；

X_0——开采煤层原始瓦斯含量，m^3/t；

X_c——开采煤层煤的残存瓦斯含量，m^3/t；

q_1'——厚煤层分层开采采煤工作面瓦斯涌出量，m^3/t；

k_{fi}——与分层数量及分层开采顺序有关的分层瓦斯涌出系数。

2. 邻近层瓦斯涌出量

在有邻近层开采条件下，受开采层采动影响的煤层将向开采层工作面和采空区涌出瓦斯。根据邻近层与开采层的位置关系，可分为上邻近层和下邻近层。邻近层瓦斯涌出量大小取决于邻近层瓦斯含量、邻近层厚度和层数、开采层采高及邻近层瓦斯排放率。

邻近层瓦斯涌出的计算式为

$$q_2 = \sum_{i=1}^{n} X_{0i} \frac{m_i}{M} K_i \tag{4-11}$$

式中 q_2——邻近层瓦斯涌出量，m^3/t；

m_i——第 i 邻近层煤厚，m；

M——开采层采高，m；

n——临近层层数；

X_{0i}——第 i 邻近层原始瓦斯含量，m^3/t；

K_i——第 i 邻近层的瓦斯排放率，与邻近层至开采层的间距有关。

3. 采煤工作面瓦斯涌出量

采煤工作面瓦斯涌出量由开采层包括围岩瓦斯涌出量与邻近层瓦斯涌出量两部分组成，其计算式为

$$q = q_1 + q_2 \tag{4-12}$$

该预测方法以煤层瓦斯含量为基础数据，通过对地质构造带瓦斯赋存规律、不同采煤方法的瓦斯涌出规律、煤的残存瓦斯量、围岩和采空区瓦斯涌出规律及瓦斯排放带宽度的研究，分别对瓦斯涌出源进行计算，既克服了因地质构造导致的预测精度问题，又克服了矿山统计法、瓦斯含量法及类比法的局限性。但采用该预测方法预测采煤工作面的瓦斯涌出量时，分析不够严密，考虑不够全面，预测的精确度值得探讨。

4. 掘进巷道瓦斯涌出量

掘进巷道瓦斯涌出量包括掘进巷道煤壁瓦斯涌出量和掘进落煤的瓦斯涌出量，其计算式如下：

$$q_3 = Dvq_0\left(2\sqrt{\frac{l}{v}} - 1\right) + Sv\gamma(X_0 - X_c) \tag{4-13}$$

$$q_0 = 0.026(0.0004V_{daf}^2 + 0.16)W_0 \tag{4-14}$$

式中 q_3——掘进巷道瓦斯涌出量，m^3/min；

D——巷道断面内暴露煤壁面的周边长度，m；

v——巷道平均掘进速度，m/min；

l——巷道长度，m；

q_0——煤壁瓦斯涌出初速度，$m^3/(m^2 \cdot min)$；

V_{daf}——煤的挥发分含量，%；

S——掘进巷道断面积，m^2；

γ——煤的密度，t/m^3；

X_0——开采煤层原始瓦斯含量，m^3/t；

X_c——开采煤层煤的残存瓦斯含量，m^3/t；

W_0——煤的瓦斯含量，m^3/t。

分源预测法适用于新建矿井、生产矿井水平延深、新设计采区及采掘工作面的瓦斯涌出量预测，为目前我国矿井瓦斯涌出量预测的主要方法，应用广泛。但分源预测法的一些参数是根据某些矿区现场实测得到且该方法的一些公式是经验公式，具有一定的局限性，在其他一些矿区推广应用时出现了预测精度不高的现象。

分源预测法所需资料与线性回归法基本相同。

五、类比法

在一个煤田或一个矿区范围内，在地质条件相同或相似的情况下，矿井瓦斯涌出量与钻孔煤层瓦斯含量之间存在一个自然比值。对于新建矿井可以通过邻近生产矿井已知的矿井瓦斯涌出量资料和钻孔煤层瓦斯含量资料的统计运算，求得一个近似比值。然后将该比值与新建矿井已知的钻孔煤层瓦斯含量相乘，即得到新建矿井的瓦斯涌出量。

适用于与邻近生产矿井具有相同或相似的地质、开采条件的新建矿井瓦斯涌出量预

测。

类比法对矿井瓦斯涌出的预测精度很低，有时只能够作定性的分析。

六、神经网络预测法

在瓦斯涌出量预测的过程中，瓦斯涌出量与其影响因素之间存在着复杂的非线性关系，是非结构性问题，并且受许多客观因素的影响，目前的这些方法很难准确地预测瓦斯涌出量。而近年来迅速发展起来的人工神经网络以其高度的非线性映射、自组织结构、高度并行处理的特点，将影响瓦斯涌出量的诸因素视为输入向量，并通过一定的连接方式对网络进行学习，从而实现瓦斯涌出量的预测。该方法精度高，计算过程和数据处理均由计算机实现，推广起来十分方便。

人工神经网络是由大规模神经元互连组成的、以模拟人脑信息处理机制为基础的高度非线性动力学系统，是对人脑或自然神经网络（Naturl Neural Network）若干基本特性的抽象和模拟。它具有通过样本来“学习”的能力，一方面区别于传统的各种预测方法，实际应用时无须作出因素与瓦斯涌出量相关关系的任何假设，只需将实际数据直接提供给网络进行训练；另一方面训练完成后的网络能以任何精度逼近真值（只要训练数据足够多），能够抽提、捕捉隐藏在历史数据中的规律，这些优点都是传统方法所无法比拟的。

人工神经网络的主要应用领域有模式识别、预测、分类、非线性回归及过程控制等，根据某些预测指标值预测瓦斯涌出量实质上就是一个模式识别的过程。这里应用前馈神经网络模型中的反向传播人工神经网络（BP 网络），建立瓦斯涌出量的预测模型，通过多组已知指标样本及其结果训练该模型以形成一定的预测规则，进而实现对实际瓦斯涌出量的预测。

七、瓦斯地质数学模型法

瓦斯地质数学模型法的基本原理是通过瓦斯地质规律研究，分析瓦斯涌出量的变化规律，筛选影响瓦斯涌出量变化的主要地质因素，在此基础上，根据矿井已采地区的瓦斯涌出量实测资料和相关的地质资料，综合考虑包括开采深度在内的多种影响因素，采用一定的数学方法，建立预测瓦斯涌出量的多变量数学模型预测方程，利用所建立的数学模型，对矿井未采区域的瓦斯涌出量进行预测。

瓦斯地质数学模型法采用数量化理论作为建模工具。数量化理论是一种可以同时处理定性变量和定量变量的多元统计分析方法，亦可只包含定性变量或定量变量。数理化理论是数量化理论的方法之一，用于解决从定性的或兼有定量的自变量出发对因变量的预测问题。在瓦斯地质相关因素定量分析中，某些地质因素难以定量化，如煤层的顶底板岩性，只是某种属性的描述，而没有量的概念，这类变量称为定性变量，当某些定性变量是影响瓦斯涌出量变化的主要因素时，就成为不可忽略的因素。而一般的多元统计分析方法，如多元回归分析，只能解决从定量的自变量出发对因变量的预测问题。

八、基于分形理论的分析预测法

分析是一种时序分析方法，是由赫斯特提出的，在分形理论中应用较广，通过赫斯特指数来预测时序数据的增量趋势。矿井瓦斯涌出量的大小受很多因素影响，且错综复杂，表现为既非确定的，又非完全随机的，而是一种模糊系统状态。分析方法是计算矿井瓦斯涌出量时序分维数的一种有效方法，矿井瓦斯涌出量时序的分维数是描述矿井瓦斯涌出量的分形特征的宏观参数。可以根据赫斯特指数的大小，对矿井瓦斯涌出量的增量趋势作出预测。

分析预测法的缺点是只能够对瓦斯涌出作定性分析，不能作定量预测。

九、基于遗传规划的预测法

遗传规划是一种随机的、全局搜索的迭代算法。它的基本原理是随机产生一个适用于所给问题环境的初始群体，问题的搜索空间构成群体的个体都有一个适应度值，按照达尔文“物竞天择，适者生存”原则，用遗传算子处理高适应度的个体，产生新的下一代群体，再对新的群体进行遗传操作，如此进化下去，直到所给问题的解或近似解在某一代出现为止。遗传规划最重要的特点是组成群体的个体是种动态的树状结构，树的结点是由终结点、原始函数与运算符组成。

其中终结点是将问题划分为子问题后最基本的元素。这种树状结构的层与结点都是可以变化的。可以通过遗传规划的方法来求得瓦斯涌出量与其影响因素之间的近似函数关系来预测瓦斯涌出量。

此外，还有灰色系统法、速度法等。

十、多元线性回归法

在多种影响因素中寻找主要因素，建立最优回归方程的最佳方法之一是逐步回归。其基本原理是对所有的自变量，依其对因变量作用的大小逐个引进回归方程，通过反复筛选、替代，仅留下对因变量贡献较大的自变量，最终得到最优回归方程。

第四节　瓦斯涌出量预测现场应用

根据前面的论述可知，矿井瓦斯涌出量预测方法有很多，在此选择神经网络预测法进行实际应用。

在钱家营煤矿井田范围内，瓦斯赋存状况并不是由某一种地质因素决定的——即井田范围内瓦斯赋存情况不对任何一种地质因素敏感，而是多种地质因素综合作用的结果。因此，在预测井田范围内各区域的瓦斯赋存情况时，不能用单一地质因素进行判断，只能在综合考虑各种地质因素的基础上进行预测。但各种因素之间、各因素与瓦斯赋存情况之间互相影响、相互制约，关系非常复杂，所以常规的数学模型很难描述出这些地质因素与瓦斯赋存情况之间的关系。

在此情况下，考虑用BP人工神经网络对多种地质因素与瓦斯赋存之间的关系进行学习，并用训练好的神经网络预测井田内其他区域的瓦斯赋存情况。

根据分析，影响瓦斯含量的地质构造因素主要有煤层埋藏深度、煤层倾角、煤层厚度、煤层顶底板岩性、断层和褶曲。为预测井田内瓦斯分布情况综合考虑了9个地质因素：煤层埋藏深度、煤层倾角、煤层厚度、煤层倾角变异、煤层厚度变异、煤层顶板30 m内透气层比例、顶板透气性、底板透气性和主构造的影响，并采用克里格插值、曲面样条函数插值等数学模型及空间分析技术对这些因素指标进行了数量化。

一、指标的选择和量化

根据分析，选择了9个能够放映研究区地质构造特征的指标：煤层埋藏深度、煤层倾角、煤层厚度、煤层倾角变异、煤层厚度变异、煤层顶板30 m内透气层比例、顶板透气性、底板透气性和主构造的影响。

1. 煤层埋藏深度

研究表明该区的瓦斯赋存规律受埋藏深度的影响在不同的区域是不同的，一般在构造大体相近的地方，瓦斯的含量随着埋藏深度的增加有增加的趋势，本文以煤层的底板标高来近似表示底板的埋藏深度。以工作面为统计单元，对该工作面的标高进行统计，取其平均值作为该工作面的煤层埋藏深度。表4-1所列为7煤层主采区煤层钻孔标高的统计数据(表中坐标是自定义的相对坐标)。图4-1所示为7煤层主采区钻孔和工作面的分布图。

表4-1 7煤层主采区煤层钻孔标高数据统计

钻孔名称	Y（纬度）	X（经度）	底板标高（绝对值）
钱补9	4385715	90972.5	284.265
东风井4号	4385680	89640	361.205
毕17	4385240	90645	295.53
钱33	4386138	91255	252.651
钱水17	4387605	90295	574.56
钱13	4386198	90475	386.65
毕14	4387040	91175	435.49
钱34	4387975	91115	646.817
钱83	4386265	87940	612.838
钱水12	4386195	87817.5	618.49
钱32	4385975	87795	594.652
钱29	4385690	87815	570.101
钱105	4385043	88426.5	382.218
钱21	4384650	88875	256.077
林86	4385023	89455	301.764
钱东1	4385255	89380	337.205
钱43	4385225	89055	354.66
钱东2	4385480	89227.5	367.258
钱东5	4385958	88897.5	436.504
钱99	4385773	88520	455.032
钱44	4386193	88347.5	544.558
钱9	4386713	88115	667.688
钱100	4386340	88740	522.531

表4-1（续）

钻孔名称	Y（纬度）	X（经度）	底板标高（绝对值）
钱14	4385840	89315	397.26
钱水19	4387645	89080	654.49
钱东3	4385840	90060	365.843
钱井2	4384713	90350	255.579
钱37	4386223	89887.5	462.31
钱36	4385425	89997.5	327.96
钱38	4386983	89765	545.9
钱39	4387830	89717.5	619.979
钱东6	4385225	91025	279.78
钱补1	4386590	90962.5	384.79
钱8	4385913	91030	257.634
钱11	4388175	90185	623.98
钱补8	4385705	91280	256.29
钱水7	4386045	91367.5	279.295
钱水23	4387535	91170	565.53

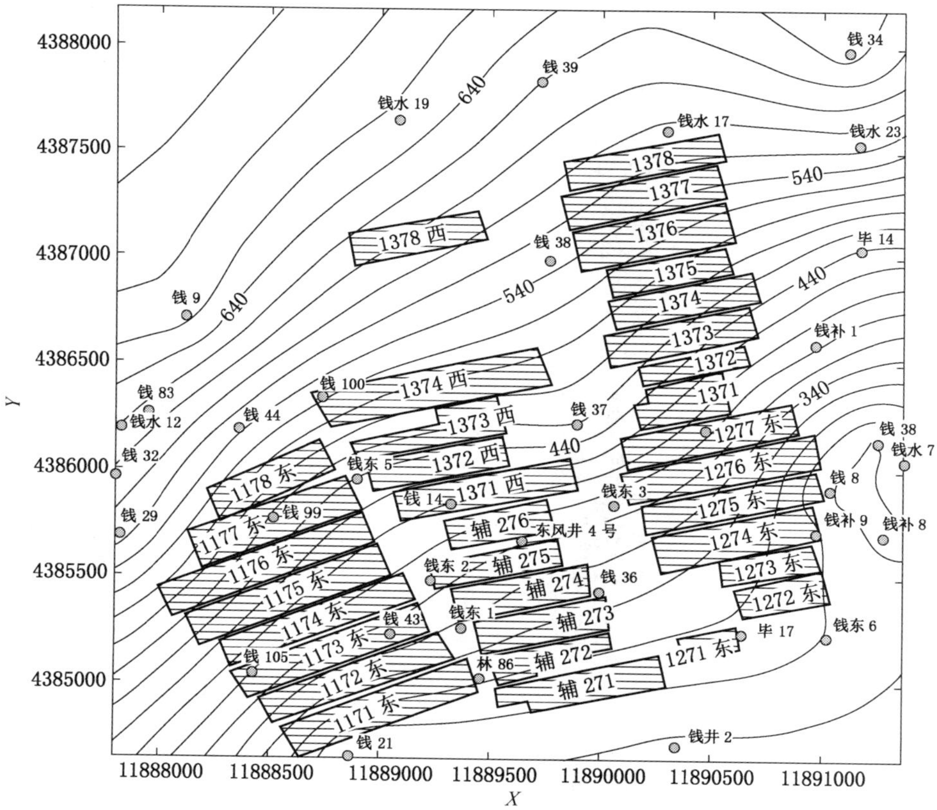

图4-1 7煤层主采区钻孔和工作面分布图

由图4-1可以看出，钻孔分布总体来说很均匀，遍布整个研究区，但是对于单个的工作面，分布就不太均匀了，有的工作面有钻孔数据，有的工作面没有钻孔数据，因此需要对现在的钻孔数据进行插值，使每一个工作面都有底板标高数据。本文选用了克里格插值方法，对现有钻孔数据进行插值，使得两个临近的插值点距离为80 m，如图4-2所示。这样每个钻孔标高是已知的，再根据插值法求出插点的标高，两个相邻点标高的平均值与地面标高之和为煤层埋藏深度。

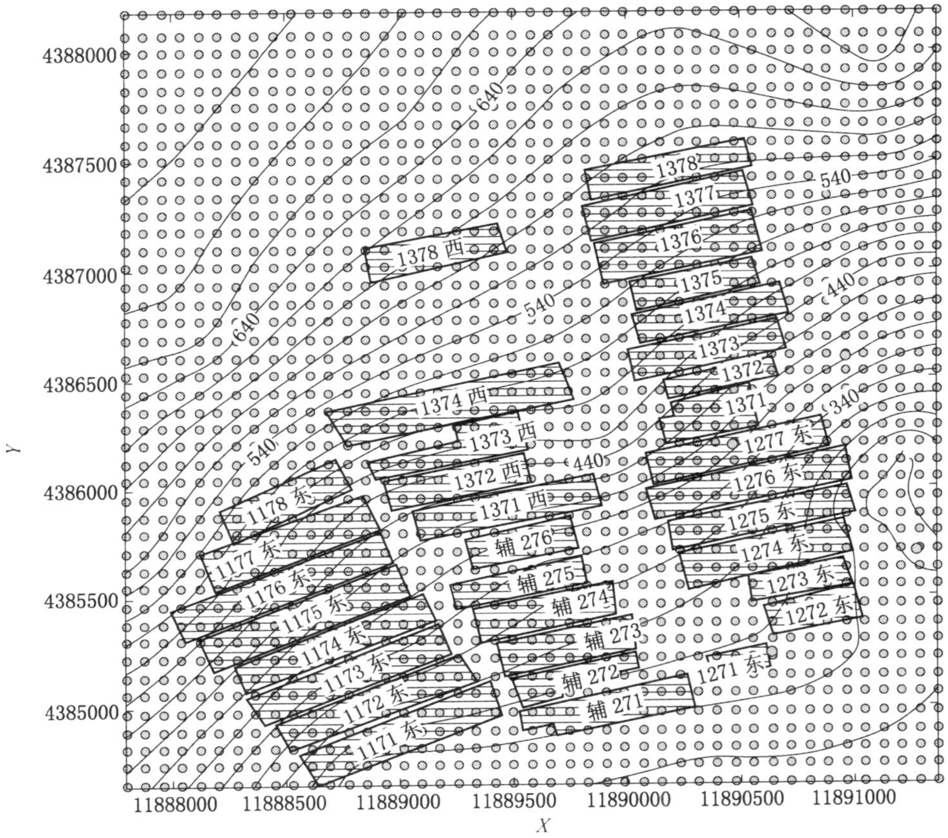

图4-2　底板标高的80 m×80 m插值点分布图

2. 煤层厚度和煤层厚度变异

煤层厚度和煤层厚度变异这两个指标，同是以钻孔点煤层厚度为基础数据，但它们表示的地质意义不同，煤层厚度主要表示煤层对瓦斯产量和瓦斯的储存空间的影响，而煤层厚度变异是反映地质构造的，研究表明，在构造不发育的区域煤层厚度一般比较稳定，而在构造带内，煤层厚度变化幅度比较大，峰值比较多。煤层厚度变异系数能够定量地表示出煤层厚度的变化大小，因此也能够在一定程度上反映构造的发育情况。

工作面的煤层厚度统计和煤层埋藏深度的统计方法一样，先根据钻孔的煤层厚度数据进行克里格插值。再统计每个工作面的插值点煤层厚度数据，然后求取平均值就是该工作面的煤层厚度。先统计每个工作面的各个插值点煤层厚度数据，然后代入式（4-15）即可求出煤厚变异系数。

$$S = \sqrt{\frac{1}{m}\sum_{i=1}^{m}(h_i - \bar{h})^2}/\bar{h} \times 100\% \tag{4-15}$$

式中 h_i——第 i 个统计点煤层厚度；

$\bar{h}$——该工作面所有统计点煤层厚度平均值；

m——统计点的总个数；

S——该工作面的煤厚变异系数。

3. 煤层倾角和煤层倾角变异

煤层倾角对瓦斯赋存也有一定的影响，一般认为在同一深度及条件相同的情况下，煤层倾角越小越有利于瓦斯的赋存。煤层倾角变异和煤层厚度变异一样，也能反映出构造的变化。计算煤层倾角采用了曲面样条函数数学模型，应用煤层底板标高数据曲面样条函数的原理，拟合一个曲面样条函数曲面，对这个曲面进行求偏导数等一系列的数学处理，可以求出不同点的煤层倾角。

4. 煤层顶板透气性指标

煤层顶板透气性指标用煤层顶板 30 m 内透气层的厚度和总厚度（30 m）的比值表示，透气层指的是孔隙度大于细砂岩的岩石和煤层。该指标能够反映出煤层瓦斯向地表运移的难易程度。根据地质钻孔原始数据，测量煤层顶板 30 m 内的透气层厚度，然后计算该厚度和 30 的比值，就得到该钻孔的煤层顶板 30 m 内透气层比值，根据以上统计数据，然后进行克里格插值，最后求取每个工作面的平均值，就是工作面的煤层顶板 30 m 内透气层比值，见表 4－2。

表 4－2　7 煤层主采区煤层顶板 30 m 内透气层厚度数据统计表

钻孔名称	Y（纬度）	X（经度）	煤顶面 30 m 内透气层厚度/m	比　值
钱补 9	4385715	90972. 5	3. 16	0. 105333
东风井 4 号	4385680	89640	4. 92	0. 164
毕 17	4385240	90645	30	1
钱 33	4386138	91255	18. 1	0. 603333
钱水 17	4387605	90295	10. 13	0. 337667
钱 13	4386198	90475	12. 71	0. 423667
毕 14	4387040	91175	7. 21	0. 240333
钱 34	4387975	91115	8. 38	0. 279333
钱 83	4386265	87940	13. 51	0. 450333
钱水 12	4386195	87817. 5	17. 58	0. 586
钱 32	4385975	87795	24. 88	0. 829333
钱 29	4385690	87815	7. 44	0. 248
钱 105	4385043	88426. 5	10. 28	0. 342667
钱 21	4384650	88875	6. 33	0. 211
林 86	4385023	89455	12. 48	0. 416

表4-2（续）

钻孔名称	Y（纬度）	X（经度）	煤顶面30 m内透气层厚度/m	比　值
钱东1	4385255	89380	11.15	0.371667
钱43	4385225	89055	10.92	0.364
钱东2	4385480	89227.5	10.91	0.363667
钱东5	4385958	88897.5	6.2	0.206667
钱99	4385773	88520	14.68	0.489333
钱44	4386193	88347.5	6.97	0.232333
钱9	4386713	88115	17.34	0.578
钱100	4386340	88740	14.18	0.472667
钱14	4385840	89315	17.86	0.595333
钱水19	4387645	89080	0.7	0.023333
钱东3	4385840	90060	22.97	0.765667
钱井2	4384713	90350	27.24	0.908
钱37	4386223	89887.5	22.37	0.745667
钱36	4385425	89997.5	14.11	0.470333
钱38	4386983	89765	17.49	0.583
钱39	4387830	89717.5	21.13	0.704333
钱东6	4385225	91025	4.94	0.164667
钱补1	4386590	90962.5	7.59	0.253
钱8	4385913	91030	14.7	0.49
钱11	4388175	90185	8.93	0.297667
钱补8	4385705	91280	10.76	0.358667
钱水7	4386045	91367.5	14.86	0.495333
钱水23	4387535	91170	7.55	0.251667

5. 顶板透气性和底板透气性

分析表明在研究区粉砂岩和泥岩岩性致密，是良好的覆盖层，所以在统计钻孔资料的时候，把粉砂岩和泥岩的厚度之和作为弱透气层的厚度，用负数表示，对于细砂岩及中粗砂岩之和作为透气层的厚度，用正数表示。统计方法如下：先用统计数据进行插值，对于每个工作面，统计点为负值的个数 n 和统计点的总数 m，用 n/m 表示该煤层顶板或底板透气性的好坏，很显然，n/m 的值越大就说明工作面中弱透气层所占的面积越大，越有利于瓦斯的保存。

6. 主构造组合的影响

通过分析，对研究区影响最大的主构造组合就是南阳背斜和靠近该背斜轴部的F4断层、11DF3断层，它们组成的构造组合直接导致了三采区东翼和二采区东翼瓦斯相对很低。对受该组合影响较大的工作面取值为1，对于没有影响或者影响不大的工作面取值为0。

经以上对 9 个地质因素进行统计量化，得到 9 个地质因素指标量化值，结果见表4－3。

表4－3 各区域地质因素统计量化值及平均相对瓦斯涌出量

工作面	埋藏深度/m	煤层厚度/m	煤层倾角/(°)	煤层倾角变异系数	煤层厚度变异系数	透气层比值	顶板透气性	底板透气性	主构造影响	平均相对瓦斯涌出量/($m^3 \cdot t^{-1}$)
1371	415.195	4.209	10.447	0.062	0.143	0.501	0.462	0.5	1	0.7
1373	455.611	4.257	9.428	0.123	0.066	0.464	0.589	0.375	1	0.7
1377	549.071	5.328	7.085	0.098	0.066	0.443	1	0.264	1	0.5
1378	566.077	4.919	6.278	0.07	0.027	0.416	1	0.53	1	0.5
1177 东	459.725	3.57	10.663	0.119	0.153	0.39	1	1	0	0.8
1178 东	486.449	3.629	11.985	0.028	0.171	0.364	1	1	0	0.8
1274 东	309.299	6.484	5.791	0.258	0.119	0.496	0.369	0	1	0.6
1277 东	373.662	4.74	11.86	0.095	0.147	0.495	0.632	0.667	1	0.5
1371 西	406.638	4.114	9.804	0.186	0.195	0.533	0.45	0.612	0	1.4
1372 西	433.835	4.595	10.033	0.064	0.106	0.478	0.667	0.6	0	1.4
1373 西	461.871	4.558	10.019	0.037	0.122	0.5	0.4	0.358	0	1.4
辅 274	339.681	3.983	5.857	0.099	0.017	0.353	1	0.563	0	0.6
辅 275	358.032	4.179	6.059	0.062	0.02	0.306	1	1	0	0.8
辅 276	376.015	4.211	8.437	0.141	0.079	0.376	1	1	0	1.1

二、BP 神经网络在 Matlab 中的实现

Matlab 是 Math Works 公司推出的一套功能十分强大的工程计算及数值分析软件，是目前世界上应用最广泛的工程计算软件之一，它集数值分析、矩阵运算、信号处理和图形显示于一体，构成了一个方便的、界面友好的用户环境。随着版本的升级，其功能不断扩充和改进，使用越来越方便，适用领域也越来越广。它包括被称作 Toolbox（工具箱）的各个领域的求解工具。

为了训练一个 BP 网络，需要计算网络加权输入矢量及网络输出和误差矢量，然后求得误差平方和。当所训练矢量的误差平方和小于误差目标，训练则停止，否则在输出层计算误差变化，且采用反向传播学习规则来调整权值，并重复这些过程。当网络完成训练后，对网络输入一个不是训练集合中的矢量，网络将以泛化方式给出结果。

三、区域瓦斯平均相对涌出量预测

用 BP 人工神经网络进行预测时，将各地质因素统计量化值作为网络输入，对应区域瓦斯平均相对涌出量作为训练目标即网络输出。

为了验证 BP 神经网络的训练结果和预测精度，从表4－3 中任选 3 组数据样本作为待测样本，以检验经训练的 BP 神经网络的预测精度，其余数据样本均作为训练样本，对 BP 神经网络进行训练，训练样本与检验样本见表4－4 和表4－5。

表4-4 训 练 样 本 表

工作面	网络输入									训练目标
	埋藏深度/m	煤层厚度/m	煤层倾角/(°)	煤层倾角变异系数	煤层厚度变异系数	透气层比	顶板透气性	底板透气性	主构造影响	平均相对瓦斯涌出量/($m^3 \cdot t^{-1}$)
1371	415.195	4.209	10.447	0.062	0.143	0.501	0.462	0.5	1	0.7
1377	549.071	5.328	7.085	0.098	0.066	0.443	1	0.264	1	0.5
1378	566.077	4.919	6.278	0.07	0.027	0.416	1	0.53	1	0.5
1177东	459.725	3.57	10.663	0.119	0.153	0.39	1	1	0	0.8
1178东	486.449	3.629	11.985	0.028	0.171	0.364	1	1	0	0.8
1274东	309.299	6.484	5.791	0.258	0.119	0.496	0.369	0	1	0.6
1277东	373.662	4.74	11.86	0.095	0.147	0.495	0.632	0.667	1	0.5
1371西	406.638	4.114	9.804	0.186	0.195	0.533	0.45	0.612	0	1.4
1372西	433.835	4.595	10.033	0.064	0.106	0.478	0.667	0.6	0	1.4
辅274	339.681	3.983	5.857	0.099	0.017	0.353	1	0.563	0	0.6
辅276	376.015	4.211	8.437	0.141	0.079	0.376	1	1	0	1.1

表4-5 检 验 样 本 表

工作面	网络输入									期望输出
	埋藏深度/m	煤层厚度/m	煤层倾角/(°)	煤层倾角变异系数	煤层厚度变异系数	透气层比	顶板岩性	底板岩性	主构造影响	平均相对瓦斯涌出量/($m^3 \cdot t^{-1}$)
1373	455.611	4.257	9.428	0.123	0.066	0.464	0.589	0.375	1	0.7
1373西	461.871	4.558	10.019	0.037	0.122	0.5	0.4	0.358	0	1.4
辅275	358.032	4.179	6.059	0.062	0.02	0.306	1	1	0	0.8

用表4-4中的训练样本对网络进行训练。

网络训练收敛过程与收敛结果如图4-3所示，图中显示出网络训练过程中网络输出与训练目标的误差，由图可以看出，经训练后，网络输出与训练目标之间的误差仅为10^{-4}，即经过训练的网络已经基本反映出了网络输入与训练目标之间的相关关系，已可以进行下一步工作——网络预测效果检验。

训练结束后，用待测样本（表4-5）对训练好的BP网络进行检验，检验结果见表4-6。

结果显示，训练后的BP网络的预测结果与实际数值的相对误差平均为17.56%，考虑到煤矿企业实际生产情况，认为这样的误差范围为可接受范围，BP神经网络可以作为

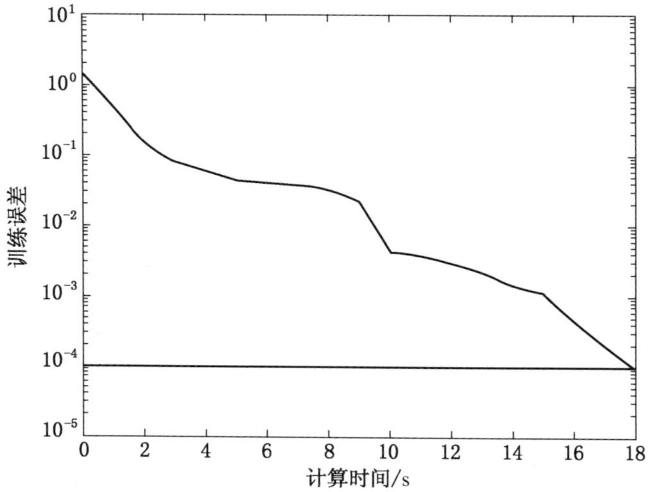

图4-3　BP神经网络训练收敛过程图

表4-6　网络检验结果表

工作面	实际平均相对瓦斯涌出量/($m^3 \cdot t^{-1}$)	网络输出（预测平均相对瓦斯涌出量)/($m^3 \cdot t^{-1}$)	相对误差/%	平均相对误差/%
1373	0.7	0.61	12.86	17.56
1373 西	1.4	1.59	13.57	
辅 275	0.8	0.59	26.25	

预测井田瓦斯分布的工具，即可以用BP神经网络来预测钱家营煤矿井田内各区域的瓦斯赋存情况（开采作业时的平均瓦斯涌出量）。

因为在用神经网络进行预测工作时，训练样本越多，其预测效果越好，所以为了提高预测准确性，首先将上述检验样本也作为训练样本参加网络的训练，即将表4-3中的数据作为训练样本，这样训练后的网络预测平均相对误差应小于17.56%，但因没有检验样本，无法准确计算误差，所以还将17.56%作为平均相对误差对井田各区域开采作业平均瓦斯相对涌出量进行预测。

预测区域如图4-4所示，其地质因素统计量化值及预测平均瓦斯相对涌出量见表4-7。考虑误差的预测平均相对瓦斯涌出量见表4-8。

表4-8中相对瓦斯涌出量范围的下限=表4-6中网络输出值×(1-0.1756)，上限=表4-6中网络输出值×(1+0.1756)，0.1756为表4-6中的平均相对误差。

此预测结果仅为该区域回采过程中的平均相对瓦斯涌出量，该值能反映出各预测区域的平均瓦斯赋存情况，但因瓦斯赋存情况还受局部地质构造因素影响，因此不排除在回采过程中出现局部地方相对瓦斯涌出量超出预测范围的情况。

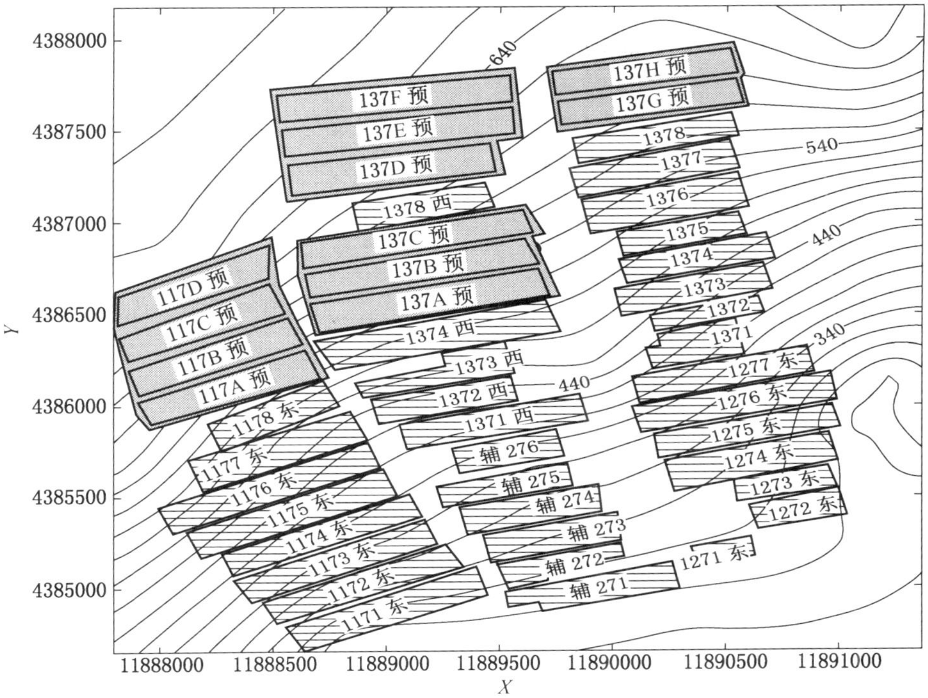

图 4-4 平均相对瓦斯涌出量预测区域示意图

表 4-7 预测区域地质情况统计量化值及预测平均相对瓦斯涌出量

工作面	网络输入									网络输出
	埋藏深度/m	煤层厚度/m	煤层倾角/(°)	煤层倾角变异系数	煤层厚度变异系数	透气层比	顶板透气性	底板透气性	主构造影响	预测平均瓦斯相对涌出量/($m^3 \cdot t^{-1}$)
137A 预	530.519	5.362	9.247	0.216	0.062	0.522	0.84	0.28	0	1.41
137B 预	556.584	5.641	8.726	0.221	0.03	0.493	1	0.096	0	1.18
137C 预	579.599	5.729	8.089	0.182	0.057	0.451	1	0	0	1.05
137D 预	627.987	5.288	6.587	0.107	0.039	0.301	1	0.2	0	0.76
137E 预	641.975	4.997	5.798	0.103	0.042	0.243	1	0.783	0	0.86
137G 预	587.337	4.379	6.041	0.102	0.06	0.436	1	0.688	1	0.75
117A 预	538.91	3.351	11.733	0.067	0.238	0.375	1	1	0	0.65
117B 预	574.292	3.373	12.055	0.049	0.203	0.385	1	1	0	0.74
117C 预	611.979	3.574	11.198	0.031	0.13	0.447	1	0.723	0	0.93
117D 预	645.218	3.713	9.773	0.036	0.109	0.512	1	0	0	1.22
137F 预	656.775	4.559	4.781	0.097	0.104	0.207	1	0.96	0	0.94
137H 预	604.296	3.848	5.329	0.104	0.139	0.444	1	0.938	1	0.91

表4-8 考虑误差的各区域平均相对瓦斯涌出量

工作面	网络输出	考虑误差的预测平均相对瓦斯涌出量范围/($m^3 \cdot t^{-1}$)
137A 预	1.41	1.16~1.65
137B 预	1.18	0.97~1.38
137C 预	1.05	0.86~1.23
137D 预	0.76	0.63~0.89
137E 预	0.86	0.71~1.02
137G 预	0.75	0.62~0.88
117A 预	0.65	0.53~0.76
117B 预	0.74	0.61~0.87
117C 预	0.93	0.77~1.1
117D 预	1.22	1.01~1.44
137F 预	0.94	0.77~1.1
137H 预	0.91	0.75~1.07

第五章　安全管理信息系统及实例分析

第一节　安全管理信息系统基础

一、安全管理信息系统的定义

管理信息系统的概念出现在20世纪70年代，在80年代得到蓬勃的发展，并逐渐成为一门新兴学科。管理信息系统的定义比较有代表性的是管理信息系统的创始人——明尼苏达大学卡尔森管理学院教授 Gordon B. Davis，他给出一个较完整的定义："管理信息系统是一个利用计算机硬件和软件、手工作业、分析、计划、控制和决策模型，以及数据库的用户—机器系统。它具有提供信息支持企业或组织的运行、管理和决策的功能。"

安全管理信息系统的实质就是在安全管理领域使用的管理信息系统。因此，安全管理信息系统的定义：安全管理信息系统是一个以人为主导，利用计算机硬件、软件、网络通信设备及其他办公设备，结合先进的信息技术和多学科知识，进行安全信息的收集、传输、加工、存储、更新维护，以实现生产与非生产的全过程安全管理为目的，支持安全管理者的高层安全决策、中层安全控制、基层安全管理运作的集成化的人机系统。

二、安全管理信息系统的特点

由安全管理信息系统的定义可以得到安全管理信息系统具有如下的特点：

（1）安全管理信息系统是实现综合性安全管理的系统。安全管理信息系统综合的意义在于产生更高层次的安全管理信息，为安全管理决策提供支持。

（2）安全管理信息系统是面向管理决策的系统。安全管理信息系统本身蕴涵了安全管理学的思想方法，以及管理与决策的行为理论。它必须能够根据管理的需要，及时提供所需要的安全信息，帮助决策者作出决策。

（3）安全管理信息系统是一个人机结合的辅助管理系统。在安全管理信息系统中，各级安全管理人员既是系统的使用者，又是系统的组成部分。因此，在安全管理信息系统开发的过程中，要根据这一点，正确地界定安全管理工作者和计算机在系统中的地位、作用和相互之间的关系，充分发挥人和计算机各自的长处，使系统整体性能达到最优。

（4）安全管理信息系统是现代安全管理方法和手段相结合的系统。安全管理信息系统要发挥其在安全管理中的作用，就必须与先进的安全管理手段和方法结合起来，在开发安全管理信息系统的过程中，改善政府和企业的现行安全管理模式和组织架构，融入现代化的管理思想和方法。

（5）安全管理信息系统是一个多学科交叉的研究领域。随着信息技术与其他学科的发展，信息论和控制论构成了信息科学的理论基础，也为安全信息的管理提供了理论依据。计算机科学和系统工程的发展，特别是模糊数学、灰色系统理论、运筹学等研究成果为安全信息管理提供了方法论的基础；决策理论和现代管理理论也成为安全管理信息系统吸取研究养分的范畴；地理信息系统、多媒体技术等方面的知识也逐渐成为安全管理信息系统的应用研究领域。

三、安全管理信息系统的作用

安全管理信息系统的应用是现代安全管理的重要标志之一。它涉及安全管理的各个环节，对安全生产实施全员、全过程的动态管理，实现安全管理的自动化和科学化。安全管理信息系统的功能主要有以下几点：

（1）贯彻落实国家制定的安全法律法规、方针政策。通过安全管理信息系统的应用，可以保证国家规定的安全法律法规、方针政策在各企事业单位得到贯彻落实。如工伤事故报告和处理子系统按照《企业职工伤亡事故统计报告制度》对工伤事故进行管理，提高了日常安全工作的效率和工作质量，使安全法律法规、方针政策的执行落实工作规范化、制度化。

（2）实现安全管理办公事务自动化，提高了日常安全工作的效率和工作质量。安全管理信息系统最基本的功能是处理数据，即日常安全管理业务的自动化处理功能。这些日常的安全管理工作包括定期的安全检查、安全工作会议、事故上报制度、人员和设备的安全管理等。这些工作不仅需要保证工作效率和工作质量，还会产生大量的需要保存的安全信息。

（3）建立安全信息沟通平台，提高人的安全信息能力。安全管理信息系统建立在安全管理信息网络的基础上。开发一个安全管理信息系统就是建设一个安全管理信息的沟通平台，沟通横向和纵向的不同层次的安全信息体系，实现信息共享，实现安全信息的电子化，提高人的安全信息功能。通过网络等现代信息技术，随时随地为人们提供安全信息的查询，更快更有效地传达各项安全措施和决策，更好地发挥安全信息的宣传和教育功能。

（4）为安全管理和决策工作提供有效的信息支持。安全管理信息系统是一个科学的安全信息管理体系，可以有效地收集、处理各种原始数据，为各级政府职能部门提供及时、准确、行之有效的安全监察、管理信息，随时了解辖区内的安全生产现状。最大限度地从原始数据中挖掘出有效信息，为各级安全管理人员的管理和决策工作提供信息支持。

四、安全管理信息系统的分类

安全管理信息系统是一个宽泛的概念，由于功能、目标、特点和服务对象不同而有不同的分类。从层次上可以分为安全管理业务信息系统、安全管理信息系统和安全决策支持系统。从系统的服务对象和功能，可以分为以下 3 种类型。

（一）企业安全管理信息系统

面对内部管理的企业安全管理信息系统是一个以企业的安全管理部门为主，主要处理企业日常的安全管理工作，涉及企业内部的技术、劳资、财务、行政等部门及其领导、管理人员、基层职工的综合安全管理体系。通常将系统逻辑结构设计为由决策层、管理层、作业层组成的层次结构，通常具备以下功能板块。

1. 生产隐患管理子系统

生产隐患管理子系统是指对企业内部的生产隐患进行检查整改的工作板块。其一般的工作流程：制作有针对性的安全检查表→检查工作岗位→对查出的生产隐患进行风险评价→打印生产隐患整改通知→下放到相关部门→相关工作岗位对隐患进行整改。而安全管理信息系统的内部数据处理流程：收集生产隐患→将生产隐患输入总库→分类归档→制作安全检查表→（检查工作岗位后）发现新隐患→发送限时整改通知→（隐患整改后）将新的生产隐患分类归档处理→输入总库。这是一个闭合的回路，安全隐患信息在相关生产环节之间流动，并指导基层的安全工作。

2. 伤亡事故管理子系统

伤亡事故管理子系统可以分为建立事故档案、伤亡事故统计系统、伤亡事故智能分析预测3个层次。建立事故档案是最基本的层次，即利用各种报表完成事故上报、事故调查记录、事故处理记录的工作，提供事故查询、打印报表等功能。伤亡事故统计系统是指在事故档案的基础上，对伤亡事故进行统计，得出伤亡事故发生的一般规律，给出事故的分布情况，使管理者掌握企业当前的安全生产状况，用于指导安全生产资源和人员的调度，对职工进行有针对性的安全培训和安全教育。伤亡事故智能分析预测是最高的层次，属于智能决策管理范围，即对事故的影响因子进行权重分析，研究事故的发生规律，为预防和控制事故的发生提供理论依据；根据科学合理的数学模型对伤亡事故进行模拟和智能分析，得出事故的预测信息，指导事故预测和事故控制的工作，为安全决策提供信息支持。

3. 安全教育管理子系统

安全教育管理子系统包括安全教育和安全培训的各种工作。通过系统与网络的结合发布各种安全信息以达到教育、宣传的目的，如发布政府或企业最新的安全生产法律法规、方针政策进行法规政策宣传教育；发布行业或企业内部的事故统计数据使全体人员对生产的安全状况有所了解，加强安全意识；提供职业保护措施的查询，增加职工的保护知识和加强自我保护意识。对特定人员展开各类安全培训，如新职工的入职培训、特种作业人员培训及专项安全培训活动。

（二）政府安全生产监督综合管理系统

安全监督管理部门的职责是综合监督、管理、协调和指导辖区内的各项安全生产工作。政府安全管理信息系统主要应完成以下工作：负责辖区内的重大危险源的监控管理；组织辖区内的安全生产大检查和专项督查；组织、协调安全生产事故的调查处理工作，定期分析和预测辖区内的安全生产形势；组织、指挥和协调辖区内的安全生产应急救援工作；负责发布辖区内的安全生产信息。从功能设置来说，一般由电子政务、数据申报、公共查询、监督监察、事故预警、应急救援和系统管理等几部分组成。从功能板块来看，通常包括以下五大板块。

1. 安全生产监管综合政务系统

安全生产监管综合政务系统包括安全生产许可证管理系统、危化品安全生产监督系统、安全生产统计分析、公文流转管理系统、安全评价中介管理系统及特种作业管理等。

2. 重大危险源管理信息系统

重大危险源管理信息系统由重大危险源动态监督管理系统和重大事故应急救援辅助决策支持系统组成，其具体组成如图5－1所示。

3. 安全生产调度与统计信息系统

安全生产调度与统计信息系统是一个安全信息平台，具体包括伤亡事故管理、事故调

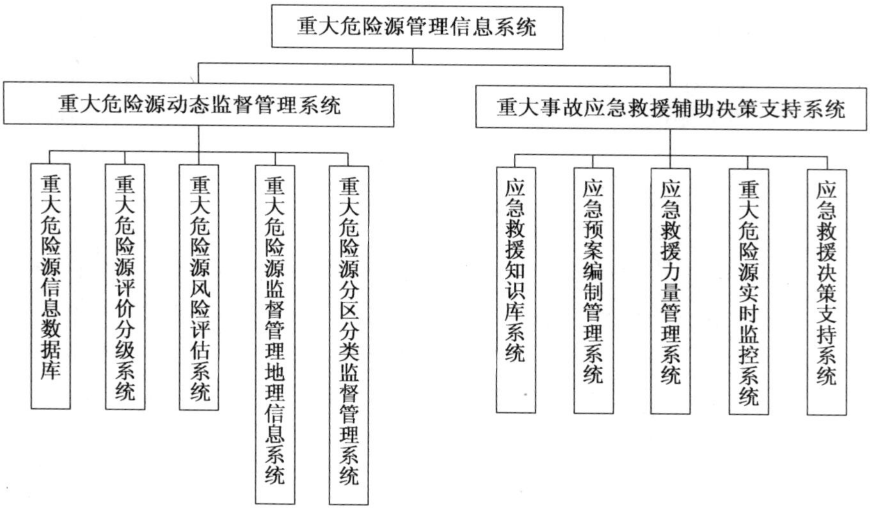

图5－1　重大危险源管理信息系统

度快报、事故统计、行政执法统计、行政许可统计、职业危害统计、安全生产情况预决策分析和安全生产辅助决策支持模块。

4. 公共安全信息查询系统

政府安全生产监督综合管理系统的服务对象不只是政府安全主管部门的人员，也包括安全监督管理范围内的企业和社会广大人民群众。公共安全信息查询系统是指系统对外提供的各种公共安全信息的查询功能。公共安全信息一般包括：国家或上级发布的最新安全法律法规、方针政策，辖区内主管部门制定的地方性法规，国家标准；危险化学品信息；职业安全卫生保护信息；周期性的事故统计和安全生产形势调研报告；特种作业人员查询；企业负责人查询；安全中介机构资质证书和安全评价人员查询等。

5. 外网门户系统

外网门户系统主要包括社会服务功能，政务信息和安全生产事故信息的公布功能等。专网和外网之间有网闸进行安全隔离，并根据业务需要进行数据交换。

（三）特定领域的安全管理信息系统

针对某特定领域，或针对某种特定管理功能的安全管理系统也在安全管理领域得到广泛应用。如矿山安全生产实时监控及调度管理系统，采集矿山安全、监测及生产调度等信息，实现实时传输处理、图像/图形显示、图形和数据存储管理及输出、图像、图形、动画、文字报表等为一体的综合调度指挥多媒体系统。系统基于计算机网络技术，将矿山的各个独立系统（设备、环境、提升、运输、通风等监测系统）连为一体，通过安装在生产现场的温度、风速等传感器，可将各监测点的温度、风速、负压及矿山大型生产设备实时工况，高峰用电期内井下大型设备供电管理等情况，实时地显示在调度室或有关领导及科室办公室的电脑屏幕上，使领导和生产管理人员掌握生产情况，实时指挥生产，及时排除故障，确保生产安全。

五、安全管理信息系统的设计开发

（一）安全管理信息系统的结构

1. 安全管理信息系统的概念结构

安全管理信息系统从总体概念来看，可以分为信息源、信息处理器、信息用户和信息管理者4个组成部分，如图5－2所示。其中，信息源是信息的产生地，信息处理器完成信息的接收、传输、加工、存储、处理和输出等任务，信息用户是信息的具体使用者，信息管理者则进行信息的总体管理和谐调。该模型对信息处理的一般性组成进行了描述，体现了从信息源到信息用户的单向流动和信息管理者总体控制的特点。

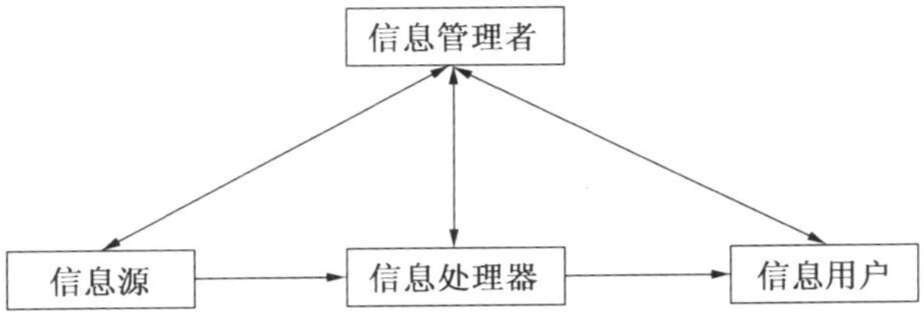

图5－2　安全管理信息系统概念结构

2. 安全管理信息系统的层次结构

一般，组织结构是分层的，对应于系统用户的高层、中层和基层，由战略管理层、管理控制层、作业管理层和事务处理层形成安全管理信息系统的纵向结构，如图5－3所示。

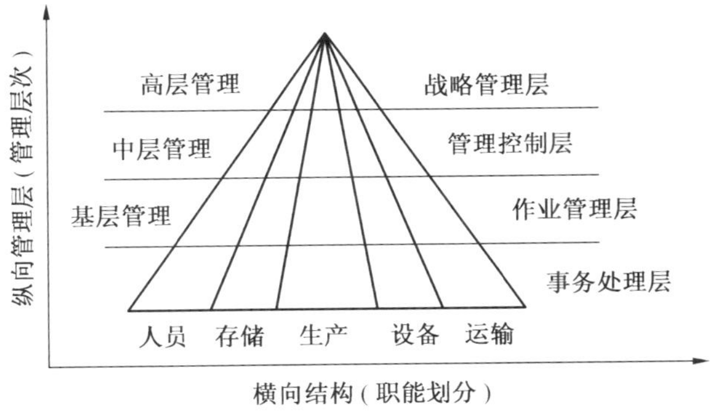

图5－3　安全管理信息系统的层次结构

其中，事务处理层主要针对组织日常安全管理工作中的各类统计、报表、信息查询和档案管理等；作业管理层主要是具体的计划执行；管理控制层则对组织规划的具体落实情况进行控制，集中在实现过程；战略管理层则是对组织长远安全目标和总体方针政策的制定。

3. 安全管理信息系统的软件结构

安全管理信息系统一般可分解为以下6个基本软件组成部分：

（1）电子数据处理系统部分。主要完成数据的收集、输入，数据库的管理、查询、基本数学运算，日常安全报表的输出等。

（2）分析部分。在数据处理系统的基础上，对数据进行深加工，运用各种安全管理模型、定量化分析手段、程序化方法、运筹学方法等对安全生产情况进行分析。

（3）决策部分。决策模型以解决安全管理决策问题为主，其结果是为高层管理者提供一个最优决策方案，并给出最优方案的解释支持信息。

（4）数据库部分。主要完成数据文件的存储、组织及备份等功能，数据库部分是管理信息系统的核心部分。

（5）接口部分。指实现安全管理信息系统与外部数据和系统进行数据交换功能的部分，即数据的输入和输出，是系统的必备功能之一。

（6）界面部分。界面是用户和系统直接交互的关键，界面设计良好的安全管理信息系统便于使用和容易赢得用户的认可。

4. 安全管理信息系统的物理结构

安全管理信息系统的物理结构可以理解为组成系统的硬件构成，包括计算机系统、网络等。安全管理信息系统的物理结构随着信息系统及信息技术的发展有较大的变化。如早期基于大型机（终端）的信息系统结构，接下来发展基于 Internet 的信息系统，以及 B/S 和 C/S 的信息系统等。安全管理信息系统的具体物理结构取决于应用的具体环境和需求，没有固定的模式，并且将随着信息技术的快速发展而不断产生新的结构。

（二）设计开发的系统分析方法

1. 系统方法的基本观点

系统方法的要点有系统的思想、数学的方法和计算机应用技术。系统的思想就是把研究对象作为一个系统，考虑系统的一般特性和被研究对象的个性；数学的方法就是用定量技术即数学方法来研究系统，通过建立系统的数学模型和运行模型，将得到的结果进行分析，再运用到原来的系统中；计算机技术是指在计算机上用数学模型对现实系统进行模拟，以实现系统的最优化。安全管理信息系统的开发是以系统分析方法为基础进行的。

2. 系统分析的原则

系统分析的一般原则如下：

（1）明确系统的目的，理解系统所要完成的任务。任何一个系统都有它的目的，因此必须明确系统的目的，了解系统所要完成的任务，即搞清楚系统的输出。

（2）区分系统与环境。系统有它的边界，要想更好地研究系统，必须明确系统的界限和范围，边界就是系统的范围。任何一个系统，总是在一定的社会环境中存在着。它从环境中得到某些物质或信息（输入过程），同时，它又给环境以某些物质或信息（输出过程）。系统的目标就是在这种不断的输入和输出过程中实现或体现出来的。

（3）掌握系统的处理流程。要分析系统的目标是如何达到的，就要弄清楚系统运行经过的输入、处理和输出整个流程。掌握了系统的流程，就可以进一步明确系统的任务。

（4）把握系统的分与合。一个系统是另外一个更大系统的子系统，而每个系统又可以分解成若干个子系统。因此，在系统的研究中，要根据需要进行系统的分解和合并。分解是为了细化系统，使得研究工作更容易。合并是为了从整体上研究系统，掌握系统的整体情况。

（5）自顶向下进行研究。对系统的研究是自顶向下进行的，首先了解全局的观点，在全局观点的指导下，将复杂的系统划分为子系统，子系统再继续分解为子子系统，直到分解为便于掌握和理解为止。

（6）注意系统的应变性。任何一个系统都处于一定的环境中，因此它必定和环境存在密切的联系：一是环境对系统有一定的影响；二是系统对环境要有一定的影响。

在信息系统的开发建设中，要利用系统分析的原则，首先明确系统的目标，划分出系统和环境，然后自顶向下地分析系统的每个组成部分，弄清楚各个组成部分之间的信息交换关系，最后进行系统的详细设计。在整个建设的过程中，始终要注意系统的应变性。

六、安全管理信息系统开发的方法

由于安全管理信息的种类很多，情况各异，研制开发的具体方法、途径有很多种，从而形成了多种系统的开发方法，如结构化生命周期法、原型化方法、利用软件包开发信息系统的方法、面向对象方法、CASE 方法和软系统方法等。下面以前 3 种为例加以详细介绍。

（一）结构化生命周期法

1. 安全管理信息系统的周期

一个系统在使用过程中要随着生存环境的变化而不断维护和修改，当它不适应的时候就要被淘汰，同时提出建立新系统的要求，用新系统代替原有的系统，这种不断循环的过程称为安全管理信息系统的生命周期。安全管理信息系统的生命周期和相应的工作阶段如图 5－4 所示。

2. 结构化生命周期法的应用

在安全管理信息系统开发初期最常用的方法就是生命周期法。生命周期法的主要思想是从系统调查开始，对安全管理信息系统可行性分析、总体规划、系统分析、系统设计、系统运行和维护，直至要求建立新的系统看成是一个生命周期的结束，另一个生命周期的开始。

用结构化程序设计方法编写的程序趋于标准化、线性化，不仅提高了编程效率，而且提高了程序的清晰度。把结构化的程序设计思想引入系统分析和设计中，就形成了结构化的系统分析与设计方法。

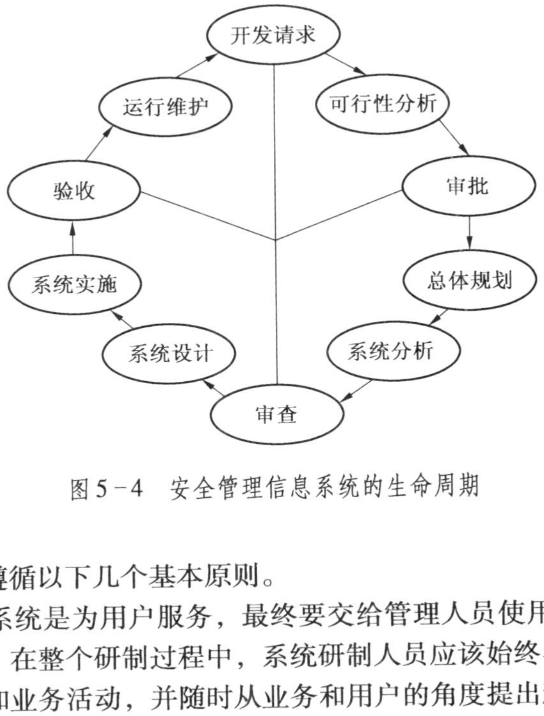

图 5－4　安全管理信息系统的生命周期

3. 结构化方法的基本思想

与传统的方法相比，结构化方法强调遵循以下几个基本原则。

（1）面对用户的观点。安全管理信息系统是为用户服务，最终要交给管理人员使用。因此，用户要参与到系统分析与设计中来。在整个研制过程中，系统研制人员应该始终与用户保持联系，充分理解用户的信息需求和业务活动，并随时从业务和用户的角度提出新的需求，从而使得新系统更加科学、合理。

（2）严格区分工作阶段。结构化方法强调将整个开发过程分为若干个阶段，每个阶段都有其明确的任务和目标，以及预期要达到的阶段性成果。前一个阶段的结果是后一阶段开发的依据。在没有进行可行性分析之前，不要急于上项目；没有进行详细的总体规划和系统分析，不要急于动手开始设计；没有详细进行系统设计前，不要急于编写程序。这样才能保证系统开发的质量。

（3）自顶向下开发。按照系统的观点，任何事情都是相互有机联系的整体。所以在分析问题时应首先站在整体的角度，将各项具体的业务或组合放到整体中加以考察。首先保证全局的正确性，然后再一层层地深入考虑和处理局部问题。这就是所谓的自顶向下的分析设计思想。

在系统分析阶段，按照全局的观点对企业进行分析，自顶向下、从粗到细、由表及里，将系统逐层逐级地进行分解，最后进行逆向综合，构成系统的信息模型。在系统设计阶段，先把系统功能当成一个大模块，然后逐层分解，完成系统模块的结构设计。在实施阶段，先实现系统的框架，自顶向下完善系统的功能。

（4）充分考虑变化的情况。信息系统和环境密切相关，而环境是不断变化的，必然对系统产生冲击；用户对系统的要求也是不断变化的，必然会引起系统的变化；另外系统内部处理模式也会引起系统的变化。结构化方法就是充分考虑到这种变化的情况，在系统的设计中，把系统的可变更性放在首位，运用模块结构方法来组织系统，使系统的可修改性和灵活性得到充分的体现。

（5）开发成果规范化、标准化。管理信息系统开发是一项复杂的系统工程，为了保证工作的连续性，每个开发阶段的成果都应该有文字资料记载，详细把每个步骤所考虑的情况、所出现的问题、所取得的成果完整地形成文字资料，资料格式要规范化、标准化。这些资料是开发人员、用户交流思想的工具，新系统运行后是系统维护的依据。因此，开发成果描述必须简单、明确，既便于研制人员阅读和讨论，又便于用户理解。

4. 结构化开发方法的一般过程

本书将其划分为6个阶段：系统可行性分析阶段、系统总体规划阶段、系统分析阶段、系统设计阶段、系统实施阶段、系统运行管理阶段。

1）系统可行性分析阶段

系统分析员首先采用各种方法对现行系统进行初步调查研究，弄清现行系统组织分工、业务流程、现有资源及系统存在的薄弱环节等，然后从有益性、可能性和必要性等方面对未来系统的经济效益、社会效益进行初步分析。在理解现有调查资料的基础上，与用户进一步协商提出新系统的目标，并对新系统开发进行可行性研究，形成可行性报告。对报告中所阐述的可行性分析内容要进行充分论证。可行性报告通过审核后才可以进入下一阶段的工作。

2）系统总体规划阶段

系统规划是在确定新系统可以立即开发之后进行的。总体规划就是从总体的角度来规划系统应该由哪些部分组成，在这些组成部分中有哪些数据类（这里所规划的数据类是被系统各个模块所公用的主题数据库），它们之间的信息交换关系通过数据库来实现，并根据信息和功能需求提出计算机系统硬件网络配置方案。同时根据管理需求确定这些模块的开发优先顺序，制定出开发计划，根据开发计划合理调配人员、物资和时间。

3）系统分析阶段

系统分析阶段是新系统的逻辑设计阶段，是系统开发中非常重要的阶段。主要任务如下：

（1）按照总体规划的要求，对系统组织结构、业务流程进行详细的调查。

（2）信息需求的分析。详细分析系统的业务流程，抽取数据流程，确定新系统的逻辑结构，建立数据字典。

（3）进行功能的分析。即详细分析各部分如何对各类信息进行加工处理，以实现用户的各类功能需求。

（4）用数据流程图、数据字典及各种逻辑表达工具等将分析结果描述出来，形成独立于任何物理设备的新系统逻辑模型。

4）系统设计阶段

系统设计阶段是新系统的物理设计阶段。系统设计的主要任务是根据新系统的逻辑模型，结合计算机的具体配置设计各个组成部分在计算机上的具体实现，即具体选择一个物理的计算机信息处理系统。

系统设计包括系统结构设计、处理流程设计、代码设计、输入输出设计、数据文件、数据库设计及网络设计等。系统设计的关键是模块化，设计工作中强调采用结构化设计方法。使用结构图明确流程，设计模块及模块之间的耦合关系等，对一个复杂的系统进行分解。

5）系统实施阶段

系统实施是在系统设计的基础上进行具体实施。这一阶段的主要任务包括设备的购买和安装，程序的编制，数据的录入，人员的培训，系统的测试、调试与转换等。

6）系统运行管理

管理和维护工作是系统研制工作的继续，其主要任务包括对系统进行修改与维护，日常运行管理，运行情况的记录，对系统运行情况进行检查。

通过以上各个工作阶段，新系统代替原系统正常运行。但是，系统的环境是不断变化的，为了使系统能适应环境而具有生命力，必须进行维护和评价，使系统总是处于最佳的工作状态。当这个系统运行到一定阶段，不再适合于系统的总目标时，又将提出新系统的开发要求，于是，另一个新系统的生命周期开始，进入新一轮的系统开发工作。

（二）原型化方法

1. 概述

原型化方法是在获得一组基本的需求之后，就快速地建立原型框架。原型化方法随着用户或开发人员对系统理解的加深而不断地对基本需求进行补充和细化，系统需求的定义是在逐步发展的过程中进行的，而不是一开始就预见的。

原型化方法的基本思想就是根据用户提出的需求，由用户与开发者共同确定系统的基本要求和主要功能，并在较短时间内建立一个试验性的、简单的小型系统，称作“原型”，然后将原型交给用户使用。用户在使用原型的过程中会产生新的需求，开发人员依据用户提出的意见对简易原型进行不断的修改、补充和完善。如此不断地反复修改，直至满足用户的需求，最终形成一个相对稳定、较为理想的安全管理信息系统。

2. 原型化方法的开发过程

原型化方法是先了解用户的基本需求，把需求定义看成是开发人员与用户不断沟通和反复交流并逐渐达成共识的一个过程。它允许用户在开发过程中分阶段地提出更合理的要求，开发者根据用户的要求不断地对系统进行完善，其实质是一种循环迭代的开发过程。

（1）识别基本需求。首先必须理解用户系统的基本要求，包括系统结构、功能、输入及输出的要求，数据库基本结构，以及系统接口等。它与传统的严格定义方法的主要区别在于对用户需求的识别和表达不是一次完成的，它只需要了解系统的基本要求和主要功能，也就是说它的需求分析的过程不是省略而是简化。这些基本需求和主要功能可能是不完全的，也可能是有缺陷的，但这些在后面几个阶段的工作中可以不断补充和完善。原型化方法中迭代成为研制人员和用户共同完善系统需求的一种手段。每一次迭代都意味着原型系统向用户需求又前进了一步，迭代是系统开发进展的动力。

（2）构造初始原型。在对系统有了基本了解的基础上，系统开发人员应争取尽快地建立一个有一定深度和广度的初始原型，以便由它开始进行迭代。

（3）使用和验证原型。设计人员建成的系统原型是否能满足用户的需求，必须让用户进行使用和验证，并在此基础上提出新的需求以便修改原有的需求。原型迭代初期的主要工作包括：用户对原型进行熟悉和操作；总体检查，找出隐含的错误；用户实际操作和熟悉原型系统。后期的主要工作是发现不正确的或遗漏掉的功能，提出进一步的建议，以及改善系统/用户界面等。为此，开发人员应向用户充分解释所简称的原型的合理性。系统的原型在人机交互和用户与开发者交互的过程中逐步完善。

（4）修正和改进原型。根据使用中发现的问题和用户提出的新要求对原型进行修正和改进是原型化方法的实质性阶段。一般是在原有的初始原型的基础上作进一步改进。最好是保留改进前后两个原型的版本，从而可以并存地演示以帮助用户决策。在极个别的情况下，发现初始原型与用户的要求相违，或者由于其他理由不能成为继续迭代的内核，则应该果断地放弃该原型。

（5）判定原型完成。对于原型来说，每一个成功的改进都会促进模型的进一步完善。判断原型是否完成就是判断用户的各项应用需求是否已经被掌握并开发出来。如果用户和开发人员对系统满意，系统经过不断的迭代就形成了一个完整的信息系统。

（6）生成文档并交付使用。系统经过反复修改和验证最终被用户所接受时，就要进行文档的整理，然后将系统交付用户使用。原型化方法和其他方法一样也必须有一套完整的文档资料，包括用户的需求说明和原型本身的说明文档等。

（三）利用软件包开发信息系统的方法

1. 概述

通过购买应用软件包建立安全管理信息系统也是一种可供选择的信息系统开发战略。应用软件包是指从开发商那里买到的预先编写好的应用软件程序。对于企业而言，当有合适的软件包可选用时，建立安全管理信息系统就无须再为那些固定的功能编写自己的软件程序，从而减少了设计、测试、安装和维护的工作量。

2. 应用软件包的信息系统开发过程

表5－1描述了如何用应用软件包来开发一个信息系统的过程。系统分析包括对软件包的评价工作，它通常是把问题提交给各类软件包开发商进行。在此期间，可将用户提出的系统需求与开发商对问题的解答相比较，选择最能满足用户需求的软件包，随后的系统设计活动都将围绕使用户需求与软件包特征相匹配而进行。

表5-1 应用软件包的信息系统开发过程

系统分析	找出问题 确定用户需求 确定解决方案 确定软件开发商 评估软件包 选择软件包	编程、测试和转换	安装软件包 完成软件包的修改 设计程序界面 生成文档资料 转换成软件包系统 系统测试 培训软件包用户
系统设计	制定与软件包特征相吻合的用户需求 培训软件包应用技术人员 准备物理设计 按要求修改软件包设计 重新设计组织过程	运行和维护	纠正存在的问题 软件包更新或功能改善

第二节 煤矿现代安全管理与监察系统

一、概述

随着科学技术的进步和煤矿安全生产管理机制的变更，特别是信息处理手段和计算机网络技术的高度发展，煤矿安全管理亦应适应煤矿安全新形势的需要，应利用计算机网络传输安全管理与监察信息，快速、准确地查询和分析安全信息；同时，煤矿安全管理工作中，应能够方便地进行有关法律、法规的查询，有针对性地进行事故的系统安全分析；另外，安全信息的传输应能够覆盖集团公司和矿两级，并能方便地在各矿之间横向传输。因此，对于适用于公司、矿两级应用的煤矿现代安全管理与监察方法，完善其应用手段，是企业发展的需要，也是提高我国煤矿安全科学技术水平的需要。

（一）内容与方法

煤矿现代安全管理与监察系统是一个配备齐全的方法系统，包括安全网络系统和安全管理系统。安全网络系统用于计算机网络中，安全管理系统用于计算机工作站中。两者可以分别使用，完成各自工作；将它们配合应用，可充分发挥两者的优势，更有效地进行系统安全分析和安全管理、安全监察工作。

1. 安全网络系统

安全网络系统主要由三大部分组成：事故信息管理（简称事故信息）、安全信息管理（简称管理信息）和安全信息发布（简称信息发布）。

1）事故信息

在企业内部局域网和因特网（Internet）上发布和管理企业的事故信息及其与事故有关的各种安全信息，并在集团公司网络服务器上建立如下数据库：伤亡事故数据库、伤亡人员档案库、非人身伤亡事故数据库、安全活动数据库一、及安全活动数据库二。

2）管理信息

发布和管理企业安全信息管理的各种信息，并在集团公司网络服务器上建立数据库。包括如下数据表：安全信息运行统计、安全隐患统计、安监局安全调度统计、管理人员跟踪评估对照、安全评估与四联系对照、安全信息日报。

3）信息发布

在企业内部局域网和因特网（Internet）上实时发布日常安全信息，包括安全文件，安全规章制度，有关的通报、通知和会议精神等。这样，集团公司安监局、公司的有关职能部门及公司的各下属企业都可以通过因特网发布和查询安全工作的各种日常信息，传输和管理事故和安全信息，及时了解并准确把握公司的实际安全状况，有的放矢地进行安全管理和安全监察工作。

2. 安全管理系统

安全管理系统安装在各单位的计算机工作站上，包括安全数据库系统、安全信息管理系统、系统安全分析系统和安全法规系统四大部分。

1）安全数据库系统

安全数据库系统与安全网络系统的事故信息配合应用，其主要功能如下：快速、准确地对历史事故进行查询、检索；完成安全管理、安全监察过程中各种报表的编辑、打印工作；对数据库中的数据进行操作，即进行数据备份、备份查询、备份恢复和备份删除。

2）安全信息管理系统

安全信息管理系统与安全网络系统的管理信息配合应用，其主要功能如下：快速、准确地对安全信息管理的各种信息进行信息输入和编辑、打印工作，完成管理中其他各种报表的编辑、打印工作。

3）系统安全分析系统

系统安全分析系统与安全数据库系统紧密联系，可以方便地进行事故的系统安全分析，其主要功能如下所述。

（1）事故的统计图表分析包括趋势图分析、控制图分析、比重图分析和主次图分析。

（2）事故树分析主要包括：①编制和修改事故树；②绘制事故树图形；③事故树定性分析，求事故树的最小割集、最小径集，进行结构重要度分析；④事故树定量分析，在已知基本事件概率的前提下，求出事故（顶上事件）的发生概率；⑤对事故树文件进行管理，即进行事故树的查询、删除等操作。

4）安全法规系统

安全法规系统提供了煤矿安全管理与监察工作中的各种常用法律法规，主要有安全生产法、矿山安全法、煤矿安全监察条例、煤矿安全规程、煤矿救护规程、煤炭法、煤炭工业企业职工伤亡事故报告和统计规定、煤矿职工安全技术培训规定。主要功能如下：对各种安全法律法规进行浏览、学习，快速、准确地对安全法律法规的具体规定进行查询、检索。

（二）总体设计

综上所述，煤矿现代安全管理与监察系统是由多个既相互独立又相互依存的子系统组成的。为了便于设计、应用和维护，将其设计为各子系统疏散结合的整体。系统总体结构如图 5－5 所示。

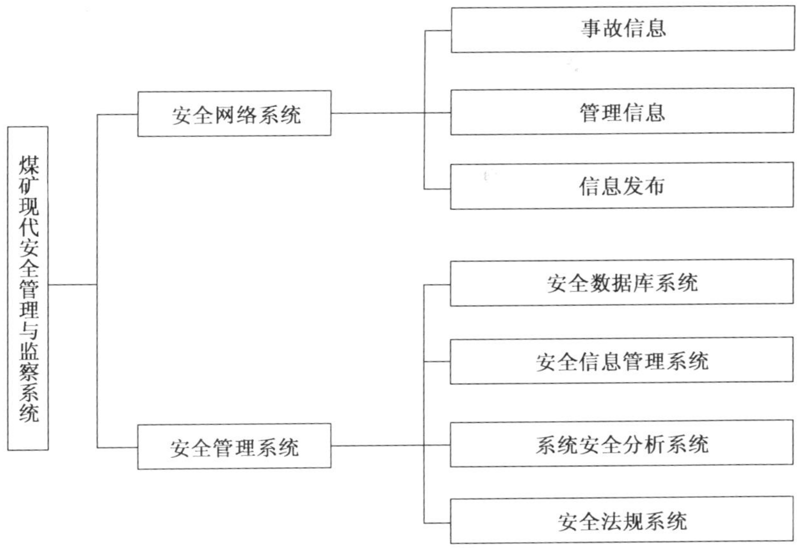

图5-5　系统总体结构

二、应用软件的研制与应用

煤矿现代安全管理与监察系统包括安全网络系统和安全管理系统，安全管理系统又由四大部分组成，即安全数据库系统、安全信息管理系统、系统安全分析系统和安全法规系统。我们分别对安全网络系统、安全数据库系统、安全信息管理系统、系统安全分析系统和安全法规系统进行设计和调试，然后将其组合成一个完整的应用软件系统。

（一）系统的开发、运行环境

1. 系统开发环境与开发工具

1）安全网络系统

（1）安全网络系统的开发环境。网络系统：Windows 2003；客户端操作系统：Windows XP；Web 服务器：Microsoft Internet Information Service 4.0。

（2）安全网络系统的开发工具。Microsoft Front Page 2000、Microsoft Visual Basic 6.0、Microsoft Access 2000。

（3）安全网络系统的主要开发技术。Active Server Pages 3&ADO、VBScript & JavaScript。

2）安全管理系统

（1）安全管理系统的开发环境。操作系统：Windows XP。

（2）安全管理系统的开发工具。Microsoft Visual Basic 6.0、Microsoft Visual FoxPro 6.0、Microsoft Access 2000。

2. 客户端运行环境

（1）操作系统：Windows XP。

（2）浏览器：Microsoft IE 6.0 或以上版本。

（3）网络连接：能与网络服务器连接。

（4）硬件配置：配有声卡及音箱、打印机。

3. 服务器端运行环境

（1）网络操作系统：Windows 2003。

（2）Web 服务器：Microsoft Internet Information Service 4.0。

（二）应用软件的组成与功能

煤矿安全管理与监察系统主要由三大部分组成：事故信息、管理信息和信息发布。另外系统还设有：安全科技、安全报刊、在线交流、站点导航和收藏本站等功能，以方便上网用户的安全信息查询和安全信息交流。安全网络系统结构如图 5－6 所示。

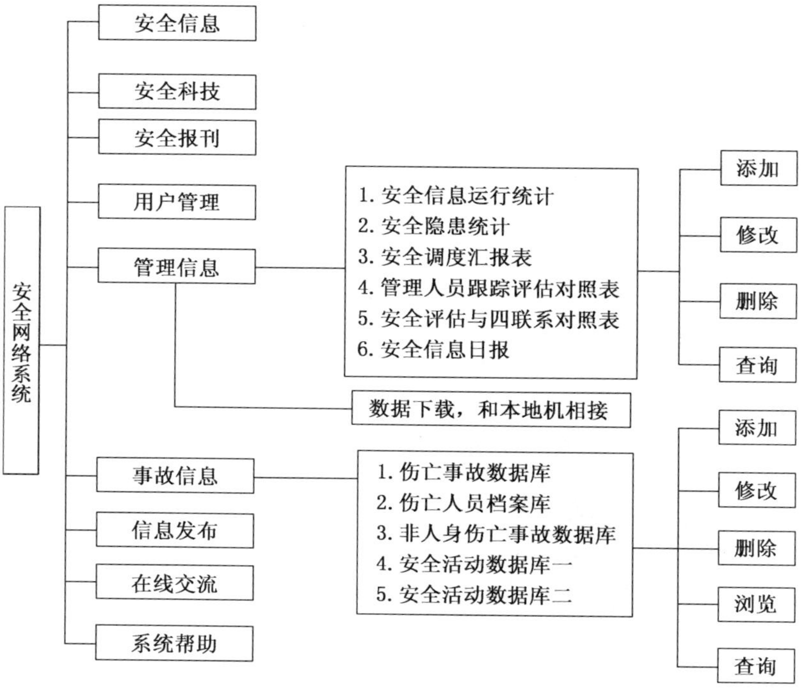

图 5－6　安全网络系统结构

1. 事故信息

1）事故信息数据库

在总网络服务器上建立伤亡事故数据库、伤亡人员档案库、非人身伤亡数据库、安全活动数据库一、及安全活动数据库二 5 个数据库。

2）事故信息的添加、修改和删除

对指定数据库进行浏览，浏览过程中可随时进行添加、修改和删除操作，以保证网上数据的准确性和实时性。

3）事故信息的浏览和查询

可以对事故信息进行单项查询或任意多个条件的组合查询。

4）事故数据下载

将网上事故数据下载到本地机上，以保证本地机上的数据和网上数据相一致。

5）用户管理

专业用户可通过此功能进行用户名、用户密码的修改；超级用户（系统管理员）可通过此功能进行用户修改、用户注销、操作员添加、操作员修改、操作员删除，以及超级用户名修改、超级用户口令修改等操作。

2. 管理信息

1）管理信息数据库

在集团公司网络服务器上建立管理信息数据库，包括安全信息运行统计、安全隐患统计、安监局安全调度统计、管理人员跟踪评估对照、安全评估与四联系对照、安全信息日报6个数据表。

2）管理信息的添加、修改、删除

修改和删除操作可保证网上数据的准确性和实时性。

3）管理信息的查询

查询操作可以对指定单位、指定数据表进行查询，查询过程中可随时进行添加和删除操作。

4）管理数据下载

将网上管理数据下载到本地机上，以保证本地机上的数据和网上数据相一致。

5）站点管理

系统管理员通过管理本站，可进行站点人员管理和日常信息管理等。站点人员管理是对本站聊天室人员的管理，日常信息管理是对各专业用户所发布日常信息的管理。

3. 信息发布

专业用户（或超级用户）可用此功能发布日常安全信息，主要包括安全文件，安全规章制度，有关通报、通知和会议精神等。日常信息的查询对所有上网用户开放，即所有上网用户都可以查询由“信息发布”功能发布的日常安全信息。

4. 用户分类

本系统将用户分为3类：一般用户、专业用户和超级用户。其中，超级用户享有最高权限，拥有除操作员密码修改之外的所有操作权力，并有自己的登录密码；专业用户是指使用本软件的单位用户，他具有对本单位的事故信息、管理信息和信息发布操作的权力，也有自己的登录密码；一般用户是指软件所属单位内的上网用户，该类用户要想登录系统的任何部分，都有一公用密码，所有的内容只能查看，不能进行任何改动。

5. 系统帮助

安全网络系统设有“提供帮助”功能，使用不太熟悉的用户可以在其引导下掌握网络操作方法。

6. 安全管理系统

安全管理系统安装在各有关单位的计算机工作站上，由四大部分组成：安全数据库系统、安全信息管理系统、系统安全分析系统和安全法规系统（图5－5）。

1）安全数据库系统

安全数据库系统结构如图5－7所示，如上所述，安全数据库系统与安全网络系统的事故信息配合应用，对事故信息作进一步的分析处理，完成打印报表等工作。

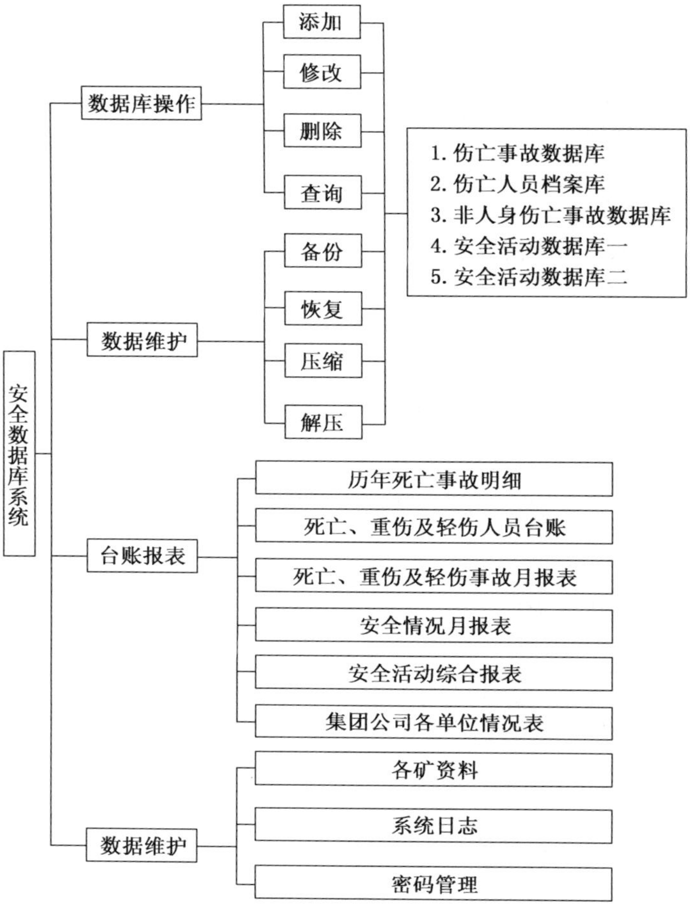

图 5－7　安全数据库系统结构

该系统与安全网络系统的具体配合方法如下：通过局域网连接安全网络系统，对本矿的事故数据进行更新，采用安全网络系统中事故信息部分的“数据下载”功能，将更新过的数据库下载到本系统的安全目录下，以保证工作站上的数据与网上数据相一致，可采用本系统对其进行分析处理。

2）安全信息管理系统

安全信息管理系统结构如图 5－8 所示。

3）系统安全分析系统

系统安全分析系统与安全数据库系统紧密联系，对各种事故进行系统安全分析。系统安全分析系统结构如图 5－9 所示。

4）安全法规系统

安全法规系统结构图 5－10 所示。

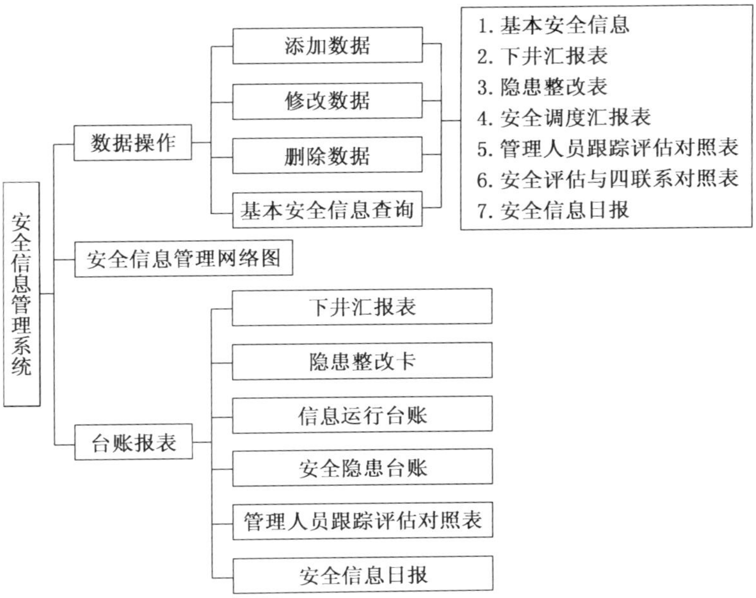

图 5-8　安全信息系统结构

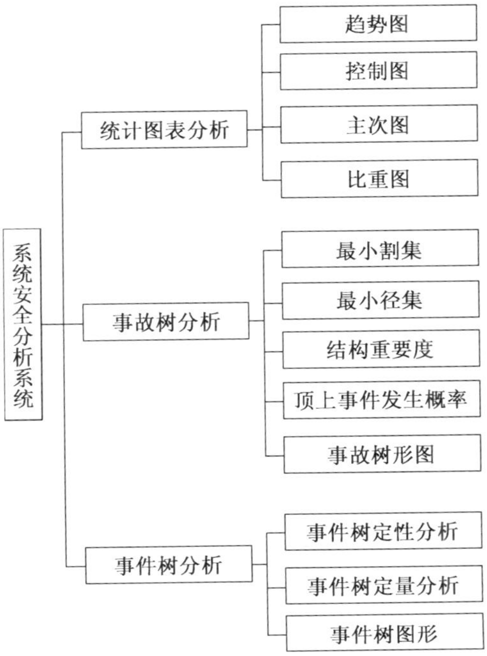

图 5-9　系统安全分析系统结构

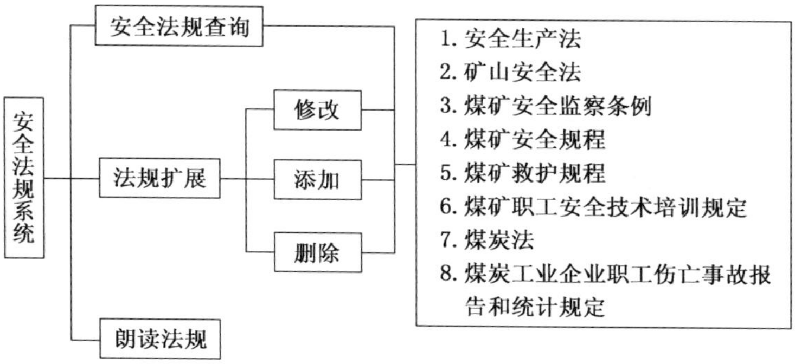

图 5-10　安全法规系统结构

第三节　事故树分析系统

一、系统功能与操作方法

1. 系统功能

事故树分析是最重要的系统安全分析方法，用于对事故发生原因进行深入、系统的分析，对事故发生改良进行准确计算，对控制事故的方法进行系统研究，从而准确地认识事故规律，预防和控制事故的发生。事故树分析系统是用于事故树分析的专用软件，可以用它编辑事故树，绘制事故树图形，进行事故树定性分析，计算顶上事件概率，以及对事故树文件进行存储与管理等。

2. 系统操作方法

启动事故树分析系统后，其主界面如图 5-11 所示。通过该界面中的各种功能按钮，即可进行事故树分析的各项工作。

二、新建和修改事故树

1. 新建事故树

点击事故树分析主界面中的【新建事故树】，就可进行新的事故树分析，建立所要求的数据文件。点击该按钮，输入事故树的名称后，就可以进入新建事故树界面（图 5-12），界面中主要有如下功能按钮。

1）连接关系

连接关系是指父原因和子原因之间的逻辑关系，此处包括 5 个连接门。在任一父原因下添加子原因之前，必须先选定一个连接门。这时，此父原因与所有子原因之间具有此连接门所表示的逻辑关系。

2）操作

（1）展开：按连接关系展开事故树。

（2）添加：在添加原因之前必须选定一个父原因，而且还需选择一个连接门，然后点击【添加】，按提示信息输入欲添加的原因事件，以及该原因事件的发生概率。这里需注意两点：①添加的原因事件是所选定原因的首层子原因；②若只进行事故树定性分析，

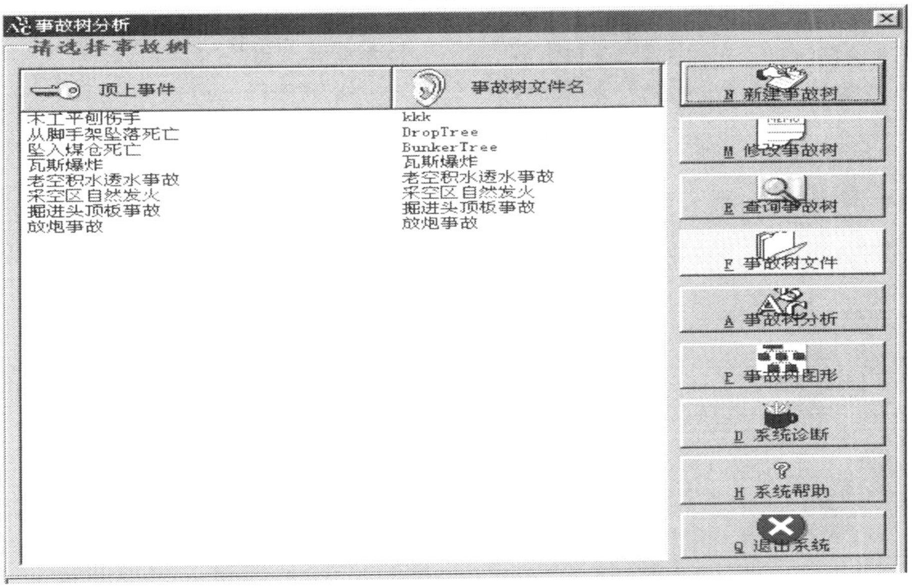

图5－11　事故树分析主界面

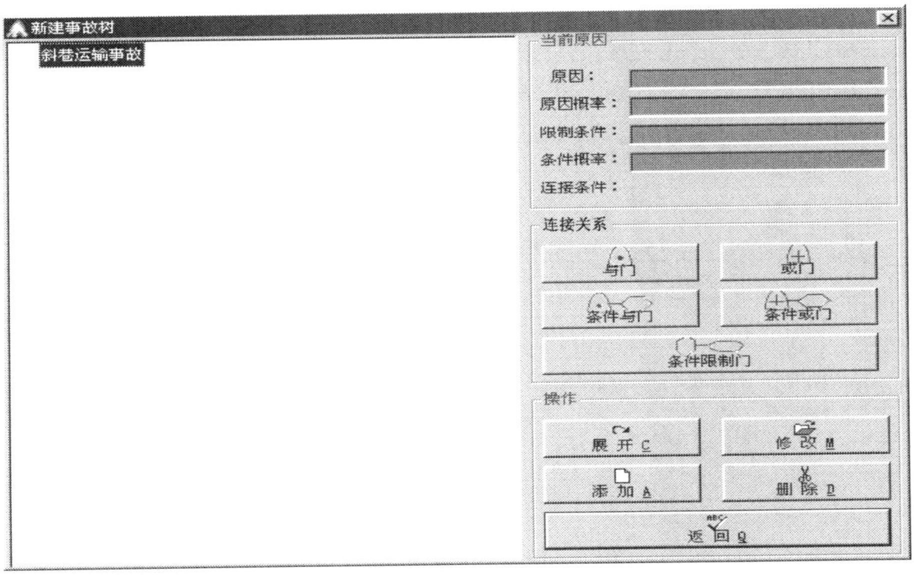

图5－12　新建事故树界面

不需要输入原因事件概率，在概率输入框中按【取消】或【确定】即可。此时，系统自动给该原因事件添加一个缺省概率值。

（3）删除：删除所选定原因及其所有的子原因。

（4）返回：返回事故树分析的主界面。

2. 修改事故树

在事故树分析主界面（图5－11）中选定一个事故树，点击【修改事故树】按钮，就可对该事故树进行修改。修改事故树的编辑界面和新建事件树的界面相同，功能也与其相同。

三、事故树分析

事故树分析即进行事故树的定性、定量分析，求出事故树的最小割集和最小径集，计算顶上事件的发生概率。

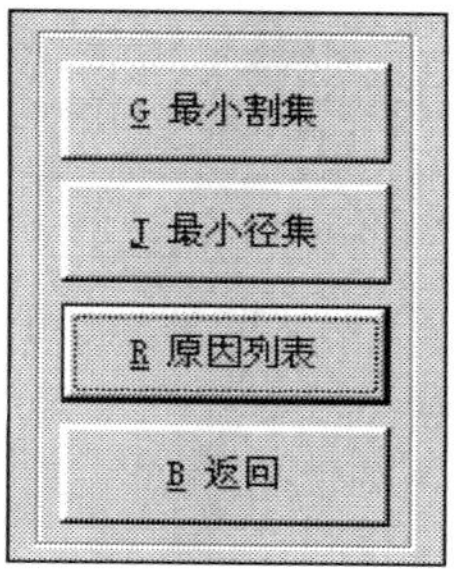

图5－13　事故树分析结果界面

1. 事故树分析途径

从事故树分析主界面左边的事故树列表中选定一个事故树，然后点“事故树分析”，就可进入事故树分析结果界面（图5－13）。事故树定性、定量分析都是通过最小割集和最小径集进行的，因此，可以通过点击该界面上的【最小割集】或【最小径集】，完成事故树定性、定量分析。

2. 由最小割集进行事故树分析

在图5－13所示界面中点击【最小割集】按钮，可求出所选事故树的最小割集，如图5－14所示。由此通过点击【结构重要度】按钮，可进行结构重要度分析；点击【顶上事件概率】按钮，可计算顶上事件发生概率；点击【事件列表】按钮，则可显示所选事故树的原因事件列表。这些内容都可以通过点击【打印】按钮，在打印机上输出；点击【预览】按钮，可在屏幕上预览打印结果；点击“返回”按钮，可返回事故树分析主界面定性分析中的【结构重要度】和定量分析中的【顶上事件概率】进行精确计算，亦可进行近似计算。当事故树规模大时（基本事件数目多于17个），系统自动采用近似计算。

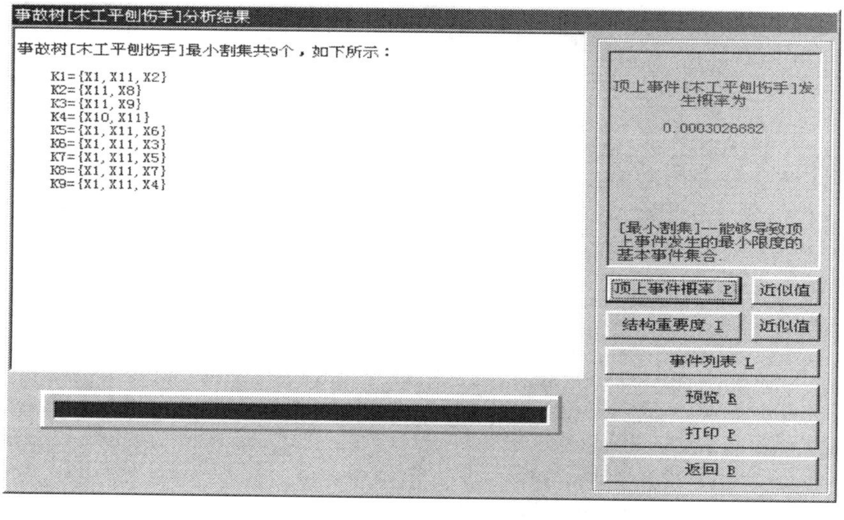

图5－14　最小割集

需要说明的是，如果未输入各基本事件的发生概率，则只能进行事故树定性分析，求事故树的最小割集、最小径集和结构重要度顺序，不能进行定量分析，但是如果按下【顶上事件概率】或其【近似值】按钮，也不会出错，只是所得出的概率值是不真实的。

3. 由最小径集进行事故树分析

在图5－13所示界面中点击【最小径集】按钮，可求出所选事故树的最小径集，如图5－15所示。由此可进行结构重要度分析，计算顶上事件发生概率，操作方法与通过最小割集分析时相同，其他功能的使用也相同。

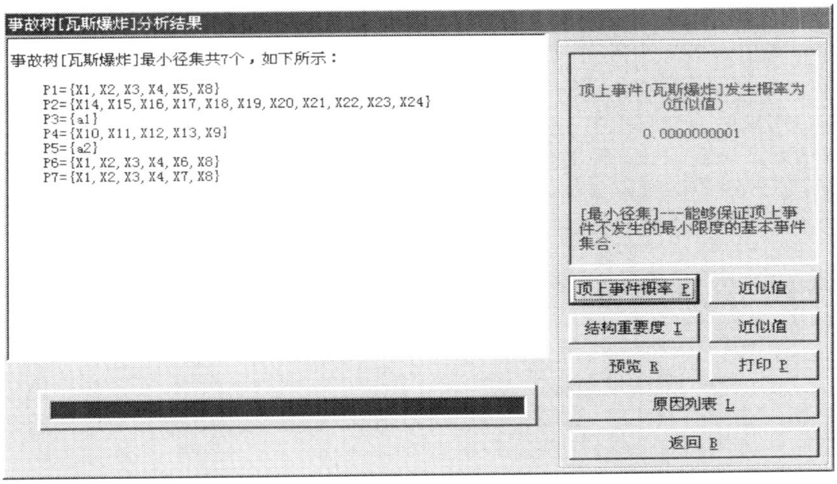

图5－15　最小径集

四、事故树图形

1. 事故树图形的类型

事故树图形的主要功能是在屏幕上显示所选事故树的图形和在打印机上打印事故树图形。系统中，可以生成用分析符号表示的事故树图形（图5－16a），以便于对其进行定性、定量分析；也可以生成用汉字表示的事故树图形（图5－16b），以准确、形象地表示事故（顶上事件）的发生原因，便于进行逻辑分析，对事故树本身的正确性进行检查和改善。

2. 事故树图形的基本操作

在事故树分析主界面左边的事故树名称列表中选择一个事故树，点击【事故树图形】按钮就可进入事故树图形界面（图5－16），在事故树图形界面中有如下菜单：

（1）图形设置。包括“符号表示”和“汉字表示”，用于设定所显示（打印）事故树中各原因事件的表示方式。缺省方式为“符号表示”。

（2）图形调大。将事故树图形放大，它的子菜单是放大事故树图形的尺度。

（3）图形调小。将事故树图形缩小，它的子菜单是缩小事故树图形的尺度。

（4）滚动距离。设置滚动距离，即每单击一次滚动按钮时，图形的滚动距离。

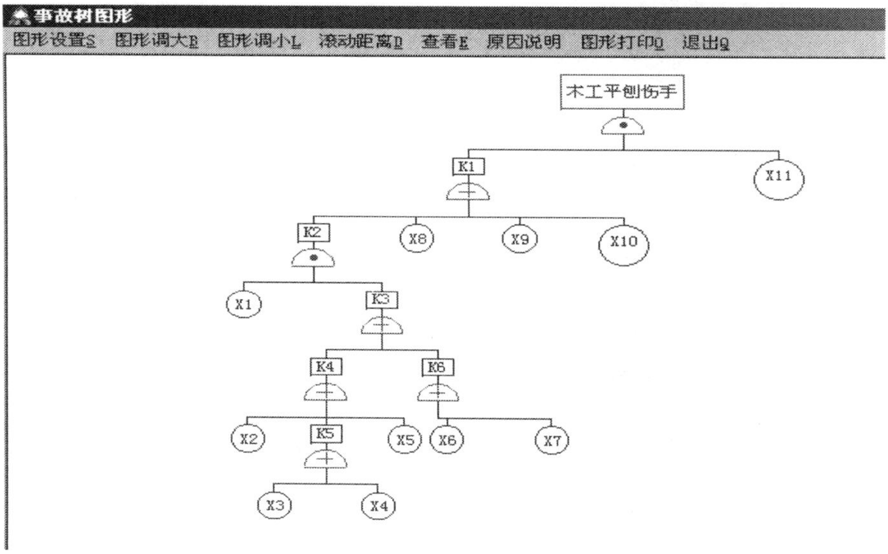

(a)

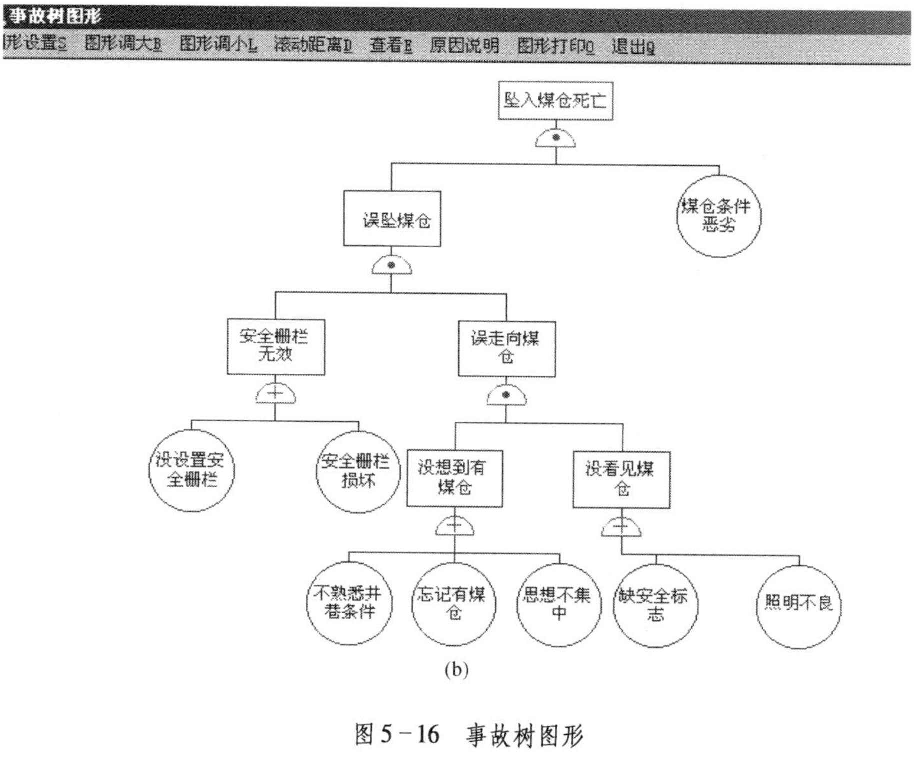

(b)

图 5－16 事故树图形

（5）查看。可以“查看原因”，也可以“查看连接门”。

（6）原因说明。在所绘制事故树图形的下部，将原因事件与其表示符号对应列出。之后，可以对这部分文字进行“左右调整”、“上下调整”，或对其“行距”、“元素间距”进行调整。

3. 事故树图形的打印操作

在事故树图形界面（图5－16）中，点击【图形打印】即可打印当前窗口中所显示的事故树图形。

1）图形打印的两种模式

（1）显示模式：在屏幕上显示事故树图形。此时，可以通过调节滑动条来调节图形的显示位置，也就是在打印纸上输出的位置。然后，连接好打印机，单击【图形打印】中的二级菜单【图形打印】，即可从打印机上输出事故树图形。

（2）预览模式：在屏幕上模拟显示打印机输出的事故树图形映象。此时，首先通过其下一级和下两级菜单，选定打印纸的尺寸和打印方向，就可预览打印结果。也可以通过调节滑动条来调节图形的打印位置。待预览满意后，连接好打印机，单击【图形打印】中的二级菜单【图形打印】，实现事故树图形的打印输出。

2）图形打印的辅助功能

导出：将所显示的事故树图形导出，是【图形打印】菜单下的辅助功能。

五、查询事故树

在事故树分析主界面中点击【查询事故树】按钮，就可以进入事故树查询界面。在事故树查询界面中，可以按照3种方式查询：

（1）按编号查询。先选择【按编号查询】，再在编号输入框中输入所要查找的编号，最后点击【查询】按钮就可以得到查询结果。

（2）按事故树建立的时间查询。先选择【按时间查询】，再输入开始时间和结束时间，最后点击【查询】按钮就可以得到查询结果。

（3）按事故树顶上事件进行模糊查询。先选择【顶上事件】，再输入关键字，最后点击【查询】按钮就可以得到与关键字相匹配的模糊查询结果。在此界面中点击【返回】按钮，可返回事故树分析主界面。

六、事故树文件

在事故树分析主界面中点击【事故树文件】按钮，就可进入事故树文件界面。在此界面中，主要有以下功能：

（1）删除。删除一事故树文件。

（2）文件备份。将所选择的事故树数据备份到另一事故树文件中（事故树文件的扩展名为＊.SGS）。

（3）文件恢复。将备份文件（＊.SGS）中的数据恢复到事故树数据库中。

（4）返回。返回事故树分析主界面。

第六章　安全评价与安全预测的方法及电算程序

第一节　企业安全状况综合评价方法及电算程序

企业的安全状况应根据伤亡事故的多少、安全管理的水平、安全教育的效果、安全技术及装备的状况、生产环境和劳动卫生条件等因素进行综合评价。有些指标可再由其他的一些因素来决定，如伤亡事故情况可用千人负伤率、千人重伤率、千人死亡率、百万吨产量死亡率等指标来衡量。安全管理水平则需根据企业领导安全意识、专业人员的素质等子因素来评价。这些因素和子因素不仅数量多，对企业安全状况影响程度大小的权重不同，而且多数很难用经典的数学方法进行描述。如企业领导的安全意识，即对安全工作的重视程度，只能用很重视、比较重视、一般、重视不够和忽视一类的模糊概念进行描述。因此，它适合于采用模糊综合评价的方法进行评价。

一、模糊综合评价数学模型

1. 综合评价因素集

把表明企业安全状况属性的对象全体（U_1，U_2，…，U_n）叫做综合因素集 U，即 $U=\{U_1, U_2, \cdots, U_n\}$。

2. 评价因素的权重分配

各因素都从一方面反映了企业的安全状况，但其影响程度是不相同的。根据各因素（U_1，U_2，…，U_n）对企业安全状况影响程度的大小，采用层次分析法确定其权重分配为（a_1，a_2，…，a_n），设 A 为权重分配集，则 $A=\{a_1, a_2, \cdots, a_n\}$。

权重分配集具有以下特性：

（1）集合 A 中各因素权重均大于零小于等于1，即 $0<a_i\leqslant 1$。

（2）集合 A 中各因素权重代数和等于1，$\sum\limits_{i=1}^{n} a_i = 1$。

3. 子因素集 U_i

由于各因素还受子因素 $u_{i1}, u_{i2}, \cdots, u_{ik}$ 的影响，则子因素评价集 U_i 为 $U_i=\{u_{i1}, u_{i2}, \cdots, u_{ik}\}$。

4. 子因素权重分配

根据各子因素 $U_i=(u_{i1}, u_{i2}, \cdots, u_{ik})$ 的影响大小，对其权重分配为（w_{i1}，w_{i2}，…，w_{ik}）。设 W_i 为子因素权重分配集，则 $W_i=\{w_{i1}, w_{i2}, \cdots, w_{ik}\}$。

5. 选择评价集

根据企业安全状况，选择若干个评价等级组成一个评价集，即 $V=\{v_1, v_2, \cdots, v_m\}$。

6. 建立评价矩阵

请若干专家对各子因素状况通过投票进行评价。如100位专家对因素 U_{i1} 按下列5个等级进行投票，结果见表6－1。

表6－1 专家投票结果

评价集	投票人数	r_{1i}
好	10	$r_{11}=0.10$
较好	20	$r_{12}=0.20$
中等	50	$r_{13}=0.50$
较差	15	$r_{14}=0.15$
差	5	$r_{15}=0.05$
总计	100	$r_{16}=1.00$

设第 i 个因素包含 k 个子因素的评价矩阵为 $\boldsymbol{R}_i$，则

$$\boldsymbol{R}_i=\begin{bmatrix} r_{11} & r_{12} & \cdots & r_{1m} \\ r_{21} & r_{22} & \cdots & r_{2m} \\ \vdots & \vdots & & \vdots \\ r_{k1} & r_{k2} & \cdots & r_{km} \end{bmatrix}$$

7. 求各单因素 U_i 的综合评价矩阵 $\boldsymbol{B}_i$

$$\boldsymbol{B}_i=(\boldsymbol{W}_i)\cdot\boldsymbol{R}_i$$

8. 求总评价矩阵

$$\boldsymbol{B}=\begin{bmatrix} \boldsymbol{B}_1 \\ \boldsymbol{B}_2 \\ \vdots \\ \boldsymbol{B}_n \end{bmatrix}$$

9. 求最终评价矩阵 C

$$\boldsymbol{C}=\boldsymbol{A}\cdot\boldsymbol{B}$$

10. 求最终评价的总得分 f

$$f=\boldsymbol{C}\cdot S^T$$

式中 S^T——U 的级分。

11. 企业的安全等级

根据最终评价的总得分值，可将企业安全等级划分为如下6个等级，见表6－2。

表6－2 安全等级划分

企业安全	安全等级	企业安全	安全等级
＞80	很好	50～59	中等
70～79	好	40～49	较差
60～69	良好	＜40	差

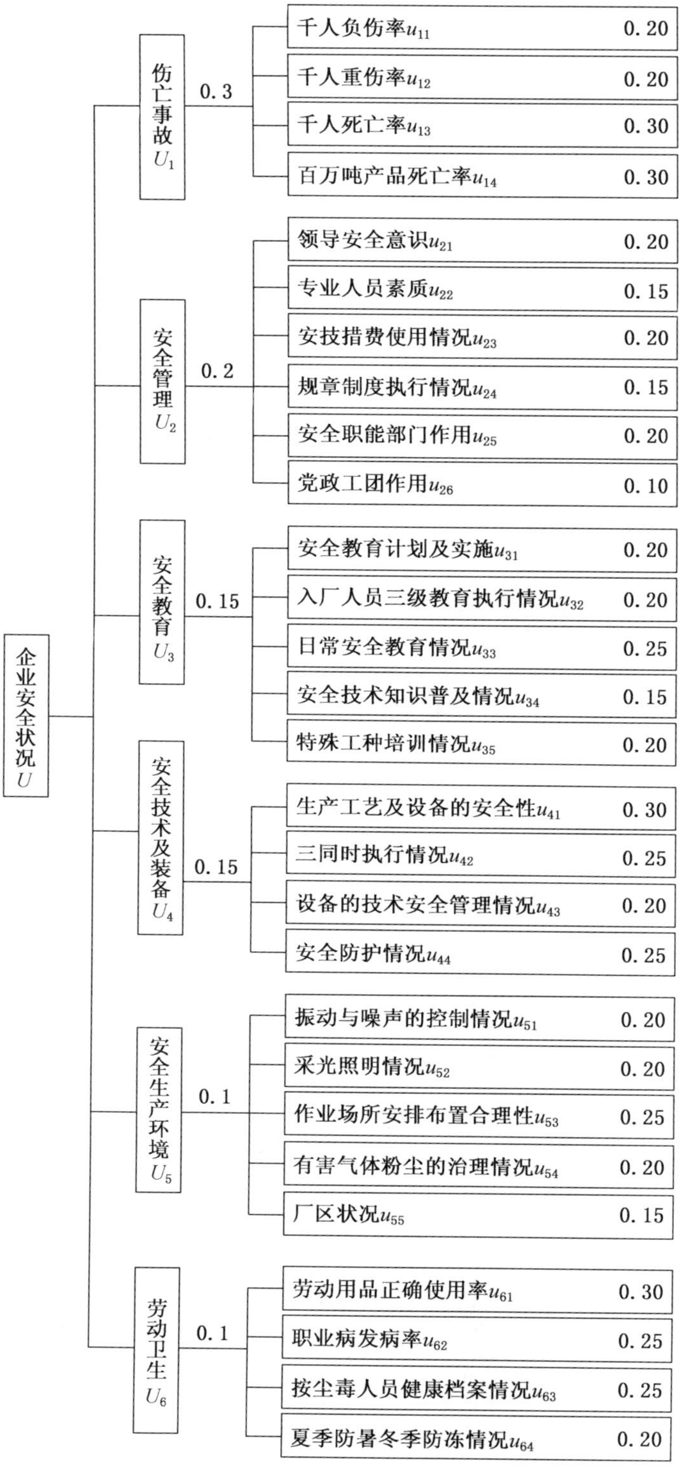

图6-1　某钢铁厂的安全状况评价层次分析模型

二、因素权重分配的计算模型

由于企业安全状况受许多相互关联和相互制约的定量与定性因素的影响。因此各因素的权重分配可以采用层次分析法（Analytic Hierarch Process，APH）进行计算，该方法是把一个复杂问题表示为有序的递阶层次模型结构，通过人们的判断，对各个因素指标的重要性进行排序，从而确定相对权重系数。

1. 层次分析法基本原理

用层次分析法作系统分析，首先要把问题层次化。根据问题的性质和要达到的总目标，将问题分解为不同的组成因素，并按因素间的相互关联影响及隶属关系将因素按不同层次聚集组合，形成一个多层次的分析结构模型。并最终把系统分析归结为最底层相对于最高层（总目标）的相对重要性或优劣的排序问题。

在排序计算中，每一层次的因素相对于上一层次某一因素的单排序问题又可简化为另一系列因素进行判断比较。为了将比较判断定量化，层次分析法引入1~9比率标度法，并写成矩阵形式，即构成所谓的判断矩阵。形成判断矩阵后，即可通过计算判断矩阵的最大特征根及其对应的特征向量，计算某一层次的因素相对于上一层次某一因素的相对重要性权值。在计算出某一层次的因素相对于上一层次某一因素的单排序权值后，用上一层次因素本身的权值的加权综合，即可计算某一层次因素对上一层次因素的相对重要性权值，即层次总排序权值。

这样，依次由上而下计算出最底层因素相对于最高层因素的相对重要性权值或相对优劣次序的排序值。这种将人的思维过程数量化的方法，不仅简化了系统分析的计算，还有助于决策者保持思维过程的一致性。在一般的决策中，决策者不可能给出精确的比较判断，这种判断的不一致性可由判断矩阵的特征根的变化反映出来，因此引入判断矩阵最大特征根以外的其余特征根的负平均值作为一致性指标，用以检查和保持决策者判断思维过程的一致性。

2. 企业安全状况评价层次分析模型及其构造

应用层次分析法将影响企业安全状况的因素按照是否共有某些特性将它们聚集成组，并把它们之间的共同特性看做系统中新的层次中的一些因素；而这些因素本身也按照另外一组特性被组合，形成另外更高层次的因素，直到最终形成单一的最高因素，这样即构成由最高层、若干中间层和最底层排列的层次分析模型。某钢铁厂的安全状况评价层次分析模型如图6-1所示。

3. 构造判断矩阵

层次分析法的信息基础主要是人们对于每一层次中各因素相对重要性给出判断，这些判断通过引入合适的标度用数值1~9比率（表6-3）表示出来，形成判断矩阵。

表6-3　1~9比率标度及其含义

标　度	含　　义
1	表示两个因素相比，具有同样的重要性
3	表示两个因素相比，一个因素比另一个因素稍微重要

表6-3（续）

标 度	含 义
5	表示两个因素相比，一个因素比另一个因素明显重要
7	表示两个因素相比，一个因素比另一个因素强烈重要
9	表示两个因素相比，一个因素比另一个因素极端重要
2、4、6、8	表示上述两相邻判断的中值

判断矩阵表示针对上一层次因素，本层次与之有关因素之间相对重要性的比较。假定 **A** 层因素中 a_k 与下一层次中 $\boldsymbol{B}_1$，$\boldsymbol{B}_2$，…，$\boldsymbol{B}_n$ 有联系，则构造的判断矩阵的一般形式如下：

即判断矩阵 $\boldsymbol{B}=(b_{ij})_{n\times n}$，其具有如下性质：

$$\boldsymbol{B}_{ij}>0;\ b_{ij}=1/b_{ji};\ b_{ii}=1$$

故判断矩阵 **B** 被称为正的互反矩阵。利用这些特性，可以简化判断矩阵的构造过程，只用第一行元素的比较结果，确定出其余行元素。

设任一判断矩阵 $\boldsymbol{B}=\{a_{ij}\}_{n\times n}$，**B** 的第一行元素，即因素 $\boldsymbol{B}_{1n}$ 由专家或决策者给出的相对重要性程度为 b_{11}，b_{12}，…，b_{1n}。

又设转换矩阵：$\boldsymbol{Z}=\{z_{ij}\}_{n\times n}$现假设其中某两元素为 b_{1j}和 b_{1k}（$j=2$，3，…，$n-1$；$k=3$，4，…，n；$j<k$），那么，第 j 行第 k 列的元素确定的方法与步骤如下：

计算转换矩阵 **Z** 中对应于 b_{1j}和 b_{1k}的两个元素：

$$\boldsymbol{Z}_{1j}=\begin{cases} b_{1j} & (b_{1j}\geqslant 1) \\ 2-\dfrac{1}{b_{1j}} & (b_{1j}<1) \end{cases}$$

$$\boldsymbol{Z}_{1k}=\begin{cases} b_{1k} & (b_{1k}\geqslant 1) \\ 2-\dfrac{1}{b_{1k}} & (b_{1k}<1) \end{cases}$$

①计算转换矩阵 **Z** 的元素 $\boldsymbol{Z}_{jk}$

$$\boldsymbol{Z}_{jk}=\boldsymbol{Z}_{1j}-\boldsymbol{Z}_{1k}$$

②计算判断矩阵的元素 b_{jk}

$$b_{jk}=\begin{cases} \dfrac{1}{\boldsymbol{Z}_{jk}+1} & (b_{jk}\geqslant 0) \\ |b_{jk}|+1 & (b_{jk}<0) \end{cases}$$

上述方法便于给出各因素之间重要性程度的判断，所需判断信息少，无须各因素间的交叉判断，避免了判断的矛盾性，从而提高了判断矩阵的一致性。

4. 判断矩阵的一致性及其检验

应用层次分析法保持判断思维的一致性是非常重要的。所谓判断一致性，即判断矩阵 **B** 有如下关系：

$$b_{ij}=\frac{b_{ik}}{b_{jk}}\ (i=1,\ 2,\ \cdots,\ n;\ j=1,\ 2,\ \cdots,\ n;\ k=1,\ 2,\ \cdots,\ n)$$

根据矩阵理论，当判断矩阵具有完全一致性时，且有唯一非零的、也是最大的特征根 $\lambda_{max}=n$，且除 $\lambda_{max}=n$ 外，其余特征根均为零，这样基于层次分析法得出的结论才是基本合理的。但是，由于客观事物的复杂性和人们认识上的多样性，以及可能产生的片面性，要求每一个判断都有完全的一致性，显然是不可能的，特别是因素多、规模大的问题更是如此，因此，为了保证应用层次分析法得到的结论基本合理，还需要对构造的矩阵进行一致性检验。

从理论上可以说明：当判断矩阵不能保证具有完全的一致性时，相应判断矩阵的特征根也将发生变化，因而可以用判断矩阵特征根的变化来检验判断的一致性程度。故在层次分析法中引入判断矩阵最大特征根以外的其余特征根的负平均值作为度量判断矩阵偏离一致性的指标 CI。

$$CI=\frac{\lambda_{max}-n}{n-1}$$

为了度量不同阶判断矩阵是否具有满意的一致性，还需引入判断矩阵的平均随机一致性指标 RI。该值是经过多次重复进行随机判断矩阵特征值的计算，然后取其算术平均数而得。表 6－4 所列为 1～15 阶矩阵重复计算 1000 次的平均随机一致性指标。

表 6－4　平均随机一致性指标 RI 值

阶　数	RI	阶　数	RI
1	0	9	1.46
2	0	10	1.49
3	0.52	11	1.52
4	0.89	12	1.54
5	1.12	13	1.56
6	1.26	14	1.58
7	1.36	15	1.59
8	1.41		

因为 1、2 阶判断矩阵总具有完全一致性，故 RI 只是形式上的。当阶数大于 2 时，判断矩阵的一致性指标 CI 与同阶平均随机一致性指标 RI 之比称为随机一致性比率，记为 CR。

$$CR=\frac{CI}{RI}$$

当 $CR<0.1$ 时，一般认为判断矩阵具有满意的一致性，否则就需要调整判断矩阵，使之具有满意的一致性。

5. 权重计算方法

根据层次分析法的基本原理，采用幂法求解判断矩阵的最大特征根及其特征向量。其计算步骤如下所述。

（1）计算与判断矩阵 R 同阶的正规化初值向量 B_0

（2）计算$\overline{B}^{k+1}$，计算 $B^{k+1} = \frac{1}{\beta}\overline{B}^{k+1}$。

（3）令$\beta = \sum_{i=1}^{n} \overline{B}^{k+1}$，计算 $B^{k+1} = \frac{1}{\beta}\overline{B}^{k+1}$。

（4）对于预先给定的精度 ε，当

$$|\overline{B}_i^{k+1} - \overline{B}_i^{k}|\varepsilon$$

则 $B = BK + 1$ 为所求的特征向量，转入步骤（5），否则返回步骤（2）。

（5）计算判断矩阵最大特征根：

$$\lambda_{max} = \sum_{|m|}^{n} \frac{\overline{B}_i^{k+1}}{nB_i^k}$$

根据上述层次分析法原理，本着突出重要影响因素的作用，构造出各层次上的判断矩阵，经层次分析法程序计算，得出满意的权重分配方案，分层权值计算结果如图 6－1 中数值所示。计算出的各层所有随机一致性比率满足 $CR < 0.1$，故认为层次排序具有满意的一致性。

三、企业安全状况模糊综合评价软件设计

该软件采用 Fox Profor Windows 语言，编制了《企业安全状况评价软件》(简称 SES)，该软件数据库采用规范化设计，以合理优化的方式组织数据存储结构；采用结构化的系统和程序设计方法；实现了以快捷简便的方式进行数据的录入、计算、查询、打印和系统维护等操作，并具有良好的用户界面。

（一）系统功能结构

系统功能结构采用了结构化设计方法。首先将系统分解为若干个层次结构，各层次之间的关系如图 6－2 所示。

输　入	处　理	输　出
企业基本情况 单指标评价数据 指标基础数据 目标基础数据	目标B层评价计算 目标A层评价计算 存入目标综合评价库 打印报表 系统维护	指标测算原始数据 目标综合评价汇总 中间计算结果显示

图 6－2　SES 系统功能结构图

系统主要特点如下：

（1）系统数据库采用规范化设计。首先将系统安全可靠性评价所涉及的有关信息，按其相互关系和本身的稳定性，分为两大类。一是在某一段时间内相对稳定或固定的信息，如企业基本情况、评价指标、评价对象和评价目标基础数据；二是随时间经常变化的变动信息，如指标测算数据。除此之外，每个数据库均满足第二或第三范式的条件，从而为合理、简便地管理数据库提供了可能。

（2）系统程序的一体化和结构化设计。本系统程序中的数据库管理系统和计算系统

均采用一种语言设计，提高了整个系统的一体化程度，同时使系统运行速度加快，系统整个操作过程变得更加简捷、流畅。

本系统程序设计采用自顶向下的模块化设计策略。使模块充分地达到了功能化、通用化的要求，从而增加了模块的内聚性，削弱了模块间的耦合性；增大了模块的输入系数，减小了输出系数，程序的修改和维护量大大减少。

（二）系统的菜单设计

本系统采用下拉式菜单，使得整个操作富有层次，简单明了，如图 6－3 所示。

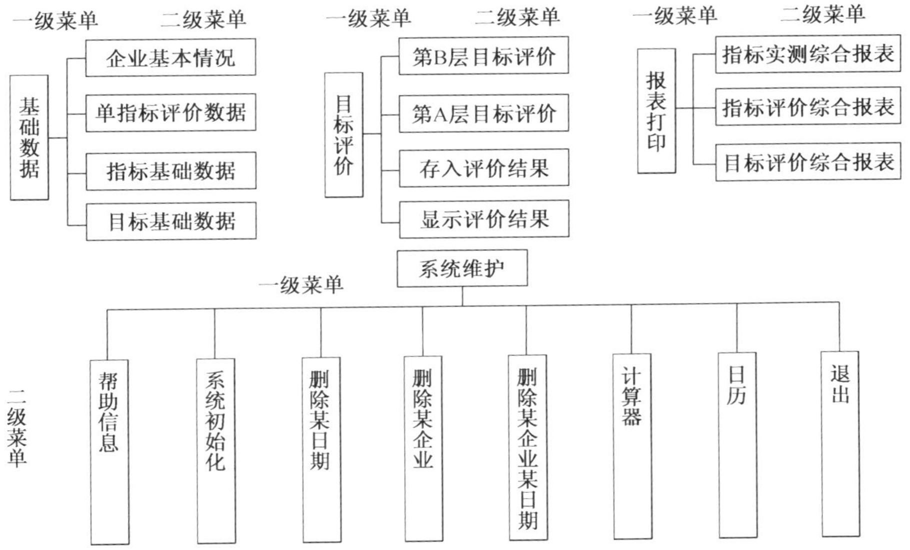

图 6－3　SES 系统菜单结构图

（三）数据输入、编辑、显示和打印界面

本系统输入编辑界面采用多窗口屏幕控制技术，使得数据输入和编辑操作在相应的窗口中灵活方便地进行，本系统可全面适应键盘或鼠标操作。输入窗口与浏览窗口的相互转换只需将鼠标移至该窗口中，点击鼠标左键或相应的按钮即可实现。

输入、编辑、显示和打印控制窗口采用下列 4 种基本形式：

（1）企业基本情况采用单文件数据输入编辑屏技术。该模块具有添加、删除、向后一个记录、向前一个记录、查找记录、放弃存盘和退出功能。其中添加需在弹出的添加窗口中输入企业编码并进行存在性检查，若存在则编辑该企业信息，若不存在则添加它。执行查找将弹出一个窗口菜单以供选择。

（2）评价指标和目标的基础数据采用输入与浏览两窗口同步变化的输入编辑屏技术。输入和编辑窗口提供了添加、删除、向后、向前、存入、放弃和退出的功能。其中添加要先登记指标或目标的编码，若该码已存在则编辑，否则才能添加。浏览窗口不可修改编辑，当在浏览窗口中移动记录指针时，输入编辑窗口中的内容也随之刷新。

（3）单指标评价数据的输入编辑及计算目标评价结果的显示均采用多窗口屏幕技术。

以多窗口屏幕技术为例，说明其操作功能。首先在日期输入屏中添加实测时间。添加一个日期的方式有两种：一是当该企业无任何时间的历史数据时，只能采取直接添加方式；二是当该企业已有历史数据时则采取复制最近一个时间的数据添加方式，这样处理可以大大节省重复输入的工作量，只需作少量的修改、添加或删除。为节省输入日期的烦琐，系统弹出一个日期选择窗口以添加不同的日期。

当添加一个日期后，点击【编辑】按钮，激活单指标评价输入窗口，即可输入编辑该企业该日期的单指标评价数据。该窗口具有存入、放弃、添加、删除、向后、向前的操作功能，其添加新评价指标采取选择弹出式菜单方式进行，减少了重复输入，并对已存在的指标给予添加屏蔽，只能进行编辑修改。

当执行存入命令时，系统将当前输入的指标编号和 A、B、C、D、E 五级评价值存入数据库。

当执行查找命令时，系统弹出一个按日期查找的选择窗口；当选择某一日期后，系统屏幕将随之刷新。

当执行报表打印时，系统弹出一个打印选择窗口，可选择要打印的企业名称和日期，然后选择单选按钮【预览】或【打印】，最后选择【确定】按钮，系统将在屏幕或打印机上输出打印文件。

（四）目标评价的计算步骤

采用模糊综合评价计算方法，整个目标评价的步骤如下：

（1）对 C 层评价结果进行第一级（B 层）子目标模糊评价运算，得出 B 层评价结果。

（2）对 B 层评价结果进行第二级（A 层）总目标的模糊评价运算，最后得出 A 层总目标的评价结果。

（五）系统维护

1. 系统初始化

本系统在使用之前，需要执行系统初始化，以便对全部数据库进行一次清除。

2. 删除一个企业

当集团公司中某个子公司不存在，其系统安全评价资料无保存价值时，可以执行删除这个子公司的命令，以便清除与该子公司相关的所有数据。

3. 删除某一日期

当历史数据积累过多时，要占据大量的内存空间，影响查询的时间，可以保留近 3 ~ 5 年内的资料，3 ~ 5 年以前的数据应及时执行删除该日期的命令，它删除的是该日期下所有企业的相关评价资料，以维持必要的数据存储空间。该命令仅限于集团公司一级使用。

4. 删除某企业某日期

该命令与上述基本相同，只是删除某一公司的历史数据，其删除范围局限于某一公司某一时间，因此该命令可为某一子公司在维护系统时所使用。

（六）帮助信息

本系统以图书目录分类编写的方式编写帮助信息。用户在翻阅当前帮助信息时可以作以下选择：退出帮助、进入目录、看前后目录的帮助内容。所有操作均支持键盘和鼠标操作，并可实现在线帮助。

四、应用实例

某钢铁厂利用安全模糊综合评价方法对本厂的安全状况进行评价。

假设因素评价指标体系及各指标权重分配值如图 6－1 所示，根据专家投票得各因素 U_i 的评价矩阵 $\boldsymbol{R}_i$，见表 6－5。

表 6－5　某企业安全状况模糊综合评价表

评价因素			评价子因素		评价情况					
U	名称	权重	u_{ij}	名称	权重	好	较好	中等	较差	差
U_1	伤亡事故	0.3	u_{11}	千人负伤率	0.20	0.1	0.7	0.1	0.1	0
			u_{12}	千人重伤率	0.20	0.6	0.2	0.2	0	0
			u_{13}	千人死亡率	0.30	0.9	0.1	0	0	0
			u_{14}	百万吨产品死亡率	0.30	0.9	0.1	0	0	0
U_2	安全管理	0.2	u_{21}	领导安全意识	0.20	0.4	0.3	0.2	0.1	0
			u_{22}	专业人员素质	0.15	0.2	0.2	0.5	0.1	0
			u_{23}	安全技措费使用情况	0.20	0.1	0.7	0.2	0	0
			u_{24}	规章制度执行情况	0.15	0.4	0.5	0.1	0	0
			u_{25}	安全职能部门作用	0.20	0.6	0.4	0	0	0
			u_{26}	党政工团作用	0.10	0.3	0.5	0.2	0	0
U_3	安全教育	0.15	u_{31}	安全教育计划及实施	0.20	0.5	0.4	0.1	0	0
			u_{32}	入厂人员三级教育执行情况	0.20	0.1	0.4	0.5	0	0
			u_{33}	日常安全教育情况	0.25	0.4	0.3	0.2	0.1	0
			u_{34}	安全技术知识普及情况	0.15	0.7	0.3	0	0	0
			u_{35}	特殊工种培训情况	0.20	0.4	0.5	0.1	0	0
U_4	安全技术及装备	0.15	u_{41}	生产工艺及设备的安全性	0.30	0.1	0.1	0.6	0.1	0.1
			u_{42}	三同时执行情况	0.25	0.1	0.1	0.5	0.2	0.1
			u_{43}	设备的技术安全管理情况	0.20	0.1	0.3	0.4	0.2	0
			u_{44}	安全防护情况	0.25	0	0.2	0.6	0.2	0
U_5	生产环境	0.10	u_{51}	振动与噪声的控制情况	0.20	0.1	0.1	0.5	0.2	0.1
			u_{52}	采光照明情况	0.20	0	0.1	0.3	0.4	0.2
			u_{53}	作业场所安排布置合理性	0.25	0	0.1	0.1	0.5	0.3
			u_{54}	有害气体粉尘的治理情况	0.20	0	0.1	0.2	0.6	0.1
			u_{55}	厂区情况	0.15	0	0	0.1	0.7	0.2
U_6	劳动卫生	0.10	u_{61}	劳动用品正确使用率	0.30	0.6	0.3	0.1	0	0
			u_{62}	职业病发病率	0.25	0.5	0.3	0.2	0	0
			u_{63}	尘毒人员健康档案情况	0.25	0	0.1	0.8	0.1	0
			u_{64}	夏季防暑冬季防冻情况	0.20	0.6	0.3	0.1	0	0

对各指标评价向量进行归一化处理后，得单指标评价矩阵：

$$\boldsymbol{B}=\begin{bmatrix}B_1\\B_2\\B_3\\B_4\\B_5\\B_6\end{bmatrix}=\begin{bmatrix}0.375 & 0.25 & 0.25 & 0.125 & 0\\0.286 & 0.286 & 0.286 & 0.143 & 0\\0.313 & 0.313 & 0.25 & 0.125 & 0\\0.111 & 0.222 & 0.333 & 0.222 & 0.111\\0.133 & 0.133 & 0.266 & 0.333 & 0.133\\0.316 & 0.316 & 0.263 & 0.105 & 0\end{bmatrix}$$

企业综合评价矩阵 $\boldsymbol{C}$：

$$\boldsymbol{C}=A\times B=\{0.3,\ 0.25,\ 0.25,\ 0.111\}$$

归一化处理得

$$\begin{aligned}\boldsymbol{C}&=\left\{\frac{0.3}{1.083},\ \frac{0.25}{1.083},\ \frac{0.25}{1.083},\ \frac{0.15}{1.083},\ \frac{0.133}{1.083}\right\}\\&=\{0.277,\ 0.231,\ 0.231,\ 0.138,\ 0.123\}\end{aligned}\qquad(6-1)$$

式（6－1）表明，对该企业安全状况按6个等级评价时，所得结果的分布如对各等级都按百分制给分，可求得该企业的总得分值。

$$\begin{aligned}f&=95\times0.277+80\times0.231+65\times0.231+45\times0.138+30\times0.123\\&=69.71\end{aligned}$$

根据表6－2“安全等级划分”可知该厂的安全状况属于“良好”等级。

第二节　安全预测方法与电算程序

安全预测（或称危险性预测）是对企业未来的安全状况进行预测，预测有哪些危险及其危险程度，以便做到对事故进行预报和预防。通过预测可以掌握一个企业或部门伤亡事故的变化趋势，协助人们认识客观规律，制定政策、发展规划与技术方案。因而可以说安全预测是现代安全管理工作的一项重要内容。

一、安全预测的基本原理

安全预测就其预测对象来讲，可分为宏观预测和微观预测。宏观预测是指研究一个企业或部门未来一个时期伤亡事故的变化趋势，如预测明年、后年某部门千人死亡率的变化；微观预测是指具体研究某厂或某矿的某种危险源能否导致事故，事故发生概率及其危险度。本节只讨论宏观预测的方法和电算程序。

按所应用的原理，预测可分为白色理论预测、灰色理论预测及黑色理论预测3类。

（一）白色理论预测

白色理论预测用于预测的问题与所受影响因素已十分清楚的情况。

（二）灰色理论预测

灰色理论预测也称灰色系统预测，灰色系统是指即含有已知信息又含有未知信息的系统。安全生产活动本身就是一个灰色系统。

（三）黑色理论预测

黑色理论预测又称黑箱系统预测。这种系统中所含的信息多为非确知的。

规律是客观存在的，不是以人们的意志为转移的，但人们能够通过实践认识它、利用它。因此，利用对事物发展规律的认识再对事物发展前景进行预测是可行的。认识事物的发展规律，利用其必然性，是进行科学预测所应遵循的总的原则。在进行预测时，多借助以下 4 个原则：惯性原则、类推原则、相关原则及概率推断原则。

1. 惯性原则

按这一原则，认为过去的行为不仅会影响现在而且会影响未来。尽管同过去、现在和未来时间内有可能在某些方面存在差异，但总的情况是，对于一个系统的状况（如安全状况）今天是过去的延续，而明天是今天的发展。

2. 类推原则

假如可以把先发展的事物表现形式类推到后发展的事物上去。利用这一原则首要条件是两事物之间的发展变化有类似性。只要有代表性，也可由局部去类推整体。但应注意这个局部的特征是否能反映整体的特征。

3. 相关原则

相关性有多种表现形式，其中最重要也是应用最广的是因果关系。在利用这一原则进行预测之前，首先应确定两事物之间是否有相关性。如机械工业产品的需求量与我国工业总产值有就有相关性关系。

4. 概率推断原则

当推断的预测结果能以较大概率出现时，就可以认为这个预测结果是成立的。一般情况下，要对多种可能出现的结果分别给出概率。

二、利用回归法进行伤亡事故趋势预测

一个企业或部门的安全状况，受其生产性质、规模、人员素质、物质条件、环境状况及管理水平等一系列因素的影响。人们虽然一直在致力于建立它们之间的函数关系和求得精确解的研究工作，但因影响因素众多、关系复杂，工作仍处于探索阶段。然而，大量的统计资料表明，一个企业或部门的安全状况与影响它的各种因素是一个密切联系着的整体。这个整体具有相对的稳定性和持续性，即时间序列平稳性。这就为抛开对逐个因素的分析，而只针对整体分析，利用惯性原理对企业或部门的安全状况进行预测提供了可能。

企业或部门的安全状况可以用一定时期内的伤亡人数（或次数）、千人死亡率、千人重伤率、千人负伤率及百万吨产品死亡率等指标来表示。所有这些指标都可以通过预测对其未来的变化趋势作出估计。

预测有许多种方法，如指数法、回归法、灰色系统预测法、模糊预测法及卡尔曼滤波器法等。这些方法各有所长，在与其相适应的条件下应用中，显示了各自的优越性。

回归法在预测中已得到了广泛的应用。它具有多种数学模型、求解方法成熟，结果比较接近实际，易于表示数据的离散性，并能给出预测区间等优点。

1. 伤亡事故指标预测模型

通过统计分析可以看出，一个企业或部门的伤亡事故指标随年度的变化趋势，大致有下列几种类型，如图 6-4 所示。

2. 回归分析

如图 6-4a 所示，设有一组统计数据（x_i，y_i），$i=1$，2，…，n。已知 x_i 与 y_i 之间

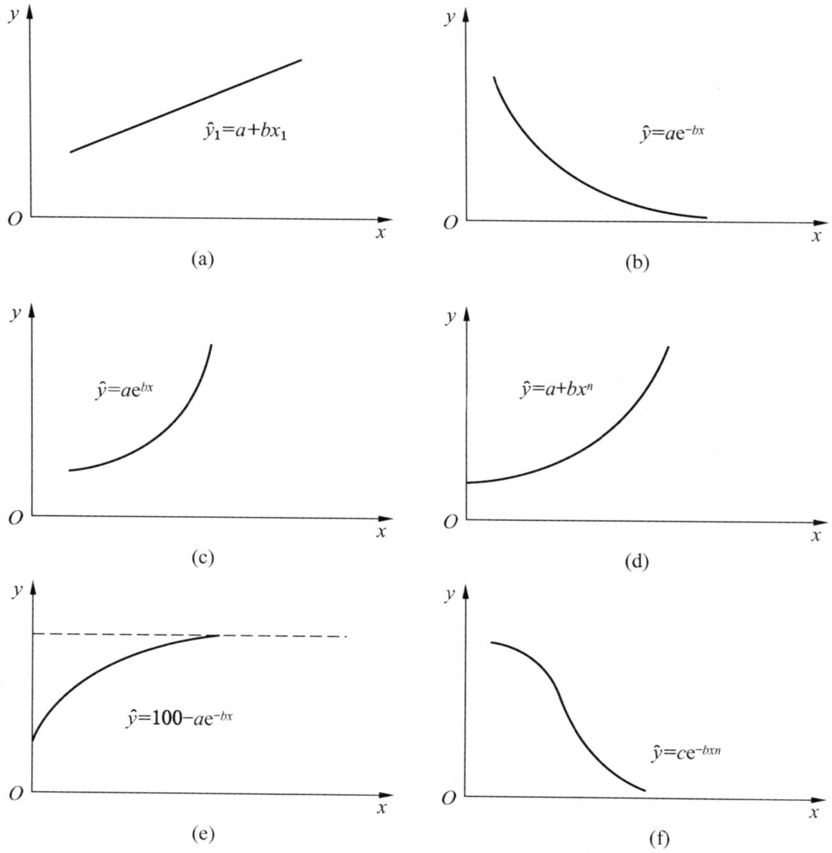

图6-4　伤亡事故变化趋势类型及其数学模型

有下列线性关系：

设误差的平方和为 Q，即

$$Q = \sum(y_i - \hat{y}_i)^2 = \sum[y_i - (a + bx_i)]^2$$

对 a，b 求导数，并令其为零，得

$$b = \frac{\sum x_i\hat{y}_i - \bar{x}\sum y_i}{\sum x_i^2 - \bar{x}\sum x_i} \tag{6-2}$$

$$a = \bar{y}b\,\bar{x} \tag{6-3}$$

$$\bar{x} = \frac{1}{n}\sum x_i$$

$$\bar{y} = \frac{1}{n}\sum y_i$$

$$\hat{y}_i = a + bx_i$$

式中　$\bar{x}$、$\bar{y}$——x_i、y_i 的平均值；

n——样本数。

为方便起见，设

$$S_{xx} = \sum x_i^2 - \frac{1}{n}\left(\sum x_i\right)^2$$

$$S_{yy} = \sum y_i^2 - \frac{1}{n}\left(\sum y_i\right)^2$$

$$S_{xy} = \sum x_i y_i - \frac{1}{n}\sum x_i \sum y_i$$

于是得

$$b = \frac{S_{xy}}{S_{xx}}$$

$$a = \bar{y} - b\,\bar{x} \tag{6-4}$$

剩余标准差为

$$S = \sqrt{\frac{1}{n-2}(S_{yy} - bS_{xy})} = \sqrt{\frac{\sum(y_i - \bar{y}_i)^2}{n-2}} \tag{6-5}$$

相关系数为

$$r = \frac{S_{xy}}{\sqrt{S_{xx}S_{yy}}} \tag{6-6}$$

3. 预测区间

预测模型虽然可以表示预测值与年序数 X_i 的关系。但是，两者是相关关系，而不是确定关系。即当年序数取 X_1 时，伤亡事故的实际值不一定在预测曲线上，而是在回归线上、下一定范围内，如图 6-5 所示。

$$\hat{N}_0 = a_0 e^{bx} \tag{6-7}$$

式中 $\hat{N}_0$——回归线上伤亡人数的预测值；

a_0——回归曲线在纵轴上的截距。

式（6-7）两边取对数，得

$$\ln\hat{N}_0 = \ln a_0 + bx$$

设$\hat{y}_0 = \ln\hat{N}_0$，$A_0 = \ln a_0$，得

$$\hat{y}_0 = A_0 + bx$$

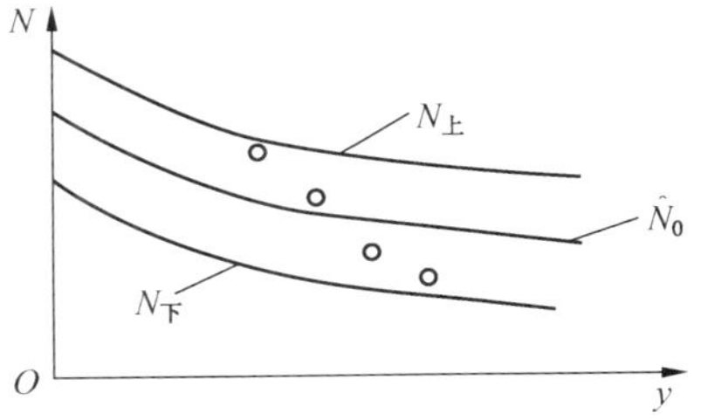

图 6-5 预测区间

统计规律表明，对预测值$\hat{y}_0$而言，当置信水平为 100（1-a)% 且样本数为 n 时，预测区间为

$$y = \hat{y}_0 \pm t_{\frac{a}{2}(n-2)} S \sqrt{1 + \frac{1}{n} + \frac{(x_n + m - \bar{x})^2}{\sum_{i=1}^{n}(x_i - \bar{x})^2}} \tag{6-8}$$

$$S = \sqrt{\frac{1}{n-2}\left[\left(\sum y_i^2 - \frac{(\sum y_i)^2}{n}\right) - \left(\sum x_i y_i - \frac{\sum x_i \sum y_i}{n}\right)b\right]} \tag{6-9}$$

式中 n——样本数；

m——预测外推年序号；

x_i——统计年序号；

i——样本序号；

S——剩余标准差。

令

$$K = t_{\frac{\alpha}{2}(n-2)} \sqrt{1 + \frac{1}{n} + \frac{(x_n + m - \bar{x})^2}{\sum_{i=1}^{n}(x_i - \bar{x})^2}} \tag{6-10}$$

将式（6－10）代入式（6－8），则预测界限为

$$y = \hat{y}_0 \pm KS \tag{6-11}$$

$$y = A_0 \pm KS + bx \tag{6-12}$$

令

$$y = \ln N$$

$$\ln a = A_0 \pm KS$$

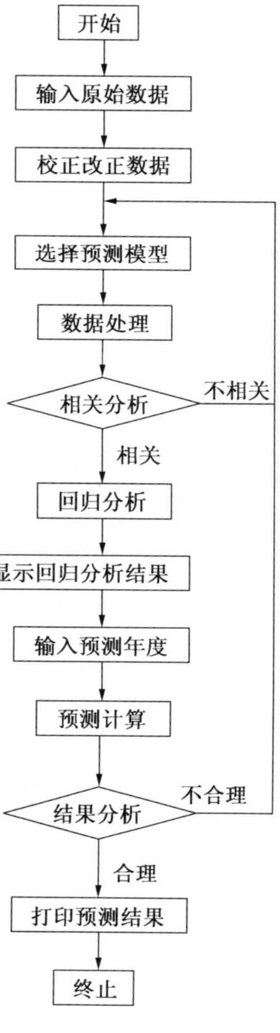

图6－6　伤亡事故回归预测程序框图

则

$$a = \ln^{-1}(A_0 \pm KS)$$

$$N = \frac{1}{\ln y}$$

于是得

$$N = e^{(A_0 \pm KS)} e^{bx} \tag{6-13}$$

即当回归线为

$$N_0 = e^{A_0} e^{bx} \tag{6-14}$$

此时，预测区间得上限为

$$N_{上} = e^{(A_0 + KS)} e^{bx} \tag{6-15}$$

预测区间得下限为

$$N_{下} = e^{(A_0 - KS)} e^{bx} \tag{6-16}$$

从式（6－10）可以看出，K 值大小与显著性水平 a、样本数 n 和外推的年数等因素都有关。$|K|$ 区值越大，预测区间越宽，可靠性高而精度低。对于安全状况相对稳定的部门，可取 $K = \pm(1 \sim 2)$。

用计算机进行企业伤亡事故回归预测的程序框图如图6－6所示。

三、灰色系统预测

灰色系统是近年来发展起来的一种新的系统理论。利用灰色系统理论预测的主要优点是它通过一系列数据生成方法将根本没有规律的、杂乱无章的或规律性不强的一组原始数据序列变的具有明显的规律性，解决了数学界一直认为不能解决的微分方程建模问题。

灰色系统预测是从灰色系统的建模、关联度及残差识别的思想出发，所获得的关于预测的概念、观点和方法。

将灰色系统理论用于厂矿企业事故预测一般选用 GM（1，1）模型。

（一）灰色预测建模方法

灰色预测模型是基于灰色动态模型（Grey Dynamic Model，简称 GM）的预测。GM(N，N)表示 N 阶的、N 个变量的微分方程型模型，但是一个企业往往是一个复杂的系统，影响系统安全性的因素很多，而且各因素间总存在着某种直接或间接的联系，若按因素的变化来预测系统的行为，则错综复杂的因素及其关联性往往使得分析坠入因素的“海洋”之中，而难以分析清楚，所以灰色理论主张用单因素模型 GM（N，1）作预测，其中最常用的应属 GM（1，1）模型。使用此模型的预测又称为灰色数列预测。

建立灰色数列预测模型，是将历史数据按时间先后顺序排列，构成原始时间数据序列：

$$x^{(0)} = \{ x_1^{(0)}, x_2^{(0)}, \cdots, x_N^{(0)} \} \tag{6-17}$$

式中　N——序列长度。

对式（6－17）进行一阶累加或逆累加生成处理，得

$$x_k^{(1)} = \sum_{j=1}^{k} x_j^{(0)} \qquad (k = 1,2,\cdots,N) \tag{6-18}$$

形成新的数据序列 $x^{(1)} = \{ x_1^{(1)}, x_2^{(1)}, \cdots, x_N^{(1)} \}$，称之为模块。由已知白色数据构成的模块是白色模块；而由白色模块建模外推未知的模块，即由预测值构成的模块是灰色模块。

以累加生成的新的时间数据序列为基础，所建立的 GM（1，1）模型的微分方程的白化方程为

$$\mathrm{GM}(1,1) = \frac{\mathrm{d}x^{(1)}}{\mathrm{d}t} + ax^{(1)} + u \tag{6-19}$$

式中　a、u——辨识参数。

设参数向量为

$$\hat{a} = [a, u]^T$$

数据列向量为

$$y_N = [x_1^{(0)}, x_2^{(0)}, x_3^{(0)}, \cdots, x_N^{(0)}]^T$$

累加生成矩阵为

$$B = \begin{bmatrix} \dfrac{-\left(x_2^{(1)} + x_1^{(1)}\right)}{2} & 1 \\ \vdots & \vdots \\ \dfrac{-\left(x_N^{(1)} + x_{N-1}^{(1)}\right)}{2} & 1 \end{bmatrix}$$

则$\hat{a}$的最小二乘解为

$$\hat{a} = (B^T B)^{-1} B^T y_N \tag{6-20}$$

将式（6－20）代入式（6－19），得

$$x_t^{(1)} = \left(x_0^{(1)} - \frac{u}{a} \right) \mathrm{e}^{-at} + \frac{u}{a} \tag{6-21}$$

令 $x_0^{(1)}=x_1^{(0)}$，则 GM（1，1）模型的时间序列函数为

$$\hat{x}_{k+1}^{(1)}=\left(x_1^{(0)}-\frac{u}{a}\right)e^{-ak}+\frac{u}{a} \tag{6-22}$$

对 $\hat{x}_{k+1}^{(1)}$ 作累差还原，得

$$\hat{x}_{k+1}^{(0)}=\hat{x}_{k+1}^{(1)}-\hat{x}_{k}^{(1)} \tag{6-23}$$

利用还原模型即可进行预测。

（二）预测模型的精度检验

预测模型的精度可以用残差、后验差和关联度 3 种方法进行检验。

1. 残差检验

累加数据序列的残差：

$$\varepsilon_k^{(1)}=x_k^{(1)}-\hat{x}_k^{(1)} \tag{6-24}$$

原始数据序列的残差：

$$\varepsilon_k^{(0)}=x_k^{(0)}-\hat{x}_k^{(0)} \tag{6-25}$$

相对误差：

$$\varepsilon_k=\frac{q_k^{(0)}}{x_k^{(0)}} \tag{6-26}$$

2. 后验差检验

由式（6-25）可得原始数据序列的残差均值：

$$\bar{\varepsilon}=\frac{1}{N}\sum_{i=1}^{N'}\varepsilon_i^{(0)} \quad (N'\in N)$$

残差方差：

$$S_1=\sqrt{\frac{1}{N}\sum_{i=1}^{N'}(\varepsilon_i^{(0)}-\bar{\varepsilon})^2} \quad (N'\in N)$$

原始数据序列的均值：

$$\bar{x}=\frac{1}{N}\sum_{i=1}^{N}x_i^{(0)}$$

原始数据序列的方差：

$$S_2=\frac{1}{N}\sum_{i=1}^{N}(x_i^{(0)}-\bar{x})^2$$

后验差比值 C：

$$C=\frac{S_1}{S_2} \tag{6-27}$$

小误差概率 P：

$$P=P\{\,|\varepsilon_1^{(0)}-\bar{\varepsilon}|\times 0.6745S_2\} \tag{6-28}$$

按 C 和 P 计算的结果，对照表 6-6 的精度指标，综合评定预测模型的精度。

如果以 $x_1^{(0)}\sim x_N^{(0)}$ 等几个数据按 GM（1，1）建模，则称为全数据 GM（1，1），从理论上说，该模型可以从初值 $x_1^{(0)}$ 一直延到未来任何一个时刻。但对于厂矿企业安全灰色系统，随时间推移，未来的一些扰动、因素等，将不断相继进入系统，造成影响。因此，作为 GM（1，1）模型有预测意义的仅仅是数据 $x_N^{(0)}$ 以后的几个数据，其他更远的数据则不

是预测数据而是规划数据。所谓规划性数据是指在现有条件完全不变的情况下未来发展的数据。为了考虑随后相继进入系统的扰动、因素等，GM（1，1）模型要将每一个新得的数据送入 $x_N^{(0)}$ 中，随着时间的推移，老数据将越来越不适应新情况，或者说老数据的信息意义将随时间推移而降低。因此，每补充一个信息，便去掉一个最老的数据，以维持数据的个数。采用此法形成的数列称为新陈代谢数列，相应的模型称为新陈代谢模型。

表6-6　预测模型精度检验标准

预测精度等级	等级	P	C
一级	好	>0.95	<0.35
二级	合格	>0.8	<0.5
三级	勉强	>0.7	<0.65
四级	不合格	≤0.7	≥0.65

如果新陈代谢模型仍不满足精度要求，可采用单段函数残差辨识，通过建立残差GM(1，1)模型对原模型进行修正。记残差：

$$\varepsilon_k^{(0)} = x_k^{(0)} - \hat{x}_k^{(0)} \qquad (k=1,2,\cdots,N) \tag{6-29}$$

一般 $N'\leqslant N$。若残差序列 $\{\varepsilon_k^{(0)}\}$ 中有负数，则需进行非负数处理。

令

$$b = \min\{\varepsilon_k^{(0)}\}$$

则

$$\varepsilon_k^{(0)} = \varepsilon_k^{(0)} + |b|$$

对 $\varepsilon_k^{(0)}$ 作累加生成，通过 GM（1，1）模型，则得时间函数为

$$\varepsilon_{t+1}^{(1)} = \left(\varepsilon_0^{(0)} - \frac{u_\varepsilon}{a_\varepsilon}\right)e^{-a_\varepsilon t} + \frac{u_\varepsilon}{a_\varepsilon} \tag{6-30}$$

令 $\varepsilon_0^{(1)} = \varepsilon_1^{(0)}$，则 GM（1，1）模型的离散时间函数为

$$\hat{\varepsilon}_{k+1}^{(1)} = \left(\varepsilon_1^{(0)} - \frac{u_\varepsilon}{a_\varepsilon}\right)e^{-a_\varepsilon t} + \frac{u_\varepsilon}{a_\varepsilon} \tag{6-31}$$

对 $\hat{\varepsilon}_{k+1}^{(1)}$作累差还原，得

$$\hat{\varepsilon}_{k+1}^{(0)} = \hat{\varepsilon}_{k+1}^{(1)} - \hat{\varepsilon}_k^{(1)} \tag{6-32}$$

若残差模型是对第 m 个残差 $\varepsilon_m^{(0)}$ 开始进行拟合的，则修正后的生成模型为

$$\left.\begin{aligned} \hat{x}_{k+1}^{(1)} &= \left(x_1^{(0)} - \frac{u}{a}\right)e^{-ak} + \frac{u}{a} && (k<m) \\ \hat{x}_{k+1}^{(1)} &= \left(x_1^{(0)} - \frac{u}{a}\right)e^{-ak} + \frac{u}{a} + \varepsilon_m^{(0)} && (k\geqslant m) \end{aligned}\right\} \tag{6-33}$$

如果一阶残差无递增规律，则可以选择二阶以上的模型进行计算。

(三) 灰色系统预测软件使用说明

1. 数据文件的准备

输入原始数据文件，其名为 HSYCIP. TXT，其内容为各个时间的原始数据序列。该文

件每一行只写一个历史数据，每一行数据以一个回车符表示结束。例如：

2. 28
2. 98
3. 39
4. 24
6. 86
8. 64
11. 85
12. 15
12. 71

2. 预测结果数据文件

预测结果数据文件，其名为 HSYCIP. TXT，其内容为

$$\hat{x}(t+1)=17.184912\ \exp(0.196007t)-14.904911$$

间隔	模型值	实际值	残差值	相对误差
1	3. 72	2. 98	-0. 74	-0. 25
2	4. 53	3. 39	-1. 14	-0. 34
3	5. 51	4. 24	-1. 27	-0. 30
4	6. 70	6. 86	0. 16	0. 02
5	8. 15	8. 64	0. 49	0. 06
6	9. 92	11. 85	1. 93	0. 16
7	12. 06	12. 15	0. 09	0. 01
8	14. 67	12. 71	-1. 96	-0. 15

C =0. 241071，P =1. 000000

* * *　　好　　* * *

评价相关系数 - - - - - - - -rel - mea =0. 660988

灰色预测值 - - - - -

X0 （10）=17. 851395

X0 （11）=21. 716843

X0 （12）=26. 419296

* * *　　结束　　* * *

参 考 文 献

[1] 杨晶 . VB 6.0 程序设计教程与实训 [M] . 北京：科学出版社，2006.
[2] 杨克玉 . VB 6.0 程序设计实训教程 [M] . 北京：机械工业出版社，2005.
[3] 尹毅峰，薛鸿民，等 . Visual Basic 程序设计与实训 [M] . 北京：科学出版社，2009.
[4] 张彦玲，于志翔，等 . Visual Basic 6.0 程序设计 [M] . 北京：电子工业出版社，2009.
[5] 沈大林 . 中文 VB 6.0 程序设计案例教程 [M] . 北京：中国铁道出版社，2009.
[6] 邹光华，吴建斌 . AutoCAD 2008 应用基础教程 [M] . 北京：煤炭工业出版社，2008.
[7] 潘苏蓉，冯申，等 . AutoCAD 2008 中文版教程与应用实例 [M] . 北京：机械工业出版社，2009.
[8] 王灵珠 . AutoCAD 2008 机械制图实用教程 [M] . 北京：机械工业出版社，2009.
[9] 余桂英，郭纪林，等 . AutoCAD 2008 基础教程 [M] . 大连：大连理工大学出版社，2008.
[10] 邹玉堂 . AutoCAD 2008 实用教程 [M] . 北京：机械工业出版社，2008.
[11] 林贤浪 . AutoCAD 2008 机械制图实用教程 [M] . 西安：西安电子科技大学出版社，2009.
[12] 何学秋，等 . 安全工程学 [M] . 徐州：中国矿业大学出版社，2002.
[13] 国家安全生产监督管理局 . 安全评价 [M] . 北京：煤炭工业出版社，2002.
[14] 罗云 . 安全文化的起源、发展及概念 [J] . 建筑安全，2002 (9) .
[15] 李志宪，刘咸卫 . 现代企业安全管理全书 [M] . 北京：中国石化出版社，2000.
[16] 曹庆贵 . 煤矿安全评价与安全信息管理 [M] . 徐州：中国矿业大学出版社，1993.
[17] 吴宗之，等 . 工业危险辨识与评价 [M] . 北京：气象出版社，2000.
[18] 戴国权 . 矿井通风网路计算原理及其应用 [M] . 北京：煤炭工业出版社，1979.
[19] 丁国玺 . 工程热力学及传热学 [M] . 北京：煤炭工业出版社，1986.
[20] 范维澄，等 . 火灾学简明教程 [M] . 合肥：中国科学技术大学出版社，1995.
[21] 方裕璋，等 . 矿井通风系统技术 [M] . 北京：煤炭工业出版社，1994.
[22] 傅贵，金龙哲，徐景德 . 矿尘防治 [M] . 徐州：中国矿业大学出版社，2002.
[23] 傅贵 . 矿井通风系统分析与优化 [M] . 北京：机械工业出版社，1995.
[24] 黄元平 . 矿井通风 [M] . 徐州：中国矿业大学出版社，1996.
[25] 孔祥言 . 高等渗流力学 EM3 [M] . 合肥：中国科学技术大学出版社，1999.
[26] 李诗久 . 工程流体力学 [M] . 北京：机械工业出版社，1980.
[27] 李恕和，等 . 矿井通风网络图论 [M] . 北京：煤炭工业出版社，1984.
[28] 沈斐敏 . 矿井通风微机程序设计与应用 [M] . 北京：煤炭工业出版社，1995.
[29] 谭国运 . 矿井通风网络分析及电算方法 [M] . 北京：煤炭工业出版社，1991.
[30] 谭允祯 . 矿井通风系统优化 [M] . 北京：煤炭工业出版社，1992.
[31] 王惠宾 . 矿井通风网络理论与算法 [M] . 徐州：中国矿业大学出版社，1996.
[32] 萧景瑞 . 矿井通风网路解算及测定数据处理 [M] . 北京：煤炭工业出版社，1994.
[33] 徐竹云 . 矿井通风系统优化原理与设计计算方法 [M] . 北京：冶金工业出版社，1996.
[34] 阳昌明 . 矿井通风网路的风流状态与控制 [M] . 北京：煤炭工业出版社，1982.
[35] 张国枢，谭允祯，陈开岩，等 . 通风安全学 [M] . 徐州：中国矿业大学出版社，2000.
[36] 张惠忱 . 计算机矿井通风中的应用 [M] . 徐州：中国矿业大学出版社，1992.
[37] 周心权，吴兵 . 矿井火灾救灾理论与实践 [M] . 北京：煤炭工业出版社，1996.
[38] 霍尔 . 矿井通风工程 [M] . 侯运广，等，译 . 北京：煤炭工业出版社，1988.
[39] MALCOML J. MCPHERSON. Subsurface ventilation and environmental engineering [M] . CHAPMAN&HALL. USA. 1993 .
[40] WANG DEMING. Mine venlilation and safety [M] . Xuzhou：China University of Mining and Technology

Press. China，2004.
[41] 白裕良，徐云龙，杨赞行．矿山测量［M］．北京：煤炭工业出版社，1990.
[42] 陈炎光，王玉浚．中国煤矿开拓系统图集［M］．徐州：中国矿业大学出版社，1992.
[43] 冯耀挺，闫光准．矿图［M］．北京：煤炭工业出版社，2005.
[44] 李学诚，王省生．中国煤矿通风安全工程图集［M］．徐州：中国矿业大学出版社，1995.
[45] 徐永圻．中国采煤方法图集［M］．徐州：中国矿业大学出版社，1990.
[46] 周冠军．矿图［M］．北京：煤炭工业出版社，1993.
[47] 蔡卫．矿井通风系统安全性评价及其应用［J］．煤炭学报，2004（2）：195－198.
[48] 国家安全生产监督管理总局，国家煤矿安全监察局．煤矿安全规程［M］．北京：煤炭工业出版社，2006.
[49] 姜文忠，霍中刚，秦玉金．矿井瓦斯涌出量预测技术［J］．煤炭科学技术，2008，36（6）1－4.
[50] BONDARENKO N V.，VELICHKO P M. Gas emission into the excavated space during the mining of coal seams［J］. Journal of Mathematical Sciences，1995，76（3）.
[51] Zofia MAJEWEKA，Zofia MORTIMER. Chaotic behaviour of acoustic emission induced in hard coal by gas sorption－desorption［J］. Central European Science Journals，2006，54（1）.
[52] V. I. Zheivot，S. I. Afana'eva，A. V. Simakov. Gas chromatographic analysis of gas emissions containing impurities of hydrocyanic acid and carbon oxysulfide［J］. Journal of Analytical Chemistry，2006，61（3）.
[53] 林柏泉，崔恒信．矿井瓦斯防治理论与技术［M］．徐州：中国矿业大学出版社，1998.
[54] 刘新喜，王勇，赵云胜．回采工作面瓦斯涌出特征及其灰色预测模型［J］．中国安全科学学报，2001，11（1）11－16.
[55] 陈金国．神经网络模型及其在煤矿瓦斯预测中的应用［J］．煤炭科技，2005（2）39－41.
[56] 马俊枫．史长胜．基于神经网络的矿井瓦斯涌出量预测系统及应用［J］．中国煤层气，2007，4（1）30－33.

图书在版编目（CIP）数据

工业安全计算机应用/朱锴，张景钢主编．--北京：煤炭工业出版社，2012（2015.8重印）

高等院校规划教材

ISBN 978-7-5020-3994-3

Ⅰ.①工… Ⅱ.①朱… ②张… Ⅲ.①计算机应用-工业安全-高等学校-教材 Ⅳ.①X931-39

中国版本图书馆CIP数据核字（2012）第008518号

煤炭工业出版社　出版

（北京市朝阳区芍药居35号　100029）

网址：www.cciph.com.cn

北京建宏印刷有限公司　印刷

新华书店北京发行所　发行

*

开本 787mm×1092mm 1/16　印张 13

字数 301 千字

2012年3月第1版　2015年8月第2次印刷

社内编号 6817　定价 34.00 元